U0155817

Planet of Desire

Earth in the Time of Humans

欲望行星

人类时代的地球

Donald Worster ［美］唐纳德·沃斯特——著

侯深——译

贵州出版集团
贵州人民出版社

图书在版编目（CIP）数据

欲望行星：人类时代的地球 /（美）唐纳德·沃斯特著；侯深译 . — 贵阳：贵州人民出版社，2024.5
ISBN 978-7-221-18299-9

Ⅰ . ①欲… Ⅱ . ①唐… ②侯… Ⅲ . ①地球演化－普及读物 Ⅳ . ① P311-49

中国国家版本馆 CIP 数据核字（2024）第 080614 号

Yuwang Xingxing : Renlei Shidai De Diqiu

欲望行星：人类时代的地球

（美）唐纳德·沃斯特　著
侯　深　译

出 版 人　朱文迅
策划编辑　汉唐阳光
责任编辑　李　康
装帧设计　陆红强
责任印制　丁　寻
出版发行　贵州出版集团　贵州人民出版社
地　　址　贵阳市观山湖区中天会展城会展东路SOHO公寓A座
印　　刷　鸿博昊天科技有限公司
版　　次　2024 年 5 月第 1 版
印　　次　2024 年 5 月第 1 次印刷
开　　本　889mm × 1194mm　1/32
印　　张　12
字　　数　281 千字
书　　号　ISBN 978-7-221-18299-9
定　　价　78.00 元

如发现图书印装质量问题，请与印刷厂联系调换；版权所有，翻版必究；未经许可，不得转载。

目录

鸟　瞰

本书的主题是食欲与色欲如何改变了人类与行星地球的历史。我将展示这些欲望最初如何通过自然选择出现，将我们与自然世界紧密地联结在一起；它们如何决定了我们是谁，我们如何生活；它们又如何解释历史的螺旋式路径。不过，无论食欲还是色欲，都并非不可动摇的原动力；虽然直至今日，食与性都仍如遥远的过去那般受到普遍喜爱，欲望仍然可能改变其形式或强度，伴随时间的流逝而出现某些不同。在欲望发生演化的同时，人类始终是自然的一部分，通过我们自身的欲望与其余万物相联系。在地球上生活意味着不断地欲求。地球正是欲望的家园行星。

今天，地球行星仍然在滋养着我们的欲望，特别是我们对于食与性的欲望，它们所影响的并非仅止我们自身，也包含整个生态圈。在10 000年前，这种影响便已开始显现。我们的内在自然推动着大部分人摈弃觅食、发明农业，造成了深刻的社会与环境后果。同样的自然此后驱动我们迁往新的土地，创造新的产业与帝国，发动战争，容忍高度不平等的社会秩序，制造污染，无论何时当我们陷入物质性极限时，驱动我们寻求创新。人类的欲望一再征服地球上某一处新的地方。但是，我们内在自然的驱动力，如同其他普通的自然力量那样，往往为我们的历史所忽略。为了修正这种忽视，我撰写了此书。

对食、色、繁殖的饥渴是地球上为何有80亿人的原因，这是每个人或每对夫妻都应当思考的最重要的事实。80亿人口要求大量的食物、住宿、能源、交通，以及娱乐，虽然有些人的需求远多于另一些人，有些人会以非传统的方式寻求对自身需求的满足。直至不久之前，人类物种的数量都呈指数级增长，这带来了地球历史上或可被我们称为“人类时代”的纪元。智人在天地江海之间变得愈来愈普遍，我们是自然界诸多伟大成功故事中的一则。如本书所展示，我们的天性在很大程度上解释了这一成功。

我们为何不像其他原始人类那样在很早之前消亡？因为，在强烈的欲望之外，我们还拥有一个联结更为复杂的大脑，服务于我们的需要。当人类的繁殖力最近开始呈现衰落的迹象时，大脑仍然可以很好地为我们提供服务，使得智人不太可能在可见的未来从地球上消失。我们仍将在某一程度上持续繁衍，需要性满足，因为如果不这样做，就将违反演化的规律。终止性，我们将走向灭绝。我们可以尝试压抑我们的激情、约束我们的欲望，或者将我们的繁殖限定在一个更可持续的水平，但是没有任何一个物种可以做到从有性退化为无性，却仍然开枝散叶、繁荣昌盛。在过去，我们面临诸多威胁——战争、瘟疫、极端气候——但是，迄今为止，由于我们拥有享受着杰出大脑器官服务的内在欲望的力量，没有任何一种危险能够长期阻挠我们数量上的非凡增长。

30余年前，我开始主张“行星史”（planetary history），但是当时我并没有十分关注人类性繁殖的力量。而那时，地球上也不过只有50亿人口。本书力图修正我自己的疏忽，而更加侧重人类的性与繁殖力。它没有过多强调文化差异所扮演的角色，而是认为我们是一个共同的物种，分享着共同的自然与一个共同的行星。本书的时间框架限定在过去20万年—30万年（与此相比，地球诞生于45亿年前），虽然仅仅是在最近的半个世纪，我们才征服了大部分地球，创造了原子弹、全球经济体与跨国交流，我们的影响才开始威吓我们自身。其结果是，人类造成的环境问题激增，直至我们终于开始将自身视为一种生活在这个悬浮于太空之中过度拥挤的小小行星上的杀气腾腾、左冲右突的危险生物。1972年，在世界第一次重要的环境大会上，代表们听到了这样的词句："每个人［当下］都有两个国家，自己的国家和行星地球。"[1]当然，他们回到家乡后，希望了解的仍然是其本国、本部族的历史与成就，但是，与此同时，人们开始接受更广阔的视角，开始撰写所有人与一个被唤作地球的单一体之间相互作用的历史。[2]

一种历史研究的行星路径显示，通过人类与地球上千姿百态的生物群落之间的相互作用，人类文化与种族的多样性如何得以演化的历程。它包含发生在地球内部，为人类生活奠定条件的变化；它看到那些变化始终与我们自身的历史相缠结。它鼓励我们思考跨越所有大洲为人类所共享的天性，同时承认在地球上，永远不存在某种单一的、固定的，或者一致的生活方式。行星地球的确是一个统一的整体，但是它也是一个包含着惊人多样性的球体。甚至在所有大陆上共有的**性**，也在地方与地方之间、个体与个体之间大相径庭。

毫无疑问，我逐渐以可能不为其他人认同的方式审视我们的过去。80年前，我出生在一个工人阶级家庭，我的父母是20世纪30年代的尘暴难民，他们离开大平原，在美国西南部莫哈维沙漠（Mohave Desert）的一个铁路小镇中暂时安顿下来。我是一个贫穷的白人小孩儿，生活在一个生殖力旺盛，同时高度宗教化的社区。不过，幸得一位本地汽车经销商提供了奖学金，我得以走出自己的原生家庭，前往大学，获得学位。我作为一个历史学者的教育开始于骚乱动荡的20世纪60年代，彼时我在常青藤大学的教授们时时遭到来自其研讨课上与街头的学生们的莽撞，甚至有时是粗鲁的挑战。我最初撰写历史的努力完全映现出那个抗议的时代——质疑所有既定的权威，无论他们存在于科学界、商界，还是政界。不过，我总是以一个局外人的身份，而非任何政党成员，以一个始终认为自己独立于所有意识形态、阶级身份、宗教信仰，或者任何主导性的抗议运动的身份，进行挑战。

在两位“超验主义者”——亨利·大卫·梭罗（Henry David Thoreau）与拉尔夫·沃尔多·爱默生（Ralph Waldo Emerson）——的启发下，我视智识一贯性为“肤浅思想的小怪”。一位历史学者不应被任何一种既定的、传统的世界观所束缚，无论这种观念来自其孩提时代还是研究所；与之相反，他应当自由地追寻他自己的答案，决不能频频回顾，肯定自己始终行走于同一条旧径之上，或者确保自己是主流阐释的一部分。虽然本书显示出很多同我早年著作的一贯性，但是同时，它也反映了我自身、人类社会与行星地球所经历的过去半个世纪。

1998年，我第一次来到中国，那次旅行带来此后的多次访问，改变了我对世界的理解，以及我作为一个历史学者的态度。此前，没有任何人告诉我中国竟是一个如此非凡的地方，孕育着如此深邃动人的历史；也没有人告诉我那里的人民如此慷慨、高尚、聪慧，值得所有美国人的尊重。

在我的第一次旅行中，尤为令人怀念的是从重庆出发沿长江顺流而下的航行，途经三峡，从繁忙的建筑工地中漂浮而过，不久之后，那里诞生了世界上最大的水坝。在我看来，美国有些过于急切地试图羁縻河流，生产水电，获取并灌溉新的农业用地。中国是否与之不同呢？在此后的20年中，我一再回到中国，在那里生活、旅行，教授世界史。我逐渐熟悉了中国的各大主要区域，在对这个国家的学习中，我开始以一种更加比较的、全球的角度思考历史，理解人类的共性与差异。

无论我去往中国何处，我都诧异于那里的人口密度，这令我愈发认识到人口繁殖的力量。我成长在人烟稀少的干旱区域中，中国也有如此环境，但是那些地方并非绝大多数中国人的生活之所。我的过往与中国的历史之间的比较如此鲜明，又如此蕴意深远。[3]这样的经历不但将我带向比较史，也带向行星史。现在，我对地球上活跃的人类繁殖力有了更深刻的认识。

不过，本书并非中美比较研究。我并非无视将中国同西方相区分的文化差异，但是，我也无法继续忽略人类共有的欲望及其对物质世界的集体影响的现实。一旦将我们看待问题的时间与空间框架扩大，我们便开始看到普遍的模型，询问关于历史如何被创造的新问题。

我们可以像威廉·布莱克（William Blake）所敦促的那样，在一粒沙中，找到一个巨大的世界。我们可以选择在一处小小的角落安身立命，仅仅撰写其历史。但是，即使我们如此去做，我们也不应无视人类与非人类共享的规律与共享的自然。那些盘踞一隅，仅仅满足于同一套问题的历史学者有着滑入歪曲、偏狭与人类中心主义的危险。当我们研究地球另一边的人类及其环境时，我们发现了更深层的故事，同时，学会了更大的谦卑。

这并不是一部殷切的乐观主义著作，但它是一部充满希望的著作。当我将行星地球看作一个单一的整合体时，我变得更加心存希望。这个星球无疑是一个坚强而粗韧的行星，超载着一个坚强而粗韧的物种，但这也是一个无数形式的生命发生、演化、生存，时而繁茂的行星。为何这个故事现在会发生改变呢？抑郁会令人变得狭隘、天真、非历史化。只有当我们接受了一个更广阔的观点，方能认识到我们今日恐惧与焦虑的浅薄与过激。本书仅仅在一层意义上是“天启”的（apocalyptic[1]），即本书遵循“apocalypse”的原意，提供了一种“揭示”（uncovering），一种来自过去的启示，它或可帮助我们为未来做好准备。

本书开始于我在中国人民大学所教授的行星史课程。我感谢所有听课，并提出五花八门的问题与感想的同学。在教师中，言语不足以表达我对我的译者——侯深教授——的感谢；她本人也是一位杰出的学者，聪慧、谦逊而博学。没有她的帮助，本书不会问世。我还要感谢我任教人大时历史学院的两位院长，孙家洲与黄兴涛教授，以及许许多多推进我的再教育的个人与机构，包括外国专家局、科技部与中国人民大学双一流建设基金。

还有许多朋友也对此书贡献良多，包括侯文蕙、夏明方、梅雪芹、陈昊、王利华、高国荣、曹牧与费晟。我很感谢我的研究生助理：方文正、蓝大千、郑坤艳、肖苡与葛蔚蓝。在中国与世界各处，还有许多其他人需要感谢，为他们温暖的微笑、耐心的指导与启迪灵感的实例。其中尤为重要的是出版人尚红科先生，他充满勇气，思维开阔。

---

[1] Apocalyptic有数重意思，经常被使用的意思是末世的、预示大灾变的。——译者注

本书同样归功于克里斯多夫·毛赫（Christof Mauch）以及德国慕尼黑大学蕾切尔·卡森环境与社会中心（the Rachel Carson Center for Environment and Society）。例如，第八章最早的版本是张玲教授邀请我赴哈佛大学费正清中心所作的演讲，此后发表在卡森中心的《RCC 观点》（*RCC Perspectives*）系列当中。第九章是在我为中国、德国、希腊听众所作的公开演讲的基础上修改而成的。

许多其他的智识债在我的尾注中显而易见，但是我特别希望感谢三位对我产生了巨大影响的历史学家：丹尼尔·罗杰斯（Daniel Rodgers）、约翰·麦克尼尔（John McNeill）与大卫·克里斯蒂安（David Christian）。此外，马立博（Robert Marks）关于中国与现代世界的著作很有助益。侯深、亚当·罗姆（Adam Rome）、马克·哈维（Mark Harvey）、莎拉·丹特（Sara Dant）以及丹·弗洛里斯（Dan Flores）都对文稿提出了建议。

对所有启发、帮助我的人，我都尊重并感激。但是，最终，我深知每一位学者都必须承认自身的极限，并为他所撰述的一切负全责。

注释：

1 Barbara Ward and René Dubos, *Only One Earth: The Care and Maintenance of a Small Planet*（New York: W.W. Norton, 1972）, xviii.

2 例如，参见：Peter Frankopan, *The Earth Transformed;* John McNeill, *Something New Under the Sun;* David Christian, *Maps of Time;* Daniel Headrick, *Humans Versus Nature;* Ian Morris, *Foragers, Farmers, and Fossil Fuels;* Clive Ponting, *A New Green History of the World;* Jared Diamond, *Guns, Germs, and Steel;* Ruth DeFries, *The Big Ratchet;* Felipe Fernaˊndez–Armesto,

Civilizations; Tim Flannery, *Here on Earth;* Robert Hazen, *The Story of Earth;* Andrew Kroll, *Life on a Young Planet*；以及 Donald Worster, *Shrinking the Earth*。

3 著名的胡焕庸线（以 20 世纪 30 年代人口学家胡焕庸之名命名）将中国分为了面积相等的干、湿两个地带，94% 的中国人口生活在湿润地带。参见：Chen Mingxing, Gong Yinghua, Li Yang, Lu Dadao, and Zhang Hua, "Population Distribution and Urbanization on Sides of the Hu Huanyong Line," *Journal of Geographical Sciences* 26（2016）：1593–1610。

导　论

这生生不息的行星

我们可能栖居于宇宙间最非凡的一片巨岩之上，在这里，恰到好处的条件创造了海洋、大陆、山川、峡谷，以生命充盈其间，繁衍文明、财富、政府与仁善。我们尚未发现任何一个其他行星拥有如此条件。纵观我们自身所处的太阳系：我们看到一个大小适中的太阳，周边环绕着八个行星，从水星到海王星，其中只有一个——地球，有着可以呼吸的大气，良好的温度区间，以及各种适宜有机物生存的栖息地，形形色色，令人目眩神驰。如果平均下来，所有银河系中的其他太阳各自拥有一个卫星，太空中则可布满数以万亿计的行星，不过其中有多少可以支撑细菌层级之外的生命呢？在宇宙的某处，很有可能找到更为高阶的生命，但是它们尚待发现。它们可能存在于数百万光年之外，它们的状态也可能全然不似地球生命。无论我们如何殚精竭智，迄今为止，太空对我们努力的回应始终是一片死寂。[1]

我们的行星好似一个巨大的子宫，一次次孕育新的生命。它是宇宙创造力的典范，例证着能量与物质之间迷人的纠缠、变化、繁殖，演示着它们如何相互作用，孕育新的形式与样态。为何寰宇之中，或许仅在我们这个行星之上，物质如此富于创造性呢？地球并非各路神祇的家园。但是，在这里，每一样事物都在物质层面上恰好与自然演化的开始与迅速运行相宜。在这里，平凡之物变得非凡。

每一个人都应知晓并重视自然中如氢、碳、氧等元素在一场创造力大爆发中汇聚地球的过程，其结果演化出微不足道的甲壳纲海洋生物可喂养巨大的鲸鱼，螳螂吞食伴侣，黑猩猩亲昵梳毛，橡树支撑缕缕纤细的苔藓。这个行星满溢丰美、变化、韧性与智慧。除非太阳终止燃烧，否则，别无他法断绝创造力之流。在这里，而且就我们所知，也仅在这里，无数双眼睛浮现，其中一些如人类开始瞠目于周遭的奇妙。谁又甘愿错过如此一场演出，无知无觉，在静止的尘埃中寂灭？

远在如中国、美国、法国、尼日利亚这样的人为建构出现之前，地球的历史便已变得充满创造性。我们熟识的国族历史得以展开的根本在于地球的许可。国家兴衰，物种生灭，部落、武器、文化、宗教、城市、电影、飞机的出现与消失，概莫能外。围绕太阳旋转 40 多亿年的地球正是化育我们所有存在的丰饶母亲。

H. G. 韦尔斯（H. G. Wells）在 20 世纪 20 年代尝试在一本书中写就一部关于这个不可思议的行星的完整历史，大卫·克里斯蒂安（David Christian）在 21 世纪再做探索，但是他们发现如此努力必然是高度选择性的、不完整的，略过数个世纪、数个千年，忽视一个又一个时间纪元。[2] 理论上讲，一部充分细致的地球史应当始于宇宙大爆炸（约 138 亿年前），这场爆炸送出的种种物质与能量膨胀穿越一个个天宇，无目的，无计划，无设计，这些物质并无生机，却有潜在的创造性。百亿年过去，太阳的一场规模甚微的爆发，创生了我们的太阳系。在地球与其姐妹行星一道形成的过程中，阴云在天间聚合，暴雨如注。我们今日所知的海洋（覆盖约 70% 的地表面积）逐渐变作地球上最显著的景观特征，令我们的星球成为蓝色的水行星。

地球大约经历了 45 亿年。约 37 亿年前，最早的生命出现在某处地下水热点，它慢慢爬上陆地。对那些同我一样诧异于物质内蕴的非凡创造性的人而言，那一时刻必然是极为精彩的瞬间；但是许许多多同样精彩的时刻尾随而至。如果我们有足够的时间与空间，我们可以讲述一部极为漫长的自然创造性传奇。但是我们眼前的这部书同样必须有选择性。它将仅仅聚焦于过去的 20 万年，其间我们的物种开始出现、扩散，将创造力与发明力推及更远，迄今未呈衰竭之象。[3]

我们传统上所称的历史不仅很少注意地球 45 亿年的历史，也对人类生活过的这 20 万年（一条 8 000 代的长链）关注寥寥。职业历史学者撰写的历史往往仅对文明的阶段，即我们这个物种发明文字，自其栖止的不同土壤与森林、海滨与峡谷中创造不同文化的过去五六千年，甚至只是对成就我们宽泛称作“现代性”的一两个世纪感兴趣。

这种注意力的窄化部分缘于一种物种主义（speciesism）的倾向，它认为仅有人类值得关注，因为他们彻底不同于其他物种。历史往往变成一个天选物种的神圣故事。但是，在物种主义之外还有其他因素。我们现代人倾向于认为人类在进入现代时间之后，变得远为有趣。时间的其余部分被贬斥为“史前”，如同一篇冗长的令人厌倦的序言，平淡、无聊、无关宏旨。当然，他们清楚历史远远不止于几百年或者几千年。他们也同样清楚人类来自地球，并非出于某一神圣之手的导引，而且我们与其他物种分享着许多共有的气质与倾向。但是，物种主义确然在一定程度上解释了为何传统历史学漠然以对10亿年前开始在地球上涌动的创造之流。

为何我们的最深层起源在历史学者与人文学者那里被打入冷宫，其第二层原因在于对如此一个宏大问题进行细致入微的研究所具的难度。它要求学者具有远比我们现在所具更广的知识面，我们需要的证据也远远超越我们从仔细分类、编目、妥善保存的档案中找到的材料。应对一个远为漫长的时间段要求我们埋首于各种不同类型的档案，如池塘的沉积物、岩石的层积、古树的年轮，或者林林总总的骨殖与化石。因此，我们告诫自己，应当将精力集中于全部故事的一小部分，集中于书写记录，否则我们或将面临知之甚少、过于简化的危险。但是，为历史撰写增加些许广度与深度的危险是否大于对越来越少的东西了解越来越多的危险呢?

如果我们真希望了解智人，那么我们必须看到，它是所有在地球上汇聚的物质力量的产物。例如，出现于30亿年前的化学过程——光合作用。没有任何书写档案能够为这个过程的发生提供多少信息，但是，对人类的生存而言，光合作用远比任何我们所发明的化合物更为根本。叶绿体色素最早开始在植物的叶片上以一种绿色素的形式出现，这种变异体可以通过阳光、二氧化碳、水合成食物。当变异体被不断复制，新的食物丰裕成为可能，为许许多多动植物新物种的出现提供营养，它们进而连接植物到食草动物再到食肉动物，形成复杂的生态系统。我们也应当注意到自这场绿色的诞生中出现的一项不健康的副产品：史无前例的氧气含量开始在大气中积聚，使得地球不再是众多物种可以生存的家园。生活在人为大气变化的时代，我们如何能忽视那场更早的相似变化，以及它对更古老生命的毒杀？行星的氧化带来了物种的大灭绝。如果没有那场灾难，我们是否会变得更好？

没有叶绿体色素的激增，便没有我们的存在。然而由于那一偶然的变异，我们存在了，健康兴旺。由于因此而出现的大气中氧气的上升，终有一天，人类自非洲叶绿体色素丰沛的丘陵中现身，眺望风景的双眼与另一项创造——我们超级复杂的大脑紧密连接。这项创造是一个布满数以百计神经元的器官，它允许我们储存记忆，创造思想，撰写历史，更基本的是，允许我们寻找食物与性伴侣以复制自身。叶绿体色素对这项创造来说必不可少。当我们对此事实思考片刻，则我们的想象将如超新星般开始爆炸。

在这个行星上进行的一场不可思议的后叶绿体色素演化是我们所做一切的根本。我们的祖先致力于清理一切地球上与之争夺食物与能源的竞争者，而且在很大程度上成功了。哺乳动物、鸟类、爬行类、两栖类，甚至昆虫都被推向灭绝。难道这样的故事不具备影响深远的重要性？

虽然人类如此成功，今日的我们同20万年前相比仍然基本相同。20万年的时间尚不足以允许自然选择对我们，无论是个人还是群体，进行巨大的改变。我们仍然是同一个杂交的物种，迁移扩散至行星的各个角落。我们的肤色、体毛、免疫力发生了些许变化，但也仅仅是这些变化。这些差异并非科学家曾经以为的巨大不同特质，可以将人类分裂为彼此竞争的群体，其中一些天然优越，另一些则天然低劣，它们无法构成生物意义上的“种族”（race）。现代科学的结论认为“种族”并非一个解释双重智人（*Homo Sapiens Sapiens*）的有用概念，因为智人物种没有经历足够的时间，其基因又太过混杂，所以无法在他们中间创造出生物上分离的群体。因此，种族只能被理解为一种文化建构，这绝不意味着它对我们的思考而言不再重要，但它的确处于分类学的边缘。无疑，文化［复数］与其建构，如种族，极大地影响着人类的行为，但是在地球的年鉴中，这些建构只是解释我们是谁的直接因素，而非终极的决定性因素。[4]

我们对自身认知的模糊不清可能部分缘于在自然科学、社会科学与人文学中日趋分裂的专业化。我们无法看到将我们联结在一起的同一种人类自然❶。它是将我们所有人结合为一个物种的链接，也是结合"历史"与"演化"的链接。它也是一个遗失的链接，因为至今仍然有专业人士否定其存在。显然，这一观念对很多人而言太伤自尊、有失体面，而且荒诞不经。但是，如果没有对人类自然共通的信念与共有的定义，我们人类将执拗地寻找差异，形成一个个愈发敌对的阵营。我们将不仅遗忘彼此联结我们的生命性链接，也将遗忘我们在自然中的位置。如果我们否认人类内在存在着一种自然，则我们也将否认地球存在着自然，或者否定地球的万千孩子在存在意义上是一体的。[5]

尽管人类自身拥有一种自然是可以追溯若干个世纪的古老观念，但是，重启这一遗失的链接需要时间，同时可能遭遇很多的阻力。我们或可从重新检验一些更加古老的前科学的理解开始，询问它们是否可以帮助我们唤醒、重组这一概念。例如，在古代

❶ human nature，约定俗成的译法应当是人性或人类天性，下文多采取此译，部分根据语境译为人类自然。此处强调其与外在自然相通的物质性因素，故而在此段中译为人类自然。——译者注

中国，“人性”在数个世纪中都是一个活跃的话题；没有人真正质疑它的存在。重现这一智识遗产能否帮助我们在更为行星的层面思考问题呢？

我们或可回到2 500年前中国战国时期的《孟子》这部儒家经典。孟子无疑认同人类天性的存在。他生活在今天的山东省，彼时在那片土地上，农民们挣扎求存。生活在彼时彼处，孟子无从知道天体物理学中的大爆炸理论，或是形成期中的行星状况，抑或通过自然选择而进行的演化，但是，他认识到人类物种有一种由天地形塑的共有天性。在《孟子》中，我们读到了这一简约的表达：食色性也。[6] 直至今日，中国人仍在频繁使用这句话，它告诉我们人类的天性由强烈的欲望构成，其中最强大（但并非唯一）的欲望是食与色。

这一表达并非出自孟子本人；而是出自另一位哲学家（或可能是其弟子）告子。❶人们将之记录下来传至后世，同样被记录的还有孟子的态度，他并没有驳斥这一表达，但是提醒人们应当警觉其过度简化的危险。孟子质疑道，难道人类仅有两种欲望？难道这些欲望在不同人身上完全一样，抑或它们存在个体差异？换言之，他提出了重要的复杂性，但是并没有否定人类共有的天生欲望的存在。他所增添的内容是人类自身拥有一些“道德萌芽”［四端］❷。在我们中间，道德性如同农夫花园中的胡萝卜般生根发芽，长成支撑我们存在的天性的一部分。这位圣人言道，我们应

---

❶ 告子为孟子门徒仅为一说。另有一说认为告子为法家人物，还有一说认为告子为杜撰。——译者注

❷ “恻隐之心，仁之端也；羞恶之心，义之端也；辞让之心，礼之端也；是非之心，智之端也。”（《孟子·公孙丑章句上》）——译者注

当承认这些萌芽的存在，但是不要揠苗助长，而应当精心培育，滋养其发展。[7]孟子以教导其弟子相信性善著称，但是他从来教导的都不是一种盲目的信仰。他认为欲望可能是自然而良好的，但是在我们的内在生态中，仍然存在着重要的道德萌芽。

这种对人性的复杂而精微的理解将在查尔斯·达尔文以及演化生物学家那里得到回应，他们同样承认我们自身纠结的种种欲望，但是同样指出在欲望与内在约束之间存在着张力。达尔文在《物种起源》（1859年）中论述了食欲，在《人类的由来》（1871年）中讨论了性欲。同告子一样，他视这两种欲望为演化的主要驱动力；但是如同孟子，他补充道，道德同样是人类天性的一部分，自我们的物质性身体中出现，当欲望变得具有毁灭性时，道德将制约它。因此，一位古代中国哲学家与一位现代英国科学家达成共识：在人类自身中间存在着自然，或者说多种自然的错综成长，内生的仁爱之性与内生的享受安乐、繁衍子孙的欲望形影相随。[8]

与孟子和达尔文相反，很多人遵循更为传统的犹太－基督教态度，他们虽然承认人类可能具有某种天性，但是认为它是自私的、堕落的、邪恶的。因此，我们必须对抗自己的天性，以免其毁灭、毒害我们，在我们的内在留下一片荒芜。他们指控我们的天性是导致世界上所有战争与不公的缘由。但是假如我们的天性自然如此糟糕，那么地球也必然如此。地球应当为暴君、战争贩子、刻薄的银行家、种族优越论者、“暗黑撒旦崇拜的恋童癖”负责。在这些悲观主义者看来，地球及其对人类的馈赠都应被弃绝。

我并不认为人类已然变成吞噬行星、道德沦丧的肆虐怪兽。事实上，我们对地球造成的破坏可能无法与更新世中破坏力巨大的冰原相提并论。无疑，我们面对严重的环境问题时，应当继续尝试理解其历史渊源，找寻解决办法。然而，行星并没有被毁灭。我们的道德萌芽也没有枯萎死亡。与之相反，它们仍在生长，仍在影响着我们的欲望。在这些内在欲望中，似乎存在某种对抗我们的劫掠以保护地球行星的欲望。

此书绝无意鼓动人类的狂妄自大，或者迎合如否定气候变化之类的论调，但我们同样需要避免危言耸听和夸大我们的恐惧。我们应当尝试理解人类自然的角色与现实，而非贸然为那些内在渴望及其与我们道德萌芽之间的关系盖棺定论。我们中没有人，甚至那些富有的白种西方人，能够行使如他们想象那般巨大的力量，或者扮演如一些人所认为的那样恶劣的角色。至不济，在我们证明人类自然有罪之前，它仍应被视为无辜。当我们仔细检索自然与人类自然，我们会发现足够的希望与信心。在人类演化出许多改变环境的方式的同时，我们可能仍然为一种内在自然所指引，去关怀、保护，适应、忍耐，同时寻找解决方式。

因此，本书的主要目的是将人类历史的全景置于一个更加行星性的、物质性的、自然性的框架之内。第二个目的则是询问在如此被拓宽的一个视野中，是否存在着希望的基础。

我撰写此书的前提在于我们人类是这个生生不息的地球的重要部分，自然与人类自然的演化仍然在继续。与此同时，我相信这个行星将在我们消失后仍然存在，在悠长的纪元中继续创造，继续繁衍。如果这些前提是成立的，或许文化与文明、少数与多数的命运并没有如此濒危，或者如此重要，或者至少它们会呈现一种新的样貌。我们将看到我们可以信任人类自然与自然的其余部分和谐共处的能力，它们将一道创造巨大的善。即使我们是看似极其平凡的物种，我们也可能如地球一样，变得非凡。

迄今为止，智人生存扩张、繁荣昌盛已有 20 万年，甚至更长。其他许多物种消失了，它们的痕迹湮灭沉埋。然而，灭绝尚非人类即将面对的命运；事实上，在未来的很多世纪中，我们的数字可能会持续增长，或者至少仍然非常庞大。在整个行星范围内，也是在全球尺度上首次出现该数字的下降，这对我们来说，是一个好消息。出现下降的势头并非由于我们有信心谋杀地球母亲，更可能的是我们终于开始变成其更好的孩子，因为我们开始遵循我们的内在欲望与道德自觉的共同训喻。在我们的历史中，我们不断地繁衍自身，这是演化规律的指令；而现在我们开始为了未来进行巨大的调整。孟子的道德萌芽比从前任何时候都更加茁壮地成长，从中将收获仁善、合作、共同体意识，甚至利他主义。

我们尚需在性欲问题上赘言几句。这是我们所有欲望中最强大也是最受质疑的欲望，但是在行星史中，它不应成为遭到鞭笞的反面角色。性繁殖是自然不可思议的创造力的一部分。它并非繁殖的唯一方式，某些物种通过自我复制如发芽或分裂，而非同一个伴侣性交，以传递基因。通过性伴侣而进行繁殖的行为大约出现在 20 亿年前，自此以后，它极大地增进了生命的繁殖力与创造力；现下，地球上生存着 1 000 多万种物种。我们周遭令人叹为观止的丰裕在很大程度上源于自然中的伟大性革命，它允许地球捱过物种大灭绝，再次以生命填满这个行星。为何行星演化出更为复杂的自然？为何一个物种进行有性繁殖？为何动植物王国中如此之多的物种变得具有性欲？并非某些邪恶或阴暗的原因，也不只是为了高潮时的兴奋。之所以会出现混合两组 DNA 行为的扩散，是因为它带来拥有更好生存机会的更为多元的后代。无论其环境如何迅速地变化，通过性结合产生的子孙能够更好地利用其栖息地。在狂风暴雨、疫病侵袭、行星碰撞、火山爆发、大型气候变化中，它们具有更强的应对能力。性伴侣关系可以改善繁殖，更何况它碰巧还能增添无穷生趣。

我们在获取愈发可靠的关乎物质性地球与宇宙的知识上，赢得了巨大的成功，这令我们成为自然自身层面上一种最成功的物种。我们的知识库仍在继续扩张。我们现在可以肯定地知道，智人来自包括原子、基因组、DNA 在内的物质，也正是通过我们对物质的使用，我们方获得如此成功。[9]

本书认为，智人历史上最大的变化存在于我们人类在自身生存方式中所进行的变化。这些变化在我们的发展中姗姗来迟，直到过去的 1.2 万年前方始出现。它经历了两次转型：首先，从采集到农业；其次，从农业到工业资本主义。在两种方式背后，存在着共同的原动力，即人类欲望，特别是我们对性与子孙的欲望。这一论点虽然看似简单明了，但是往往没有得到充分的认识理解。不过，如果我们希望成功地应对前路上横亘的任何变化，无论其大小，我们都必须采用这一分析。

在很长时间中，我深受现代世界中最重要的历史学者之一——卡尔·波兰尼（Karl Polanyi）的影响，虽然其观念现下看来已经过时，需要修正。他最重要的著作——《大转型》——出版于 1944 年。[10] 其主题是从传统农业生活向工业资本主义的第二次大转型。其结果，波兰尼哀悼道，是地球与人类道德的衰退。或许他过于苛刻，但是他的讨论将我们的注意力引向理解大规模变化的问题，对此，我们应当心怀感激。

波兰尼坚持道，资本主义是失败的，因为它是由那些头脑中充斥着糟糕理念的人类所建构的，其中尤为糟糕的是认为不受管制的市场经济应当成为社会的核心，与之必然联系的理念则是人类关系中激进的个人主义。这位历史学家宣称，这些理念带来了种种苦难，包括战争、贪婪与不公。波兰尼对资本主义切实制造的财富与力量全然无动于衷。与赞美其财富相反，他呼吁其读者恢复一种遗失已久、更为道德的过往，彼时人们更加“植根于”自然和社群。他从未思考过对如此之大的人口数量而言，那样的再植根可能无法被实践。当他没有思考如何被实践的问题时，他同样无法通过现实的检验。即使他所倾心的理想如他幻想的那般存在过，他也绝不会承认在那样的过去中，存在着深层的缺陷，而且是不可持续的。

波兰尼在1866年出生于维也纳的富裕犹太家庭。金钱与精英教育将他带往布达佩斯、伦敦、多伦多与纽约的学术高位。当德国军国主义与经济动荡驱使他离开欧洲后，他开始忧虑文化危机逼近世界各地，迫在眉睫。我们人类将要面临总清算的时刻，因此，他认为我们必须寻求彻底的变化。但是，波兰尼为其读者们所提供的主要是一剂乡愁和少许理想主义，而鲜少硬核的物质性分析。他的处方是人们熟识的反资本主义思潮中充满道德说教、多愁善感的手写版本，同卡尔·马克思的辩证唯物主义及其为所有人创造新工业丰裕的社会理想大相径庭。

虽然波兰尼的著作存在很多问题，但是他教导我们认识到，工业资本主义如物种般演化，总是倾向于修正，否则面临灭绝的危险。不过，他并未以同样的理想主义分析人类历史上的第一次大转型——向农耕生活的转化，也没有询问两次转型有何共通之处。这两场转型同样彻底而全面，也同样遭到激烈的反抗。第一次转型带来了如国家、官僚系统、帝国、军队、等级体系、奴隶制、土地退化等变体，同时也带来了他所尊崇的社群主义精神。但是波兰尼没有试图比较两次转型，因此他无法理解它们如何成为人类所必须接受的事物。如果他做过这样的努力，或许，他会对资本主义有更多的理解、宽容，甚至感激。

资本主义之所以成功，其原因在于它找到走出人口过度增长困境的路径。在1万年前，在地球行星上分布的许多人类社群被其对食与性的强烈欲望带入陷阱。在公元1500年，生活在欧洲沿海的居民同样面临着死局。如果我们不能理解是什么驱使我们进入农业生活方式，又是什么导致其最终失败，我们将永远无法理解我们的过去或者命运。而后，我们也将如波兰尼那样无法预计第三次转型或许将如何发生。它不会来自人们对回归旧日生活方式的渴望，而仅会出于对资源－人口挑战的回应。

如同早先的转型，任何未来的转型也一定始于在人类繁殖力中造成的变化。我们将如何称呼这一新转型呢？已有人认为我们在演化进入一种“生态文明”，这是一个在20世纪70年代出现的短语，现在在很多国家中流行。它们希望仰赖生态科学拯救我们于自身的欲望。它们谈论一种被称作“可持续发展”的新变体。这是否能成为一种真正意义上的革新，抑或仅是政治经济中无法自身进行繁殖的杂糅物种？

我必须重申，标签与理想从来不是促成我们同行星关系发生巨大变化的主因。变化源自物质条件，在这个人类获取优势地位的时代中，它意味着人口、食物体系和性习惯的改变，意味着人们以新的方式寻找食物与繁衍后代。

并非所有自然与人类生命的变化都以真正意义上的巨大转型的形式出现。事实上，在绝大部分时候，变化仅包含人类统御性生存方式中的一些细微调整或者次要变革。变化与更新世中的间冰期相仿，温暖的高原分裂深邃宽广的冰寒峡谷。我们正在进入的可能只是我们生存方式中的一个间冰期，一个文化与政治的短期调整，尚不能构成革命。但是无论变化的规模如何，它都将如在过去那样在某个时间节点上到来。它不会局限于少数精英，而将发生在非精英的大多数人当中，那些自身自然驱动其延展物种生命的普通人当中。

地球行星自身也将如它一直以来那般，是变化的主要动力之一、人类命运强大的决定性因素之一。但是，在前两次大转型当中，行星的自然并没有决定人类的潮流。在气候中，在土壤与植被中，在水资源的供给中发生的变化可能推动我们转变，但是决定我们如何生存的是我们自身的内在自然与种种欲望。

这一事实应当向许多自诩为先知、改革者、理想主义者与道德教化者的人传递一条清晰的信息。切莫将自身打造为一个新新行星的统治者，或者动议建立一个社会公正的新时代、一个绿色乌托邦，或者脱离物质基础的生态文明；接受无论是滔滔雄辩抑或凛然大义都无法独立决定地球上人类未来的事实。反之，努力变得谦恭，承认人类自然与地球的强大力量，明晓这个肥沃行星的潜力与极限。尤为重要的是，记住我们人类并非一张白纸，等候改革者到来，在我们身上书写一套新的十诫。

我们欲求的是什么？我们是否欲求以我们自身的自然完全掌控这个行星生生不息的自然？或者我们所欲求的不过是在简单适度中生存，拥有实体安全，以及我们自身和家庭的足够满足？我们需要的是什么？我们需要的将是什么？地球又将允许我们做什么？

注释：

1 关于此问题晚近的概述（2023年），参见："The Search for Life," https://exoplanets.nasa.gov/ search-for-life/can-we-find-life/。亦可参见：Neil deGrasse Tyson 的通俗介绍，*StarTalk*（Washington, DC.: National Geographic, 2019）。

2 H. G. Wells, *The Outline of History*（London: George Newnes, 1920）; David Christian, *Maps of Time: An Introduction to Big History*（Berkeley: University of California Press, 2004）. 亦可参见世界环境史中较为晚近的著作：John and William McNeill, *The Human Web*（New York: W.W. Norton, 2003）; Clive Ponting, *A New Green History of the World*（New York: Vintage, 2007）; Peter Frankopan, *The Earth Transformed*（New York: Knopf, 2023）; Daniel Headrick, *Humans Versus Nature*（New York: Oxford University Press, 2020）；和 Anthony Penna, *The Human Footprint*（Chichester UK: Wiley-Blackwell, 2010）。

3 "历史地质学之父"查尔斯·莱尔（Charles Lyell）、《地质学原理》（1830—1833）的作者创造了如"上新世""更新世"等短语，对查尔斯·达尔文的历史科学产生了深刻的影响，后者是行星史的基础。他们在今天的后继者包括科学家安德鲁·诺尔（Andrew Knoll）、大卫·比尔林（David Beerling）、罗伯特·哈森（Robert Hazen）、刘易斯·达特内尔（Lewis Dartnell）、蒂姆·弗兰纳里（Tim Flannery）、理查德·福提（Richard Fortey）、理查德·道金斯（Richard Dawkins）、亨利·吉（Henry Gee）。关于新的行星科学的兴起，参见：Worster, *Shrinking the Earth*（New York: Oxford University Press, 2016）, chap. 9。

4 关于直接的与终极的原因的区别，参见：Jared Diamond, *Guns Germs and Steel*（New York: W.W. Norton, 2017）, 10。

5 关于更多的讨论，参见：Paul Ehrlich, *Human Natures*（Washington DC: Island Press, 2000），该书强调了人性的复数自然；以及 Edward O. Wilson, *On Human Nature, 2nd ed.*（Cambridge MA: Harvard University Press, 2004），该书是关于"社会生物学"的概论。关于人性的更晚近研究，参见：David Buss, *Evolutionary Psychology*, 6th ed.（Abingdon

UK: Routledge, 2019）；以及 David Reich, *Who We Are and How We Got Here*（New York: Pantheon, 2018）。历史学者在此问题上也有所贡献，如 Daniel Lord Smail, *On Deep History and the Brain*（Berkeley: University of California Press, 2007）；以及 Carl Degler, *In Search of Human Nature*（New York: Oxford University Press, 1991）。

6 我所采用的译文为刘殿爵（D. C. Lau）的版本，引自 Judith Farquhar, *Appetites: Food and Sex in Post-Socialist China*（Durham, NC: Duke University Press, 2002），1。更早的删节版译文为："To enjoy food and delight in colors is nature," James Legge, trans. and ed., *The Chinese Classics: Vol. II: The Works of Mencius, 3rd ed.,*（Hong Kong: H.K. University Press, 1960），397。"心悦颜色"（英文中 color 并没有中文中"吾未见好德如好色者也"之美人之意）是比性欲更强烈的欲望？不太可能。参见：Philip Ivanhoe, "Introduction," *Mencius*（Toronto: Toronto University Press, 2011），ix–xxii。

7 除了那两种核心欲望，人类天性中还有更多的内容，包括"亲生命性"（biophilia），这是一种寻找同活生生的自然之间联系的内在渴望。参见：E. O. Wilson, *Biophilia*（Cambridge MA: Harvard University Press, 1984）。

8 参见：Matt Ridley, *The Red Queen: Sex and the Evolution of Human Nature*（London: Penguin, 1993；以及 Jared Diamond, *Why Is Sex Fun? The Evolution of Human Sexuality*（New York: Basic Books, 1997）。

9 参见：Timothy LeCain, *The Matter of History*（New York: Cambridge University Press, 2017）。

10 Karl Polanyi, *The Great Transformation*（New York: Farrar & Rinehart, 1944）；一年之后，该书以《我们时代的起源》（*The Origins of Our Time*）为题在伦敦出版。该书在 1957 年再次出版，其第二版标题为：《大转型：我们时代的政治经济起源》（*The Great Transformation: The Political and Economic Origins of Our Time*, Boston: Beacon Press, 2001）。

第一章

奥纳海滩所思

地球不难找到，因为我们立于其上。但是当我们的视野变得模糊，当周遭有太多的干扰时，我们可以去往一处人迹罕见的所在，在那里，我们或许可以更清晰地看到这个行星。奥纳海滩（Ona Beach）正是一处这样的地方，它位于美国俄勒冈州，太平洋海岸线上延展的一片时而惊涛裂岸、时而安谧可爱的海滩。人们可以在金褐色的沙滩与裸露的巨岩间穿行数英里，一侧翻涌而来太平洋层层叠叠的海浪，一侧高耸着柔软页岩构成的崖岸。垂天之云有时会黯淡其上的苍穹，然而没有人能够无视海洋恢宏而闪耀的壮观。从微小的沙蚤到纤细的石莼，从鲸鱼到各种鱼类，到偶尔循腐肉气息而至的白头海雕，来自海洋与沙滩的浓郁味道诉说着彼处有机生命的丰裕。

奥纳海滩是一处河口，汇集着顺海岸山峦而下的比弗溪（Beaver Creek）清流。这条溪流发源自一片原始荒野的幽深孑遗，淙淙滑过松木林立的山间，流经遍布罗斯福马鹿、黑熊与西点林鸮的开阔草地，漫溢在青蛙与苍鹭觅食的湿地间，而后在鲑鱼产卵的碎石河床的约束中逐渐变得狭窄，最终抵达大洋，淡咸水交汇。在这条溪流受到保护的两岸，那些在大洲其他地方渐渐衰落的物种仍然可以找到栖身之地。

当我们人类生物沿此海滨漫步，会生出一种回归感，一种对这个宇宙间我们唯一家园的归属感。我们的生命之源正在海洋当中，在某个热液喷口附近或者某处礁石环绕的蓄潮池中。我们这个物种没有创造这片海滩与海洋；它们源自一些强大的力量，正是这些力量令我们意识到自身的极限与脆弱。我们来到这里寻求对我们依赖于这个行星的自然的警示，这种依赖并非仅限于情感与直觉，因为地球同样从物质中创造理性，以知识填充我们的大脑。

美国作家蕾切尔·卡森（Rachel Carson）可能是过去一个世纪中最具影响力的环境作家，无论在直觉上，还是在理性上，她都深深地为海洋所吸引，对之的撰写远多于对任何其他事物的写作。我们大多了解她出版于 1962 年的著作——《寂静的春天》，对旨在保护自然世界免于如核辐射、工业化学制品和农业杀虫剂等现代人造毒素的环保运动而言，此书是一部智识催化剂。然而，在《寂静的春天》之前，卡森于 1951 年出版了《环绕我们的海》[1]。此书获得美国国家图书奖，并被翻译成近 30 种语言。这部较早出版的著作以“海洋母亲”开篇，星球成为子宫。在大约 10 亿年前，当地壳渐渐冷却，一个世纪复一个世纪，雨水持续不断，注满低处的盆地，海洋得以创生。科学告诉我们，一个没有水的星球不足以支撑生命。地球有着足够的水，因此，有着足够的生命。海洋母亲是那种丰裕的主要源头，它起源自地核升起的水蒸

---

[1] *The Sea Around Us*，国内有多个译本，译名各异，如《海洋传》（译林出版社，2010）、《我们身边的海洋》（四川人民出版社，2021）。——译者注

气，在天空中成云，再凝结成雨。这个凝结的过程令无数的海与无数的生命幼体成为可能。这些海联结起来令地球成为一个“蓝色行星”，而蓝与女性构成了我们历史的第一部篇章。[1]

蕾切尔·卡森在宾夕法尼亚州邻近阿勒格尼河（the Allegheny River）的一个家庭农场中长大，但是农业土地，甚至河流，都没有激发她最深沉的热情。她成为一名海洋生物学家，受雇于美国渔业局。闲暇时，她经常前往大西洋沿岸旅行，当有了足够的积蓄后，她在缅因州近布斯贝（Boothbay）的绍斯波特岛（Southport Island）上买下了一栋宅子。她在那里安顿下来，完成了其大部分著作。在一片原始的海洋边缘，她为自己找到了一个家园。从那里观察这个世界，起初，似乎人类永远不能如他们曾经“征服、掠夺大陆”那样“控制或者改变海洋”。但是，几十年之后，如此乐观主义已无立足之地。卡森开始认识到，原子弹试验后的放射尘甚至在毒害海洋；而其他作者也在收集材料，证明人类开始像他们掠夺土地那样无情地掠夺海洋。由于人类不断增长的胃口以及更高效的渔业技术，渔业的打捞速度超过了其恢复速度；人类的机体垃圾、塑料、腐蚀的土壤、满是化肥的径流、泄露的石油污染着海洋；升高的二氧化碳浓度暖化海水，使之酸性增加，大量破坏珊瑚礁。海洋不再是“环绕我们”的保护罩，其自身开始濒危。[2]

我们需要了解所有这些在地球环境中发生的人为变化，也需要了解在国家法律下对奥纳海滩这样的地方所进行的保护。但是，我们同样需要走出对历史的传统研究路径，以把握这个行星全面而复杂的历史。传统史学的思考止于人类的能动性、人类的关怀、人类的政治与思想、人类的成就及其对环境的影响。我们需要这样的历史，但是仅仅聚焦于人类，会遮蔽我们对一些重要事实与观念的认识。它会简化过去，令我们精神压抑，它无法充分地解释我们是谁，我们又变成什么的问题，无法展现这个行星真正的复杂性、生机与韧性。

传统史学可能会循这样的路径撰写奥纳海滩的历史。大约在 15 000 年到 25 000 年之前，来自亚洲的采集狩猎者，穿越重洋大陆，抵达这里。而后，此处最早的人类定居者有了阿尔西厄（Alsea）、亚奎那（Yaquina）、休斯劳（Siulaw）等部落名。今天，沿这片海岸寻找，仍然可以见到这些名称——奥纳海滩、阿尔西厄河、亚奎那湾、休斯劳森林。然而这些名称所纪念的那些古老部落在数十年前被四处驱逐，现在藏身于另一条河流上游，生活在一个多部落混居的社区之中。虽然经历了种种迫害，被剥夺了土地，但是较其先祖，他们有了更好的物质生活。同其所处的自然环境一样，俄勒冈海岸的土著顽强地生存下来。虽然他们同样被驱赶，被遗忘，但是与绝大部分野生生物物种相比，他们在数量上得以恢复，不会遭受灭绝的命运。[3]

接下来，传统史学将会特写白种美国人的入侵，后者在这片海岸建立了统治，生息繁衍以致人口过剩。奥纳海滩附近最早的白人定居点是纽波特镇（Newport），1866 年欧裔美国人初至时，在这里建立了一个小小的渔村。新一轮移民尾随而来，定居此处，捕猎各类亲水物种，如切努克鲑鱼（Chinook salmon）、生蚝、大比目鱼、鳎鱼、长鳍金枪鱼、冷水虾、太平洋大蟹。今天漫步在纽波特的街市，看到的主要是那些后来移民的面庞，大部分是白人，也有一些亚裔、拉丁裔和非洲裔，映射出俄勒冈的文化多元性。他们中的许多人仅仅是纽波特一日游的游客，欣赏海滩风情，吃一碗蛤肉浓汤。[4]

传统史学将讲述这些新移民如何攫取土地、创造财富，如何繁衍扩散，不过现在，我们的讲述也会包括环境灾难，以及公众和政府所进行的环境保护这样的新故事。未来最大的环境灾难很有可能出自自然之手。这个人口大约万人的小镇纽波特可能在未来的某一日终结，毁灭它的力量并非白人，而更可能是强大的自然力量。地震在这条海岸线上很普遍，仅仅 2021 年一年便发生了 200 余次，其中绝大多数不过是大地的轻轻一抖、一颤。但是，最近一次震动几乎达到里氏震级 6 级。同时，预测显示，在未来几十年中，将发生破坏性远大于此次的地震。任何政治家或者工程师都无法阻挡如此灾难的发生，因为那将是海底沿喀斯喀特断层线（the Cascadian fault line）上有着排山倒海之力的大陆板块之间的彼此碾磨，它们在骤然间失控、碎裂，被称为海啸的巨大水墙将直击海岸。

包括奥纳海滩在内的海岸沿线告示牌上预警着这场将至的灾难。上一次伴随海啸而来的类似地震在 1700 年爆发，距今 300 余年。俄勒冈海滨下沉数米，咸水涌入，毁灭了岸边生长的云杉林，留下了沉埋在沙下的残根断桩。下一次同样强度的地震（可高达里氏 9–10 级）可能会制造又一场巨大的海啸，它将横扫纽波特，荡平它的大部分建筑，如学校、海产市场、滨海高速、酒店与饭店，甚至冲走整个奥纳海滩，将它直接扫入基岩。整个小镇与奥纳海滩可能都会消失，而在那里生活的人群，包括土著部落可能都将被迫离开。

与此同时，在地壳中发生的另外一些巨大变化也将扰乱，甚至可能破坏这个地方，这些变化来自人类。化石能源的燃烧造成气候变暖，而暖化将带来海平面的上升，直至淹没这个海岸。当此发生时，那里的动植物物种都将一同消失，俄勒冈海岸会变成一片死寂，这一切都源于人类的能源消耗。[5]

历史学者已经开始关注这个由气候、地质、洋流、动植物、人口与消耗构成的错综混合体，但是总体而言，他们仍然停留在政治与文化的层面思考问题。从他们的著作中，我们了解到，在1910年，一位具有保护意识的州长奥斯瓦德·韦斯特（Oswald West）宣布，以涨潮所达之处为界，整个俄勒冈海岸都属于公共土地。在此后的数十年中，韦斯特州长的公告一再得到肯定。而后在1967年，另一位州长——汤姆·麦考尔（Tom McCall），一位共和党的环保主义者，推动通过了一部保护俄勒冈海岸的新法令，使之免于为私人利益，特别是那些为求私利而试图圈占部分海滩的贪婪酒店业主所侵占。现在，这片位列全世界最美的海滩，在法律上完全属于俄勒冈公民，并且在未来的很长时间都将如此。这里建立了40座海滨公园，400英里❶的海岸线基本保持一种野性状态。我们可以从传统历史的研究中了解这些成就，因为自然保护现已成为传统史学的应有之义。通常，这类研究结束于对俄勒冈人以及其他美国人在自然保护的事业上不倦前行的信心，从而赋予我们对未来的希望。[6]

从传统的史学研究中，我们还认识到，美国人业已保护了该州的另一颗璀璨明珠——火山口湖（Crater Lake）❷，这是古老火山爆发时留在地球上的一个巨大的圆洞，如同海洋初生，它最终为

---

❶ 1英里约等于1.6公里。——编者注

❷ 一般情况下，本书的姓名、地名翻译依照商务印书馆版《英语姓名译名手册》与《外国地名译名手册》翻译。手册中未出现的姓名与译名据音译。约定俗成的地名与姓名如火山口湖、黄石公园等则以定法译。——译者注

雨水充注填满；在 1902 年，这座湖泊成为美国最早的国家公园之一。迄今为止，俄勒冈一半以上的地方都以国家公园、森林，或者其他公共所有并管理的方式，得到保护。[7]

历史学者现在开始允许保护运动成为“进步”标准叙事中的组成部分，它意味着这个国家在朝着建立一个公共价值超越私利的美国的道路上更进了一步。自然保护的历史的确标志着人们价值观的巨大变化，毫无疑问应当成为一个重要的故事。但是，传统史学对于人类政治与价值观的重视，无论其所青睐者是出于环境保护抑或不是，都过于狭隘，无法涵盖历史的全像。我们同样应当知晓这个物质性行星及其变化的历史，据此，我们可以对在未来某日，地球可能毁灭我们所建立的一切丰功伟绩的威胁有所准备。这正是我所言的行星史（planetary history），它将深入过去，直抵我们这个物种最微茫的起源，甚至深入至水、岩石与生命的起源。行星史应当囊括这个星球在过去、现在与未来的一应强大动力，正是这种动力为所有生命形式，包括我们自己，设定了条件。

在那些尽一日之兴的游客眼中，奥纳海滩未必是这条海岸上最美的海滩，但与他处相比，这里游客罕至，因此格外清净、寂寥，它成为一个思考真正全面的行星史应当涵盖什么内容的好去处。这样的历史将不再囿于我们自身的物种，或者民族国家的疆界，抑或政治、社会价值与冲突的窠臼。传统上，历史讲述了许多有价值的故事，这些故事蕴意丰富、趣味盎然，为社会进步提供历史之鉴，但是与此同时，旧式的历史过于人类中心主义。在奥纳海滩，我们遭遇了一种更为广阔、深沉的历史，一种不断延展，超越天际线，涵括整个行星地球的历史。在我们试图向如此远方扩展时，这样的尝试存在某些危险，因为如此宏大的历史无疑脱离了我们的掌控。但是，我们仍然应当为此观点努力，因为今日的地球感受到我们人口增长的压力，罹受着由于我们的无知与不负责任所带来的灾难。

一部完整地球行星的历史应当始于自太阳喷射而出的熔融物质，它们在太空中游移，最终形成一个行星，整个过程只是110亿年前大爆炸造成的宇宙扩张中的一个片段。它不仅应当包含如“自然保护”这样的现代政治运动，也应当囊括板块构造与大陆漂移造成的地壳“运动”，因为正是它们决定我们在何处以何种方式生存。在该历史的早期阶段将出现蕾切尔·卡森的“海洋母亲”。随后，历史学者将必须讲述从过去到现在生存在那里的数以千万计，甚至更多的各种生灵。人类的到来是这部历史中非常晚近的篇章，即使那时，他们也并非此后上演的一切中的唯一角色。[8]

没有任何一个职业历史学者可以独立完成如此一部综合的行星史所需要的所有研究与写作。或者即使他/她有这个能力，最终的成果也将过于厚重，以至于难以捧读。因此，撰写这部历史必然需要劳动分工，需要依赖所有科学学科，特别是生态学、地质学、气象学的帮助，需要各类不同的书籍讲述我们起源的故事。然而，历史学者可以借助地质学、生物学、心理学、社会行为学的专业知识，以丰富他们在这个整体历史中选择研究的任何部分。他们可以学习如何进行跨越专业边界的合作。幸而，现在已有很多其他学科的学者思考地球的过往，例如考古学者、地理学者、人类学者、经济学者，以及自然科学学者。如果我们希望撰写一部比我们现在已有的历史更广阔、更优秀的历史，我们需要欢迎所有学科人士加入，需要征询他们的意见。[9]

今天，还有谁不是历史学家呢？许多科学家如同那些被贴上“历史的”标签的院系一样历史地思考，虽然那些科学家可能渴望了解的是地球的年龄（45亿年），或者生命何时最早在地球上出现（34.5亿年前）。他们告诉我们，直至8亿年前，单细胞动物一直是地球上的统治者，此后，多细胞动物出现，最终人类到来。我们自身这个物种——双重智人（*Homo Sapiens Sapiens*，我们为自己所取的拉丁名，即双倍智慧❶），仅仅在20万年前方始现身，尾随其他在400万—500万年前出现的人科动物。[10]我们可以从我们的朋友以及同事那里学到很多相关的历史，因为他们已经用自己的方式做了大量的档案研究，不过他们的档案并非写在纸上，而是藏于岩石与泥沼中的地球历史的遗存。传统历史学者一直都乐于学习与阅读各种语言，因此，对他们而言，学习如何阅读自然科学的各类语言并非力不能及之事。不过，所有具有历史思维的学者，无论我们的专业与方法为何，都必须承认，在地球及其生命令人叹为观止的复杂性面前，任何研究都仅是管中窥豹、瓮天之见。

直至最近，传统历史学者长期囿于门户森严的一小块学问，在那里设标划界，抵御其他学者。为什么历史学者自愿安于一隅，卫戍广阔学问天地中的一小片领域呢？可能最大的原因在于习惯。这种习惯始于19世纪到20世纪初，彼时各个大洲被划分为一个个民族国家及其殖民地。人们期望历史学者观察国家与帝国

---

❶ 在传统分类学当中，古生物学家与人类学家以加入两个sapiens区分现代智人与其他更加古老的智人群体，如尼安德特人等，第二个sapiens为指名亚种。但是双重使用智慧“sapiens”一词，即使并非有意为之，仍然增加了一重人类对其智慧的自大。——译者注

所设定的界限，撰写这些新兴政治界限之内的事物，甚至为之树碑立传。因此，史学不再是关于所有可以想象的历史的整体研究，而仅仅关乎一个个不相联系的国家与帝国的历史。我们有了大英帝国、中国、美利坚帝国的历史——而后，这些历史被进一步划分为伊丽莎白时代的英国史、仁宗一朝的宋史，或者杰克逊时代的美国史，各个亚领域又将自身限定于政治、精英，以及争权夺地的战争历史。

现在，传统史学仍然倾向于停留在那些古老的民族国家疆界之内，其中一些甚至继续局限于对其国家历史的歌功颂德。他们所仰赖的资料来源则是那些被自豪地保存于国家档案中的书写记录。由于那些记录至多可以追溯至 5 000 到 6 000 年前书写文字被发明的时期，因此历史学者假装在文字记录之前不存在历史。那时只有“史前”，而史前不值一顾，虽然它们可能为解释人类从古至今如何思考、如何行动提供关键性的线索。[11]

在这种历史讲述背后存在一个假设，即人类创造了自我——他们通过制造文化而制造了历史。他们的生命、成就和命运同地球的动力全无关系。考古学家 V. 戈登 · 柴尔德（V. Gordon Childe）在其著作的标题中简明扼要地表达了这一假设：《人类创造了自身》（1936 年出版）。柴尔德声称：历史必须仅仅关乎人类自身，而人类应当仅仅被视为文化塑造的动物。柴尔德本人青睐于研究那些通过技术、工业与农业制造文化的人；同大部分历史学者相比，柴尔德称得上某种唯物主义者。但是所有的历史学者和考古学者在没有太多批判性思考的状态下，成为狭隘的文化决定论者（culture determinists）：文化是一种独特的人类发明，人类的大脑被视为所有重要变化的源泉。在过去的半个世纪中，人们开始严肃地挑战这种思维方式，这不仅仅因为它所指向的性别主义、种族主义与民族主义，也因为它所倡导的人类中心主义。

不过近年来，越来越多的传统历史学者开始超越彼此分离的国家、文明，或人，以期看到一个更大的整体。他们开始发现，智人并非唯一具有“创造性”的物种。在任何存在过的事物中，在化学反应中、岩石中、雨水中、海洋中、鱼和鸟当中，都充满着创造性。在每一种规律、每一个进程中，地球都有着高度的创造性，在这个或许是宇宙间最具创造力的行星上，我们人类仅仅是创造性的一种体现。

当前（2023 年），地球上生活的总人口为 80 亿。我们所有人都致力于破坏与创造，制造了或好或坏的变化。在好的变化中，我们创造了像俄勒冈这样将海滩变为公共财产的法律。它为人们创造了一种新的身份认知、一个更宜居的环境、一种为休闲与学习而保留的持续资源。但是，人们最初为何会选择来到俄勒冈？其原因似乎是显而易见的。他们来到这里是因为此处有河流与海滨，有矿物与土壤，有山峦与其他地球力量所创造的各种自然福利。深具创造性的自然如何影响了人类的定居与发展？自然地球又如何形塑了文明的崛起？人类筑造的每一样事物在某种程度上都是物质性力量的产物，这种力量同时也筑造了这个星球。漂移的大洲、地震、海洋与飓风一而再、再而三地塑造了生命的条件，也塑造了我们赖以生存的文化。创造历史的不仅是人类的思想，也是微生物、气候、植物，以及人类自身的繁殖力。

让我们想一想微生物的创造力。它们中的一部分维护我们的健康，另一部分让我们患病、死亡。在新型冠状病毒大流行的阴影下，我们难道还需要努力证明微生物可能成为历史中的一种干扰力量吗？它们可以让我们改变，让我们适应。然而，我们的生存同样依赖其他微生物，它们帮助我们消化食物，保证我们生活与工作的精力。

再想一想历史中气候的创造力。所谓气候，我们指的是长时段中在不同尺度上普遍存在的天气状况，例如，一种寒冷或者潮湿的气候，或者一种干燥、炎热的气候。人类现在的确可以略微地影响气候，但是这并不能改变气候在不受我们干预的状态下，在干湿与冷热之间，持续地周期性自然摆动的事实。历史学者现在开始认识到，气候，不论是“自然的”还是“人为的”，都是很多过去社会变化背后的强大动力。在拥有这种认识之前，历史学者往往以政府或者社会的腐败或者其他缺陷来解释社会变化（如明朝的崩溃或罗马帝国的衰亡）。而现在，很显然，气候可能是这些变化中更具决定性的因素。[12]

过去的 12 000 年，即地层学家所称的全新世，以相对温暖、湿润、稳定著称，与此前的更新世形成巨大反差。在大约 2 万到 3 万年前的末次冰盛期（Last Glacial Maximum），全球平均温度跌落了几乎 8 摄氏度，与严寒相伴随的是极度的干燥与大旱。[13] 彼时，8% 的地球行星在冰川的覆盖之下，造成海平面比今日低出近 122 米。这是怎样一段狂野的旅程！与之相比，我们现在所经历的人为全球变暖实在不足道哉。从公元 1900 年开始，地球的气温平均上升了 1 摄氏度（在两极更高）。1 摄氏度的上升，而非 8 摄氏度的下降。不过，无论怎样，科学家告诉我们，我们必须将上升控制在 1.5 摄氏度以下，因为即使如此微小的变化仍然会撼动现代文明。[14]

所谓全球平均总是遍布例外与反常。例如，在全球变暖加剧时，美国的西南部现在经历着公元1200年以来最严重的干旱，彼时的那场干旱带来了所谓的“史前”文明的衰落。如果1摄氏度的上升可以带来创纪录的暴雪、飓风、酷热、森林大火，让我们想象一下它背后的深意和预兆的未来。数以百万计的人口可能最终被迫迁往任何水源更加充足的地区，或者去往他们的家园不至于为上升的海洋所倾覆的地方。为了争夺有限的淡水资源，可能会爆发战争。显然，气候中发生的哪怕仅是微量的变化也可能造成巨大的破坏。再来想象一下我们面对的是全球平均温度骤然下降2或3摄氏度，或者8摄氏度，而非1摄氏度或1.5摄氏度。当我们看到全新世的稳定即将终结时，我们将开始怀念我们旧有的世界，从更广阔的尺度思考历史。

如果地球气候略有不同，今天我们将鲜有人在城市当中生活，从不断减少的种植者手中购买食物。我们将看到，农业与城市之所以在大约10 000年前发明，其背后有若干强大的物质原因，而最重要的原因是人口统计意义上的。同时，这场转型在某种程度上归功于气候转向有利于农业的状态，更加暖湿的气候不仅惠及农民，而且为除南极洲之外的所有大洲带来了城市化，与之相伴随的还有工业资本主义与跨洋贸易的兴起、人口增长，以及我们生活方式的彻底改变。我们现在才刚刚开始认识到，过去10 000年的气候对我们人类而言是多么非同寻常的友好。也在现在，我们了解到，在过去的数十年中，人类开始对气候的循环施加危险的影响。[15]在未来数百年、数千年间，我们将经历何种类型的气候，人类将从中受益还是罹难？是否有某种形式的文明得以残存？如果有，它将是何模样？[16]

当我们言说地球行星时，我们所说的恰恰是“自然”。这不仅是奥纳海滩的自然，也是构成我们称为地球生态圈的所有自然。在这个行星之外，无论是太阳系还是整个宇宙，也充满着自然。但是，这个不起眼的行星的自然是我们特别需要了解、需要把握、需要与之发生联系并且格外关怀的，因为正是它的自然需要为生命的出现负责。我们的家园行星虽然拥有令人叹为观止的多元性，但是它也构成了一个单独的、统一的生态圈，这个生态圈有可能为复杂形式的生命演化创造了独特的条件。传统历史学者没有能力解释地球的生态圈——这一任务我们将留与科学家去做。但是我们可以，也应当撰写同人类发生关系的行星历史，我们能够谦虚地扩展我们认知的边界，而不丧失我们人类的视域。

我们需要一部行星史，而且我们可以在不彻底摧毁历史学传统的状态下进行行星史的撰述。此书将从 20 万年前双重智人（the Twice Wise）的出现写起，追寻他们在地球上的足迹。此书不会持一种人类沙文主义的视角，仅仅关注我们自己的种属，但是人类将始终在其中占有一席之地，因为此书的核心论题是**人类与我们的家园行星之间的关系**。这一关系首要是物质性的，而文化性的关系在此书的叙述中将是次要的，或者是边缘性的角色，更多是历史物质性的偶发、附带现象。

这些篇章背后的核心假设是，人类是自然的一部分，同时这种自然来自两个部分，一种是**外在**自然（an outer nature），一种是**内在**自然（an inner nature）。自然并不仅仅是山海大地，种种形式的生命，也是在我们人类体内运行的驱动力，正是它们将我们与自然的其余部分相连接。它们包括我们作为生物器官的大脑，也包括我们的神经系统、荷尔蒙、肠胃与生殖腺，它们共同决定了我们的生理需求与渴望，不懈地推动我们寻找饮食男女。我们可以将内在自然称作一系列直觉，它所指的是那些通过自然选择演化形成的行为与思想，与自文化与学习得来的行为与思想分别存在。但是，内在自然并非千人一面的同样直觉，因为我们所有人都是与外在自然之间独特遭遇的产物。每个人的皮肤与感官都扮演着媒介，或者是可渗透的薄膜的角色，通过它们，内在与外在的自然得以交流。纵观人类过往，我们的内在自然从未独立于我们的外在自然之外，能够自由地成为或者获取我们所渴望的任何事物。现在，遗传学者可能帮助我们回溯内在自然的演化历程，不过我们也可以自形形色色的其他知识与经历中获取帮助。内在自然始终在转变，在蓬勃有力地运转，但是从没有完全一致，而是变得更加多样；它们以不同的方式影响着我们的观念、渴望与欲求。我们不应仅仅思考外在自然对人类的冲击；同地球行星相互作用的力量还包括内在自然，那些通过遗传而来的驱动力与强烈的欲望。例如，我们可以思考一下，男性睾丸素这一伴随时间而形塑人类经历的内在自然，通过如狩猎与战争等行为，对历史的创造产生了怎样的影响。但是男性又经常厌倦战争，签订了许多和平条约。

除了食物与性，我们的内在自然长期驱动着人类寻找、利用能量。我们的肠胃对食物感到饥饿，但是还有一种更为广泛的对能量的饥饿感，我们不仅需要从食物中摄取能量，也需要从木头、水、潮汐、化石能源、核能中摄取能量。没有了能量，无论我们自身还是地球行星都将丧失创造力，甚至无法存活。迄今为止，我们人类所寻求的所有类型的能量最终几乎都来自太阳。阳光普照大地，而后为动植物所摄取、储存，或者作为熵反射入太空，无法做功或延续生命。能量越集中，越能帮助我们做更多的工作，我们就可以享受更多的舒适与轻松，从而进行更多的思考与创造。密集的能量源优越于分散的能量源，例如，一处稠密的森林、一块厚实的红肉、一片长满高蛋白谷物的农田，或者从大地中挖掘的一大堆煤，所有这些都是我们的内在自我所寻求并利用的。迄今为止，化石能源是我们已找到的最密集的能量源。我们可以如很多历史学者所论证的那样，认为我们对密集能量的饥饿感始于工业化或者资本主义，而事实上，那种饥饿感可以追溯至自然演化的必要性。

我们应当清楚，能量自身并不能创造变化、创造历史；更确切地说，创造历史的是有机体内部对攫取越来越多能量的**欲望**。欲望在寻找，欲望在发现，或者欲望会消失；没有**欲望**，宇宙将始终停滞。在某种意义上，所有的物质都有“欲望”，无论生物抑或非生物，也就是说，物质需要能量来复制自身，需要积水成河或者冻水成冰，需要从一个地方转往另一个地方。

在行星史中，人类可以被视为寻找密集能量的碳基生物，他们从一个地方向另一个地方迁移，制衣做饭以求温饱。我们寻找能量扯满风帆、拉动耕犁、运转磨坊。我们是多么幸运，方能生活在一个浸沐在充足能量之中的行星上，这些能量或是日常所得，或是长期储存，双重智人学会了开采并利用它们。同样的太阳照耀着月球与火星，但是在那里，或者可能在宇宙中的任何一个其他星球，都没有存储的、化石化的能量。就储藏与供给生命所需能量的能力而言，地球可能是例外的。奥纳海滩潮起潮落，其背后是太阳能，而那种能量仍然在驱动着演化的继续。在海底，则存储着死亡生物的残留，变成石油或者天然气。那些在日常中被转化并可储存百万年的能量创造了海洋生物赖以为生的食物链。

当海洋存储的，或者更新的能量荡然无存，当太阳不再驱动海洋的潮汐，整个地球便会死亡。所有的生命，包括人类，都将从地球上消失。[17]

当下，历史学者越来越关注物质与能量的流动，但是，他们对另一种饥饿感或者欲望的重视尚远远不够。我们的确对之有很多思考，但是很少视之为我们历史的形塑者或者一种决定性力量。人类对性感到饥渴，有时甚至无法餍足，对性的渴望是我们保证繁殖的自然形式，生育尽可能多的婴儿，并尽可能多地养活他们。这种驱动力是复杂且变化的；今天，通过节育的科学与技术，我们对之有了更多系统性的人类控制。但是，在我们历史的绝大部分时间中，人类，如同所有的有机物，为内在自然所驱动去寻找性并繁殖后代。当然，并非所有人都有着相同的性欲；有些人可能对性完全没有渴望，而另一些人则性欲旺盛。有些人渴望性，但那是对与自己相同性别的人的渴望，因而规避繁殖。但是，对大部分人类而言，我们的性驱动力是我们内在自然中的统御性动力，是家庭生活、社会与经济制度，以及地球生态的根基。

同智人构建的自我形象相反，我们人类并不总是受控于高贵的理性，甚至在大多数时间都非如此。如同其他动物，我们一直受制于对伴侣与后裔的追求。我们的大脑演化晚于性欲；由此，生殖器与荷尔蒙支配着人类理性。内在自然在很大程度上是“性腺必需”（gonadic imperative）。在真正有效的避孕方法帮助管理那种内在自然之前，在以荷尔蒙为基础的避孕药于20世纪50年代出现之前，人类无法（或至少无法可靠并便利地）在满足性欲的同时避孕。至今，对世界上很多人以及自然的其余部分而言，情况依然如此。

这种复制自身的内在欲望并非人类的独特感受，而是地球上统御万物的普遍规律。一位杰出的美国地质学与天体生物学家罗伯特·哈森（Robert Hazen）提出了“矿物演化”（mineral evolution）理论。他指出，矿物质，作为由周期表上的元素构成的化合物，在过去的亿万年间一直都在演化，它们由元素变成化合物，化合物彼此之间再相互作用，由此，生成了所有的矿物质。如果的确如他所言，所有的矿物如同有机物那样，都在演化，在复制自身，我们可以说，它们同样拥有内在自然，同样努力繁殖，产生了各种变体，彼此竞争以图生存、繁衍。

矿物的历史看似同我们自身的历史非常相像，这令哈森得出了一个宏阔的结论，它在某种程度上是蕾切尔·卡森在《环绕我们的海》中的观点的回响：

> 这部关于地球生物与非生物圈之间难以言表的恢弘而缠绕的传奇——关于生命与岩石的协同演化——是如此令人赞叹。我们必须分享它，因为我们正是地球。每一种给予我们衣食住行的事物，我们所拥有的所有物品，事实上，我们血肉连接的躯壳的每一个原子、分子，都来自地球，也将回归地球。因此，了解我们的家园，便是了解我们自身的一部分。[18]

如果地球的确是我们的家园——在我们出生并成长在另一个行星之前，它将始终是我们的家园——那么，了解地球对我们了解自己为何物而言，至关重要。

不过，相较于矿物、植物与动物王国，人类身上的性自然有几点特征是它们所不具备的。与其他哺乳动物种类相比，我们并不限定于一年中短短的发情期，而是在任何时候，都有性的欲求。而后，我们演化出非同寻常的复杂大脑，并以之满足我们的性欲。事实上，我们硕大的大脑之所以存在，可能要归功于繁殖冲动的必需；我们之所以演化出体积更大的大脑，或许是由于拥有更多的神经元意味着在寻找性伴侣、尽可能多地繁育后代上，会占有更大的优势。这种优势的不利之处在于，人类的大脑壳令母亲在生育时承受更多的痛苦，过程更加艰难。总的来说，对人类而言，拥有硕大大脑的回报是巨大的，这令他们在从性诱惑到繁殖的整个性过程中，都比其他物种更加成功，从而也对环境产生了更大的影响。我们的其他灵长类伙计们，例如倭黑猩猩这种精力非常充沛的动物，从没有如智人一般如此成功地繁殖。这也是为什么能够离开自己物种本初的区间，向远方移民的是智人，而非倭黑猩猩、大猩猩或者猴子。繁衍后代上的成功不仅令人类更具流动性，同样，也推动他们创造了农业、城市与文明。

不可否认，人类的繁殖力早已超越了生物性。长期以来，在繁殖力之上累积了一层厚厚的文化意蕴，影响着生殖的风俗与行为。例如，社会创造了婚姻制度以控制生育，也通过法律压制或者允许同性性关系。在各种语言中，宗教领袖们都会告诉其追随者要超越自身的“自然”，意即超越其直觉与欲望的内在自然。只有少部分人能够长时间遵循这样的教诲；因为超越我们的自然将会危及物种的生存。因此，性腺必需不是绝对的主宰；它受制于经济、理性、约束、社会价值，所有这些因素如同器官与身体的各个部分一样，长期伴随内在自我而不断演化。但是同样毫无疑问的是，女性与男性都一直为创造新生命的热情所驱动，而这些新生命转而强行推动了很多深刻的社会变化。[19]

时至21世纪，人类物种的数量已变得极为庞大。这80亿的数字正是我们理解地球过去20万年轨迹的最为重要的事实。法国哲学家奥古斯特·孔德（August Comte）据说曾经言道：“人口统计即命运。”没有繁殖的压力，没有我们后代数目的不断增长，没有他们所提供的保证食物、能量、领土与更多的性的男女力量，我们所成就的一切几乎都不会发生。我们的内在驱动力带来了对其他动物与植物的驯化，带来了文明的重大突破，一路走来的各种创新，甚至我们所建立的、为之奋斗的、努力偿付的各种习俗制度。

但是我们在人口数量上取得的成功不应让我们忘记，即使在今日，我们也并非地球上的唯一，因为这个行星仍可能是上千万种其他物种的家园，它们同样为自身的内在自然所驱动。这些物种中的很大一部分，特别是哺乳动物，都因为我们人类在自身的繁殖与消费上的巨大成功而面临着灭绝的威胁。我们正在毁灭那些表亲，因为它们直接参与了我们对地球资源的竞争。

即使如此，地球的生物量在总体上而言仍然是非人类的。科学家现在可以比较精确地测量生物量的程度。他们告诉我们，人类总共占有1.05亿公吨的有机结合碳。我们驯化的动物生物量多出7倍，我们种植的谷物，如稻米、小麦，生物量超出我们的生物量2 300%。人类与其驯化的动物一起仅仅占整个行星生物量的一小部分，行星生物总量重达5 000亿至6 000亿公吨，这还不包括微生物。显然，我们并非唯一。如此之多的结合碳可能令我们晕头转向。因此，我们可以集中精力思考一下生物量对我们的生存而言究竟何等重要。例如，地球上的蠕虫总重量为10亿至20亿公吨，对我们种植庄稼的土壤肥力而言必不可少。叫作桡足类的小小甲壳纲动物也同样重要；它们形成了地球上最大的动物量，是我们营养的重要来源之一——海洋食物链的基础。维持着我们生存的食物与能量链条源自那些虽然微不可见，但是无处不在的桡足类动物。

由此，本书展现的是一种新的历史观。它将呈现，驱动我们社会体系、政治、文化与技术发生变化的力量是性、气候、能源、生态关系，以及地球系统。这种新观点将立足于海洋学、地质学、物理、生物、微生物学、物种史、生态系统、栖息地，也立足于我们自身为直觉、欲望与冲动所统御的内在自然。所有这些相结合，构成了我所称的行星史。如果我们真的希望理解历史，或者哪怕仅仅试图理解我们自身的历史，我们需要从那些在我们脚下、我们头顶、我们体内发生的变化开始。地球上的万事万物都在演化。在最广阔的意义上，我们称之为历史的正是这样的演化。

无论前路如何，地球看似都可以存在很长时间，虽然它可能会不断变化。当我们困于室内太久，自我封存于人造环境当中，而对地球业已经历和幸存的一切所知寥寥时，我们可能会忽略这一事实。如果我们总是足不出户，我们会开始以为所有的变化必然是悲剧性的，末日灾难随时将至。我们将妄自断言所有的坏事之所以发生，都是因为人类的愚蠢或者腐化。或者我们也可能将变得妄自尊大，认为只要我们能够找到正确的技术，遵循正道，或者获得足够的选票，就可以阻止灾难的发生。

通过更好地理解地球的历史，我们将学会避免让简单的乐观主义或简单的悲观主义成为我们的个人哲学，而将在混合的期望之上安身立命。我们将了解到几乎所有的有机体都韧性十足且富于生存策略，虽然最终所有的有机体都将死亡。我们将看到智人物种可能在很多时候看似笨拙、邪恶或者浮夸，但我们也是屡受考验的求生大师。如果我们试图将自身的自然与自然的其余部分相分离，或者将历史简化为一个人类如何获取对地球的统御的故事，成为所谓的“人新世”（Anthropocene）——人类地质纪元的建筑师，我们必将陷入恐惧与自我怀疑的罘网。

蕾切尔·卡森对海洋的命运太过悲观，对其时代太过愤怒，以至于无法从海洋中获取一种更加历史性的平衡观点。在其即将死于癌症时撰写的最后一部书中，她以一章晦暗的尾声作为终结。虽然这章尾声被一再引用，但在其熠熠文采中无法找到为撰写新历史而提供的实用或乐观的起点：

> “控制自然”是一个在傲慢中构想出的名词，它诞生于生物学与哲学的尼安德特人时代，那时人们以为自然因人的便利而存在。应用昆虫学的绝大部分概念与实践起源于科学的石器时代。我们可怖的不幸在于，如此原始的科学却配备着最现代、最骇人的武器，当这样的科学将这些武器掉准对抗昆虫时，它也以之对抗地球。[20]

与之相反，人们可以论证说，即使杀伤力最大的人造杀虫剂也并非地球历史上最恶劣的杀手。比如，连老好脾气的氧气也在大约20亿至24亿年前，其在大气中急剧升高后，将地球上几乎所有的生命带向了死亡。灭杀厌氧细菌的正是氧气，而那些细菌在久远的地质时代中曾是行星上的主导物种。这是怎样的一场大灾难！人类的致命装备如核武器、有毒化学物质或者人口过剩距离如此规模的生命灭绝尚有很大距离。幸而，与卡森的预言相反，地球的未来并非完全仰赖人类是否具有正确的哲学或者价值观。在漫长的行星历史中，人类从没有那么重要，甚至至今如是。他们的自我形象或者其狂妄自大的程度在行星史中扮演的角色，相对而言，显得无足轻重。我们可能为山川、河流、海洋、其他物种以及我们自己，特别是我们中间的穷人，带来巨大的破坏，但是无论我们的大脑如何鼓动，我们也无法摧毁生命。

那么，蕾切尔·卡森希望人类采用什么样的新哲学呢？一种避免“控制自然”的哲学。她拒绝控制自然，因为在她看来，那是现代环境危机的根源。她批评“生物学与哲学的尼安德特人时代，那时人们以为自然因人的便利而存在”。不过，尼安德特人一词并非一个好选择：那些古人类并没有发明农业杀虫剂或者将自然贬为他们的玩物。双重智人发明了它，因为他们人口的增长迫使其生产更多的食物。更进一步，控制自然之类的普遍思潮也不应当负主要责任；真正令制造滴滴涕（DDT）看似成为必经之路的原因在于饥饿的困扰与社会不安的威胁。

如同许多历史学家那样，蕾切尔·卡森认为，“控制自然”是一种来自于过去的遗产，带坏了自然科学。她进而建议只有采用一套新的价值观方可拯救人类免于糟糕的科学。在这层期望中，她过于人文主义。本书则认为，人类价值观并非首要的原动力，也并非最伟大的破坏者，确切地说，存在于所有人与所有形式的物质中间的内在自然总在寻求控制自然的新方式，不计后果。令我们陷入今日困境的不是邪恶的或者傲慢的哲学，而是人类在负责任地知晓、理解与行动上的失败。无论是石器时代“哲学”的持续存在，还是人类其他道德上的缺陷，都不应当对此负全责；如果我们一定要指责什么的话，应当指责的是我们自身的自然，内在的自然，我们迄今为止尚未能控制的自然。

蕾切尔·卡森于1967年逝世，四年后，美国的卡通人物负鼠波哥（Pogo）讲出了这样一句简单而寓意深刻的话："我们遇到了敌人，他是我们自己。"[21] 这些字眼应当包括所有在地球上生活的人，无论贫富、男女、西方或非西方、传统或现代。它们在说我们是拥有非凡变异性的物种，超越其他物种，成功地繁衍自身，满足其欲望。我们不应当将所有的罪责归于科学家、杀虫剂发明者、尼安德特人、石器时代、资本主义或极权主义、野蛮或者文明，而应该看到不断演化的人类自然对行星地球施加着前所未有的力量，虽然这样的力量远不如我们所认为的那样巨大。

在这部行星视角的历史中，有伟业，有悲剧，也有重整之后的信心。它不会将我们带入绝望与低迷，而会带来一种对我们自身和地球的过去更加平衡，但仍具批判性的理解。阅读此书，我们将会知晓我们并没有生活在可以想象的最好行星之上，我们也永无可能令它成为最好的行星。它将敦促我们认识到，我们决不能摧毁所有围绕我们的生命形式，因为我们的智慧与知识都不足以让我们信心饱满地说出什么是可以毁灭的，什么是应当拯救的，更毋庸计算我们对地球的破坏有多大或者多深。通过行星史，我们可以明了为何我们这个物种几乎可以肯定无法实现其最宏伟的目标。任何永恒的成功，任何我们或者我们的创造物的不朽，都将幻梦成空。终有一日，这颗行星将彻底忘记我们的存在，随之消失的是我们的一应丰功伟绩。当支撑我们存在的那颗火热恒星燃烧成为灰烬之时，便是这一切发生之时。

注释：

1 Rachel Carson, *The Sea Around Us*（1951; New York: Oxford University Press, 2003）, 1–19.

2 部分关于海洋环境的重要英文著作包括：Wesley Marx, *The Frail Ocean*（1967, 1991）; Carl Safina, *Song for the Blue Ocean*（2010）; Sylvia A. Earle, *The World Is Blue*（2009）; 以及 Callum Roberts, *The Unnatural History of the Sea*（2007）。

3 Jeff Zucker, Kay Hummel, and Bob Høgfoss, *Oregon Indians: Culture, History, and Current Affairs*（Portland: Oregon Historical Society, 1983）.

4 Diane Disse, "Newport," *Oregon Encyclopedia,* Oregon Historical Society, https://www.oregonencyclopedia.org; Richard L. Price, *Newport, Oregon, 1866-1936: Portrait of a Coast Resort*（Newport, Ore.: Lincoln County Historical Society, 1975）.

5 Robinson Mey, "A Major Earthquake in the Pacific Northwest Looks Even Likelier," *Atlantic Monthly* on–line edition（August 11, 2016）; Robert Yeats, "Earthquakes and Tsunamis in the Cascadian Subduction Zone," *Oregon Encyclopedia,* Oregon Historical Society, https://www.oregonencyclopedia.org; Kathryn Schultz, "The Really Big One," *New Yorker*（July 20, 2015）。

6 Derek R. Larson, *Keeping Oregon Green: Livability, Stewardship, and the Challenge of Growth, 1900-1980*（Corvallis: Oregon State University Press, 2016）; Robert Bunting, *The Pacific Raincoast: Environment and Culture in an American Eden, 1778-1900*（Lawrence: University Press of Kansas, 1997）; Thomas R. Cox, *The Park Builders: A History of State Parks in the Pacific Northwest*（Seattle: University of Washington Press, 1988）; Richard W. Judd and Christopher S. Beach, *Natural States: The Environmental Imagination in Maine, Oregon, and the Nation*（Washington DC: Resources for the Future, 2003）; Tom McCall, *The Oregon Land Use Story*（Salem: Government Relations Division, 1974）; William G. Robbins, *The Oregon Environment: Development vs. Preservation, 1905-*

1950(Corvallis: Oregon State University Press, 1975)。

7 Rick Harmon, *Crater Lake National Park: A History* (Corvallis: Oregon State University Press, 2002) .

8 我同样从以下全球生态史著作中受益匪浅：William McNeill, *Plagues and Peoples* (1976) ; J. Donald Hughes, *An Environmental History of the World,* 2nd ed. (2009) ; John L. Brooke, *Climate Change and the Course of Global History* (2014) ; Ruth DeFries, *The Big Ratchet* (2014) ; Ian Morris, *Foragers, Farmers, and Fossil Fuels* (2015)。

9 关于更以科学为基础的行星史，参见：Jared Diamond, *Guns, Germs, and Steel* (1997) ; Steve Mithen, *After the Ice: A Global Human History* (2006) ; Richard Fortey, *Earth: An Intimate History* (2004) ; Henry Gee, *A (Very) Short History of Life on Earth* (2011) ; Tim Flannery, *Here on Earth: A Natural History of the Planet* (2010) ; Lewis Dartnell, *Origins: How Earth's History Shaped Human History* (2019); 以及 Andrew Knoll, *A Brief History of Earth* (2021)。

10 这些年代来自生物学家斯图尔特·卡夫曼之书，Stuart Kauffman, *At Home in the Universe: The Search for the Laws of Self-Organization and Complexity* (New York: Oxford University Press, 1995) , 10–15。它们是粗略的近似值，但是与其他科学家的估算相一致。

11 参见：Eric R. Wolfe, *Europe and the People Without History*, 2nd ed. (Berkeley: University of California Press, 2010)，此处与之相关的主要是其标题。

12 John Brooke, 367–370.

13 Nora McGreevy, "Scientists Project Precisely How Cold the Last Ice Age Was," *https://www.smithsonianmag.com/smart-news/ice-age-temperature-science-how-cold-180975674/.*

14 关于自然与人为造成的气候变化的优秀概述，参见：Warren F. Ruddiman, *Plows, Plagues, and Petroleum: How Humans Took Control of Climate* (Princeton, NJ: Princeton Univ. Press, 2005)。

15 参见联合国政府间气候变化专业委员会最近的报告，例如："Climate

Change 2022: Impacts, Adaptation and Vulnerability," www.ipcc.ch。

16 *Vaclav Smil*, *Energy and Civilization*（Cambridge MA: MIT Press, 2017）; Richard Rhodes, *Energy: A Human History*（New York : Simon & Schuster, 2018）; 以及 Brian Black, *Crude Reality: Petroleum in World History*（Lanham MD: Rowman & Littlefield, 2021）。

17 韦斯·杰克逊与罗伯特·詹森写道："占据人类经济活动不可持续性核心的是碳必需。" Wes Jackson and Robert Jensen, *An Inconvenient Apocalypse*（South Bend IN: Notre Dame Univ. Press, 2022）, 26。这两位作者认为，追寻密集碳源是包括人类在内的所有有机物的行为。

18 Robert M. Hazen, *The Story of Earth*（New York: Penguin, 2012）, Kindle Edition, 5.

19 性繁殖得以演化的首要原因并非在于其乐趣，而是因为在一个变化的地球上，性事之后的 DNA 再组合能够提高后代的变异性，增强其适应力与生存力。参见：Sarah Otto,（2008）"Sexual Reproduction and the Evolution of Sex." *Nature Education* 1（2008）:182; 以及 Jared Diamond, *Why Is Sex Fun? The Evolution of Human Sexuality*（New York: Basic Books, 1998）。

20 Rachel Carson, *Silent Spring*（Cambridge, MA: Houghton Mifflin, 1962）, 297.

21 波哥引语的起源是漫画家沃尔特·凯利（Walt Kelly）为 1970 年第一个地球日设计的海报，发表在其专栏连环画中，展示其角色波哥站在一片人类废弃物景观中间。关于其背景，参见：Adam Rome, *The Genius of Earth Day*（New York: Hill and Wang, 2013）。

第二章

遗失的钟表

今天，没有任何一位严肃的科学家会质疑，通过自然选择进行的演化大体而言是地球运转的方式。虽然它不可避免地存在缺失和漏洞——毕竟，查尔斯·达尔文对此理论的清晰阐述发生在150年前的维多利亚时代——但是，它业已成为经过检验与证实的确立事实。它是如此成功，以至于演化论已由物种如何起源的问题延伸涵盖所有事物的起源，包括生理的身体、物种、人群、社会与文化。因此，在其所涉及的诸多维度上，它成为相信科学的现代人试图理解他们周围世界的本质性理论。

然而，在历史学者与人文学者中间，对演化视角的采用仍然滞后，虽然他们中的大部分人在思考自然的时候，接受了演化论的事实。在达尔文逝世150年之后，传统历史学者仍然不能接受他们应当以一种充分整合的演化视角来研究人类，其原因主要在于他们的研究习惯与他们所坚持的人类例外论的金科玉律。其他诸多为历史学者所青睐的流行理论，从亚当·斯密到卡尔·马克思、西格蒙德·弗洛伊德、西蒙娜·德·波伏娃、雅克·德里达、米歇尔·福柯，同样遵循人类例外论的训喻，即使与其他人相比较，弗洛伊德的理论比较倾向于将人类放入自然当中。因此，一种将人类与地球的其余部分进行更充分的达尔文式整合应当是我们的理论起点。

让我们将这个研究的结果称作新"自然史"（natural history），虽然它聚焦于这个行星。达尔文演化论的出现是人们在公元 1500 年之后的时代中，探索当时仍在欧亚人意料之外的西半球的结果，由此带来了"博物学"（natural history）的兴起。❶达尔文，屹立于旧有的综合路径与现代科学之间，开始以一种整体的行星思维进行思考。当下，博物学看似一门趣致古雅却陈旧落伍的学问，然而它仍将我们指向一种更广阔的自然与人类的融合，而非一种碎片化的、等级化的、高度专业化的路径。[1]我们需要认识到，每一种物种、岩石、河流与岛屿都有其自身的历史，将它们综合起来，那些彼此分离的历史可以形成一种共同叙事，帮助我们更好地理解自身。如果我们希望拥有一种更新更好的关于自然的、地球行星的历史，它必须开始于达尔文的演化论。[2]

发生于各种类型的个体之间的竞争占据了该理论的中心，但是它们之间的合作同样重要。竞争与合作如同深层过去的阴和阳。地球上发生的所有历史都记录着频仍的战争、竞争与斗争，写满了有机物彼此之间的倾轧，讲述着走向饥荒与死亡的黑色故事，

---

❶ 达尔文之前的natural history译成博物学更为妥当，因为在此之前，西方知识界普遍认为自然不存在历史；达尔文演化论凸显了自然的变化，改变了人们对自然的认识，其《物种起源》本身便是生命演化的历史。参见作者《自然的经济体系》（Donald Worster, *Nature's Economy*：*A History of Ecological Ideas*. 2nd edition, New York：Cambridge University Press, 1994）一书。此处作者所言的自然史则是他所撰写的包含人类在内的新历史。——译者注

但是，它同样留下了关于和平、美丽与道德升华的记录。

本章将呈现达尔文理论中同我们对所谓的历史的重构之间关系最为密切的那些方面。达尔文的这一理论发表在《物种起源》（1859 年）与《人类的由来》（1871 年）两部重头著作当中，并散布于一些如《动物和植物在家养下的变异》（1868 年）这样较次要的著作。在所有这些论著中，只有第一部称得上传世经典，它精彩地谋篇布局，引证分析以支持其理论；在对科学与历史学思考的结合上，它是一部迄今为止最伟大的著作。与之相比，《人类的由来》一书则更类似 19 世纪中叶前后人类演化研究的纲要，有其自身的杰出之处，但是现在看来已经观点过时，而且分析过于散漫。篇幅较短的《动物和植物在家养下的变异》一书涉及有机体中变异的所有重要方面，但是整本书由于达尔文无力解释为何发生变异而大为失色。在达尔文撰写这些著作的 100 年后，基因科学诞生，并以他力不能及的方式成功地解释了变异。但是，达尔文所撰写的每部著述都洋溢着相同的调性：所有的自然都拥有一部历史，而人，无论就个体还是群体而言，始终是其中的一部分。

双重智人通过缓慢而渐进的变化，从生命较为简单的形式演化而来，这个过程带来了稳定、秩序与平衡，同时穿插着许多混乱与骚动的时刻。这一过程并非出自某种超自然力量的设计。它曾经是，现在同样是变幻莫测的，因为它总是暂定的、无目的的、未完成的。基于大脑器官的人类智慧源自这样的演化，虽然我们的大脑从未对我们自身的自然或者自然的其余部分实现完全而独立的控制。人类的大脑在实验与错误中蹒跚而行，更像一个举止笨拙的仆从，而非掌控一切的设计者。[3]

1828年冬天，时年19岁的查尔斯·达尔文进入剑桥大学基督学院，他性情温良、与人为善、谦逊有礼，但也缺乏魅力，漫无目的。在那个年纪，达尔文一张圆脸，四肢发达，这多半归功于他成日闲逛，外加运动，对自己的未来如何他并不确定。虽然他在宗教上不是特别虔诚，但是他之所以上大学，是期望自己有朝一日成为英格兰教会的乡村牧师，一个可以让他拥有大量闲暇去收集甲虫和打鸟的职业。他的父亲是什鲁斯伯里（Shrewsbury）的一位事业有成的医生，政治上是个毫无掩饰的自由主义者，宗教上是位异端的自然神论者，不过他的儿子在性格上要羞涩、内敛、拘谨很多。回想起来，他不是一个看似前程远大的学生，但是有着尚不为人知的深度。他那时主要追求的是静谧而安全的未来，为此，他需要一个学位，剑桥则是可以获得教会认证的学校。[4]

那时人们对学生的要求很低。年轻的达尔文学习的课程包括欧几里得几何、代数、希腊与罗马经典，以及他最喜爱的书，一部混合科学与宗教的著作：威廉·佩利牧师（Rev. William Paley）出版于1812年的大作——《自然神学：或，神的存在与特性的证据》（*Natural Theology*：*or*，*Evidences of the Existence and Attributes of the Deity*）。在佩利担任英格兰教会执事长之前，他曾是达尔文后来求学的基督学院的学生与教授。若干年后，达尔文承认说："我不认为自己对哪本书的崇拜超过佩利的《自然神学》：我之前几乎可以背诵它。"[5]这是一部高度宗教性的著作，但是它令达尔文的兴趣由教会职业转向博物学，转向一个在户外进行田野研究的领域，最终转向一个粉碎宗教思想的激进理论。

就像年轻的达尔文，威廉·佩利同样是某种意义上的自然爱好者，但是，老师的范例并没有将学生引向对自然的浪漫理想化，也没有滋长其基督信仰，而是激发了后者对地球生命起源的炽热好奇。之后达尔文并没有成为佩利牧师的门徒，反之，他变成一位拥有怀疑精神、独立思想的博物学家。在他年届不惑时，他专注于创建一种世俗的后基督理论，以之解释有机的自然。结果是，他获得了崇高的职业声望，同时，激起了大量争论。

佩利牧师是一位虔诚的保守主义者，他希望紧守基督信仰，深信其关于一位积极的、监察万物的上帝的信念。他在某种程度上是一位唯物主义者，但是一旦关乎终极问题，他就不再持唯物论，而重新回到神灵鬼魂之上。他对自然的物理运转了解颇多，还是一位娴熟的逻辑学家，但是在《自然神学》中，他提供唯物证据的目的是论证非唯物信仰的正确性。他不再确定有神论仅仅倚仗《圣经》的权威便可安全无虞。因此，他希望用科学证实上帝的存在，是地球唯一的造物主，并且始终夜以继日地管理着地球。[6]

“穿越一片荒野，假如我被一块石头崴了脚，并询问那块石头如何来到那里。”[7]这是佩利的开篇问题，直接来自其乡间研究的经历。他断言，我们可以确定上帝刻意将那块石头放在彼处，这是自然秩序中的一个永恒部分。无疑，生活在其时代中的大部分英国人都会如此回答。按当时的普遍信仰，地球是在公元前4004年受天命而创生的，这个非常确切的日期是另一位著名的教会领袖，爱尔兰执事长詹姆斯·厄舍（James Ussher）给出的。[8]在近6 000年的岁月中，直至今天清早太阳升起，地球始终如一，恒定不变。其最初的物种依旧完好无缺，在同样的四季流转中吃喝繁衍，它们也是上帝刻意放置于地球之上以证明其思想与技艺的。佩利属于最后一代仍然相信古老的神圣历史的高水平写作者，在他们撰写的历史中，上帝统御指挥着一个神创的自然世界。

但是，佩利继续道，假设一个人遇到的不是一块石头，而是“地上的一块钟表”，掩埋在草丛中，继而询问那块表如何来到那里。没有哪个理性的人会将这样一块表混同于上帝的创造，因为它显然是人所制造的，而非出自神圣之手。制造那块表也纯然是人类的目的——报时。它一定首先在某个作坊或者工厂中被制造出来，而后某人购买了它，再然后，不小心掉落在草丛中。但此时，佩利牧师做了一个隐喻反转：他宣称，一块自然的石头与一块非自然的钟表非常相似。石头也是一样工艺品，虽然不是人手所制造的。它的存在也一样暗示着某种高度的设计思想，但是它远远超出人类的思想。“存在于钟表中每一种设计的展示同样存在于自然的作品当中……自然的发明物在其复杂性、精细度及其机制的奇特性上，都优于艺术的发明物；而且如果可能的话，还在数量与种类上超越了它们。”佩利牧师认为自然的一切都是被制造出来的，而自然的制品要远优于人工的制品。钟表仅仅是人类所制造的，而地球则出自神圣钟表匠之手。[9]

佩利努力为一神论寻找更好的支持，这一套信仰可以回溯至生活在公元前6—前5世纪的古代以色列人和他们的先知摩西，它构成了犹太-基督教的核心。在它诞生之前，人们相信在自然中，栖息着形形色色的神祇，它们为人类提供保护与安全，或者惩戒后者的恶行。佩利站在这种古老的异端思想的反面，宣讲纯粹的一神论，信仰一位至高无上的超验的上帝，全能的造物主，从天穹中设计并统治地球的一切。佩利说道，只有这位构建一切的唯一的上帝才是存在的。他制造了植物与动物、疾病与灾难，以及所有人，不过，他所造的人是例外的。人是钟表中与众不同的一部分。

无疑，一神论的起源同早期文明中强大的君主与帝国政权的兴起之间密切缠绕。对唯一上帝的信仰支持几个特别的少数人在地球中凌驾于所有其他人之上，受命于天，牧狩万民。因此，一神论是文明兴起的组成部分，其陡峭的权力金字塔和少数冠冕堂皇之人宣称自身为统御社会和自然的天选之子，共同构成了等级化的政治体系。

但是，到18世纪晚期，无论是在宇宙层面还是在尘世意义上，整个西方文明中的等级化观念都遭遇了挑战。这些挑战一方面威胁将回归异教徒思想或者无神论思想，一方面引导人们反抗权威。在西方文明的地平线上浮现出对等级体系，甚至对所有文明的更为世俗、平等的批判。佩利开始尝试转移这种威胁，即使这样做意味着依赖唯物证据以支撑非唯物宗教。在这些努力中，佩利犯下一个战略性的谬误，自然科学并没有如他所希望的那样，成为一位可信赖的同盟。科学将无法拯救佩利的一神论，他的观察与理论也无法支撑其上帝观念，而达尔文将展示他的谬误。

佩利的时代对所有发明的新鲜玩意儿，对批量生产的商品，还有吱嘎喧嚣的工厂充满热情，这也令其关于神圣钟表匠的论证注定走向失败。如同人们生产纺织品或者机车头，他的上帝也是鸟儿和草地的批量制造者。在佩利的策略中，他贬低了地球，因为他将人为的种种提升，超越了自然的种种。他的批量制造的行星从不能打动达尔文对自然的热爱。自然仅仅成为一个玩物，最终被其设计者弃之不顾，如同那块遗失在草丛中生锈的钟表。虽然佩利公开宣扬他对地球的崇敬，但却褫夺其固有的价值，将之简化为一件单纯的制造品，没有任何持久的、内在的意义。即使一个像青年达尔文那样敬慕自然，喜欢在林间收集甲虫的稚嫩学生，依然能察觉到自然如何在佩利之手中被贬低降级。一旦在神圣钟表匠的地球中找到一样不完美，以科学为基础的基督教就将崩溃。年轻的达尔文着迷于佩利为自然的复杂工艺所列的众多范例，但是他相信这些问题可能有更好的解释，这些解释将允许更多自然的自主性，而非仰赖一个属于工厂的上帝的存在。

因此，既然在看来不甚完美的情况下，达尔文依然热爱并崇敬着自然，那么，摧毁佩利的钟表之喻便成为其使命。达尔文渐渐地开始拒绝一神论，认为它无法令人信服、枯燥沉闷。在他40岁的时候，他承认他已变成一个不可知论者——他不相信上帝，虽然他不会坦言上帝并不存在。他暗地里表达了这一态度，但是从没有公开宣扬过，或者向他的家庭坦白过。这位曾经渴望戴上教士硬白领、热爱自然的学生，至少在私下，摈弃了基督、教会、《圣经》，以及所有宗教信仰。他将自己从传统、教条、轻蔑的比喻中解放出来，转向一种更加现代、世俗、彻底唯物论的思考方式。

科学中的一个理论不同于信仰中的一项教条。一个理论必须提供一种能为他人所检验、核实的假设。没有任何一种科学不经过缜密的检验。因此，与教条相比，科学理论更加谦逊，达尔文正是出于谦逊而受到科学的吸引。他相信任何一个理论都应提交给一个同行共同体，由他们衡量其证据并决定它是否令人信服。在他还只是个年轻人的时候，他已经开始形成其通过自然选择而演化的理论，但是，在此后的30年中，他迟迟没有发表该理论，而是决定在所有的证据充分清楚之后，才将之公布于众。

从剑桥毕业之后，达尔文作为一位博物学者乘坐小猎犬号远航海外，周游世界，去往南美，跨越太平洋抵达对跖点，而后穿过印度洋沿非洲西海岸继续航行，最后回到英国。如同克里斯多弗·哥伦布、费迪南·麦哲伦、弗朗西斯·德雷克、詹姆斯·库克，还有很多其他前辈们所做的那样，他启程去“发现”这个地球行星。在他从1831—1836年长达五年的旅行中，达尔文细致地观察着动植物的分布，以及它们同已经灭绝的化石化遗存之间的联系。他尝试理解物种如何在空间中迁徙、如何在时间中发展。当他回到家乡后，他隐居数年，与书和笔记相伴，思考、阅读、质疑。

有时，达尔文被称为演化论之父，但这并不十分确切。在他之前，他的祖父——伊拉兹马斯·达尔文（Erasmus Darwin），一位医生、博物学家、哲学家和诗人，便欣然接受演化论；数位法国博物学者如让-巴蒂斯特·拉马克（Jean-Baptiste Lamarck）也同样坚持认为新的物种可以通过锻炼其意志力和努力而出现，就好像一个贫穷的男孩有可能成为一位银行家。但是伊拉兹马斯·达尔文和拉马克的信念没有通过对其是否具有令人信服的证据的检验。年轻的达尔文所提出的理论将在没有引入任何魂灵或者前定力量的前提下，解释演化。[10]

其理论的核心在于所有有机体都在持续发生变异的事实。没有任何事物同另一事物完全一样——每一个孩童、每一颗鸡蛋、每一粒种子都有不同，虽然差异或微或著。一窝小奶狗中，一只可能是黄色的，另一只是黑色的，还有一只则可能黑黄相间，甚至是棕色的。一颗橡子从树上坠落，可能比另一颗更早生根发芽。一些变异可能会增强生存能力，另一些可能不行。无论怎样，小狗或者橡子的胜利同任何超验的伟大思想无干，也并非依赖于它们是否养成良好的习惯或者坚毅的意志。演化无关乎自律或者勤奋。遗传特征与环境条件决定了一个有机体的命运。

提高个体生物生存的因素是自然规律，但是成功的生存仍然不足以构成演化。个体必须将自身的特性传递给新的一代，演化才能持续运行。正如达尔文在《人类的由来》一书中所补充的，演化对繁殖过程的依赖同其对变异的依赖一样多，性与食物对物种的生存同样必需。在更高级的有机物中，雄性与雌性作为不同性别分别演化，但是它们必须交合，将各自的变异（例如它们的基因）传递给其幼崽。达尔文说道，当那些生来各异的幼崽也开始繁殖时，其结果便是演化，这是弥散于一切地方的生命的历史。因此，物种起源之密钥必然存在于内在自然（对性与食物的渴望）和外在自然（气候、土壤、植被等因素的选择性运转）之间的交互作用。其结果是一个永不休止的博彩过程，其中胜利者与失败者不断易位。

这一过程不可预测，因为个中充满变故与机缘。它不可能带来一个完美适应、毫无缺陷的地球，或者是可以想象的最优的结果。但是，选择“最适合”的有机物是自然运行的方式，所谓最适者是那些在特定环境条件中比其他有机体生存得更好的个体，而环境条件自身也在不停歇地变化。达尔文偶尔将这一过程描述为“一场斗争”，但是他所意味的大多是一场和平与暴力参半的“竞争”。它可能变得很危险，但是一般而言，竞争没有那么激烈、血腥或者邪恶，像达尔文那样温和软弱的个体也可能胜出。无论结果如何，没有任何一个物种或者个体可以夸耀他们在何时、何地都是“最适者”，是天选之子。他们的成功更应当归功于好运气——恰好适应那一时刻的优良遗传。胜出意味着它们拥有某些有用的特性，而不意味它们“赢得”或者“应得”这些特性；或者意味着它们恰好得益于一段适宜的气候，抑或赶巧错过了一场结束竞争的山崩，还有可能它们正好出现在合适的时间与合适的地方。

在更早的《物种起源》中，达尔文探讨了第二种演化的形式——一种人工的，而非自然的选择。这种演化的确受控于某些外在的思想，但不是神圣钟表匠的思想。确切地说，那是某个农夫或者驯养者开始通过控制繁殖来“改善”其庄稼或者牲口时所具有的思想。一个农夫可能选择他认为将有更高产出或者含有更多蛋白质，或者对他自己或其他人有用的种子。经过一段较长的时间段后，这样的人工选择生产出所有主要的粮食作物、猪和狗的各种品种、获奖的苹果与柑橘、艳丽招摇的郁金香，或者在乡村展销会上陈列的土豆。在做出他们的选择时，人类可能看似为神祇之所为，但是至多是低阶神祇，无法从无到有地创造物种，而仅能略微将演化朝这个或那个方向移动些许。

达尔文相信，自然选择比人工选择更有效率，更令人赞叹。当自然做出选择时，它的产出更加多元、健康，也更具可持续性。如果将那些生长在农夫田地里的植物与那些在荒野中自生自灭的植物相比，前者可能为人类产出更多的营养，但是后者可以在更广的环境光谱中生存，有更高的抗旱、抗虫能力，没有化肥与杀虫剂也可以成长。农夫的选择无法在其严格控制的栖息地之外生存良好；脱离了农夫的监控，它们可能死亡或者淹没于自然自身的变异体当中。因此，持续不断的监控是成功的代价。

通过自然选择的达尔文演化论不仅被用于解释物种起源，而且人们也以之解释无机物的转变与演化方式。例如矿物可能如有机物一样演化——并且在协同演化之舞中，伴随有机物而演化。地质学家罗伯特·哈森认为，“各个行星从矿物学的简单向复杂演化，从构成我们太阳系中尘土与气体的仅仅十余种矿物演进至今天，地球上已知计超过 4 500 种矿物物种，其中 2/3 无法在无生命的世界中存在”。因此，演化可能描绘的是整个地球，无论是有生命的还是无生命的存在，它发生在一个实体对自身的复制，也发生在复制中产生的变异以及某些变异伴随时间对另一些变异的取代。地球之所以在太阳系乃至可能在其外的太空中如此特别，正是在于这复杂层叠而多维的演化之域。[11]

在《物种起源》出版数年之后，另一种新科学——生态学——诞生，同样关注生物的变异与演化。它是达尔文思想的衍生物，但是与达尔文的个体有机物相比，它所聚焦的是涌现的集体。生态学得名自一位达尔文的信徒，德国科学家恩斯特·海克尔（Ernst Haeckel）。他在 1866 年将生态学定义为“一项对达尔文所言的生存竞争条件的所有复杂相互联系的研究”。海克尔从希腊语“oikos”或者“家庭”（household）一词中为生态学命名，意指一个单独的经济单元或者一片数个个体在冲突与互助中共同生活的栖息地。生态学理应研究的是海克尔所称的“自然家庭”（*die naturhaushalt*），在很大程度上，地球是一个单独的家庭或者经济体。很久之后，加拿大地质学家斯坦·罗（Stan Rowe）提出地球是一个“生态圈”（ecosphere），一个单独的相互联结的实体，其中有机部分与无机部分构成了一个演化的整体。在罗看来，地球在最初，不过是一个从太阳中撕裂的熔铁与玄武岩构成的球体，在自然的力量下，它转而成为一个生态圈，即使历经巨灾大难、挫折倒退，在亿万年间依旧演化不歇。严格说来，后来出现的生态圈自身也是自然选择的结果——它没有竞争对手——但是它的确在演化，不是通过竞争，而是通过合作成为一个由形形色色更小的相互竞争的部分组成的共生整体。这就是超越达尔文的演化，其中，自然选择持续进行，但是每一种最终的结果都是一个大于其部分相加的整体。[12]

寻找证据以支撑其信仰的佩利牧师无法将地球看作这样一个自我定义、自我组织、自我演化的整体，而仅仅将之视为分离个体的集合，机器一般的工艺品，需要一位技师将之组装成怀表之类的物件。他假设这场组装最近才发生，从那时开始，它就一直在上帝警觉的双眼下运行，证明造物主对智人——他最心爱的孩子——的看顾。而达尔文、哈森、海克尔与罗认为世界在没有各路神祇、发明家、计划师、建筑者的情况下运转良好。信任自然是他们的信条，但是这种信任并不意味着他们相信自然——在人类眼中——总是“正确的”。

这种修正并扩充的达尔文演化论和生态学对我们理解文明、信仰、政治、经济以及人际关系的历史有很多启示。它认为，人类长期以来，在没有任何主管监督的情况下管理自身，勉力前行，并且在这种自我管理中不存在等级与上司。但是，演化同样解释了自然的无政府状态为何会失败，等级体系为何出现，它又如何伴随时间而转化。我们可以以更加务实的方式理解关乎正确与错误的种种原则，因为彼此相互竞争的伦理与道德如同彼此相互竞争的物种，一种原则可能在某时某处赢得支持，在他时他地则被弃之脑后。进而言之，在演化论的协助下，我们可以看到世界展示着许多不完美，有时甚至存在致命的缺陷。但是，自然史将揭示地球就整体上而言，一直是允许生命勃发的好地方。它讲述着关于生、死、重生的故事，关于韧性与恢复的故事，关于变化，而非进步，个中有很多挫折，没有任何一方永远胜出，创造持续而无尽的故事。

达尔文对演化论所提供的世界观加以总结："在这个行星遵循既定的重力原则循环往复之际，它也从如此简单的开端，演化出无穷尽的生命形式，如此美丽，如此壮观，从过去到现在，演化不歇。"他所言的所有类型的形式指的是令地球变得绚丽多彩的千万种物种。佩利的地球无法做出同样的宣言；所有在那里栖息的形式早在6 000年前10月初的傍晚便已造就，它不会产生更多的形式，除非神圣钟表匠决定让一切重新开始。演化必定是更加开放的。达尔文得出结论说，"在这种关于生命的观念中有着一种恢宏"，其中，饥荒与死亡是正常的，但并非其唯一的故事。在后来的一版中，达尔文为了宗教正统而添加了若干安抚性的文字，言道那些多种多样的形式——或者可能是一种初生的形式——也许是"造物主"为之吹入了生命。对他而言，这不是一种科学理论。事实上，它可能会动摇其全部理论，破坏其解释力。他展示了一种远比从一个神圣存在的嘴巴或者鼻孔吹出的一股仙气更好的解释行星起源的方式。这个行星可以在，也一直在没有任何永恒仙气的情况下演化。[13]

道德评判者、理想主义者与改革者可能会寻找地球的缺陷，认为他们必须挺身而出，成为新的钟表匠。但是一个地球的孩子是否能成为其设计者？如同农夫，人类可以尝试通过人工选择管理地球。在达尔文的理论中，完全没有试图刁难这样的修补或者压抑如此野心。但是科学告诉他，与一个经历了亿万年的测试与错误而出现的自然相比，一个被急剧上下折腾的自然更有可能不完美。换言之，他倾向于青睐草根的无政府状态，而非人类使用地球时的革命和集权。他同意自然中的某些变化可能被证明是可行的、实用的，另外一些则不行。最好还是不要让几个天选之子掌握权力。

在他的批评者眼中，达尔文为人类哲学、宗教、意识形态、设计和计划蒙上了一层阴影，因为他指出所有这些都不过是凡俗人类的不完美发明而已。他挫败了任何宣称其所知最优或者自称掌握某些绝对真理的企图。与此同时，根据他的理论，达尔文无法再对任何人说："你所想的是不可能的，或者是僵化谬误的。"只有自然与时间可以做出决断。

达尔文还激发了关于其理论的另一场争论，虽然他从没有强调过那点。他之所以会激起那场争论，不是因为他信仰科学，而是因为他违背了自身对演化思维的信仰。这场争论开始于他试图将另一位新教神职人员的观点融入其理论，此人如佩利牧师一般让达尔文激动不已，只不过是在不同的方面。他便是托马斯·罗伯特·马尔萨斯牧师（Rev. Thomas Robert Malthus，1766—1834年），一位佩利的同时代人，与后者有着相同的宗教世界观。马尔萨斯的观点并不比佩利的观点更科学；但即使如此，达尔文坚定地、不加批判地接受了他，自此，马尔萨斯主义便与所有演化的理论相联系。这一错误导致了许多误解、争议、抵制，从而令演化论陷入危险当中。

在1838年的秋天，达尔文自其环游世界的航行归来两年之后，他继续着自己在科学与哲学著作盛宴中的阅读狂欢，寻找着所有他可能获得的帮助，以期解释为何地球上有着如此的多样性。在他阅读的那些著作中便有马尔萨斯的《人口论》，首版于1798年，仅比佩利的《自然神学》略早几年出版。这篇长文成为19世纪的畅销书之一，多次重印，并在后来的版本中有所扩增；达尔文所知的则是1826年的版本：

> 我为了消遣碰巧读到了马尔萨斯的《人口论》，那时我通过对动植物栖息地长期持续的观察，已经很好地理解到生存竞争无处不在；其论立刻让我认识到在这些情况下，有利的变异体往往能够被保留，而不利的将被破坏。其结果将是新物种的形成。[14]

简单地说，马尔萨斯似乎认识到自然中竞争的普遍存在，因此证实了达尔文自己的观点。但是，他们二人对于上帝是否在自然中扮演某种角色的看法上大相径庭。

我们可以不理会达尔文宣称自己为了“消遣”而阅读马尔萨斯。马尔萨斯牧师可能是现代英国史上最不风趣的作者，因为他坚持上帝注定了绝大部分人类的悲惨境遇。特别是他认为最贫穷的人都是自作孽，其原因在于他们不断地繁殖。在马尔萨斯看来，人类倾向于过度繁殖，而这种倾向是上帝植入的。如果有人发现自己贫穷、病痛，或者不幸，那是因为他们生养了太多孩子。但是，谁应当对此繁殖力负责呢？是上帝，上帝设计了男人与女人，过度渴望性与繁殖。当他们无法喂养他们的后代时，事实上是同一个上帝，降责于他们，让他们受苦受难，乃至死亡。他们根本没有选择，只能服从天命养育孩童，而后过着悲苦的生活，像个傻瓜或者罪人那样接受惩罚。神学意义上，这着实是一个两难的困境。

这并不是达尔文自己对人们为何总是处于贫困的问题的理解。虽然他同意穷人是生存竞争中的失败者，他们总是生养过多的孩子，以致入不敷出，但是，他并不相信他们为上帝所选注定失败，或者这样的贫穷是公正的或不可避免的。他并不像马尔萨斯那样呼吁废止意图缓和贫穷造成的影响的英国济贫法。达尔文相信贫穷来自人类智力中的自然变异，但是同样也在很大程度上源于穷人出生的糟糕环境。马尔萨斯与达尔文在其社会态度上并不一致；但无论如何，达尔文高兴地发现马尔萨斯的观点可以论证其所有生命都在进行生存竞争的观点。因此，马尔萨斯主义玷污了其理论，究其原因却与科学全无干系。

同达尔文与佩利一样，马尔萨斯也求学于剑桥大学，自距离基督学院（没有人抱怨过这些学院名称的冗余）不远的耶稣学院毕业。马尔萨斯聪明、雄辩、保守，他主要感兴趣的科目是经济学，但是自一开始，他便决定成为一名神职人员，以从教会获得可靠的收入。在他结束其林肯郡教区长的任期后，他转向另一个同样可靠的职位，成为东印度公司学院的教授。作为一位哲学家，他将科学与宗教观点松散地混合在一起。如同佩利牧师，他相信一位神圣钟表匠将世界设计成如此模样，不论它有多少缺陷或不公，这台机器必须服务于更高的，即使是微妙莫测的道德目的。人们不应当做任何事以改变其创造，事实上，人类也没有能力做出改变。

马尔萨斯人口之思的基础是两条他用数学方式表达的基本规律："不加制约的人口将呈几何级数增长。生存资料仅以算术比率增长。"第一种，或者几何增长，指的是一个数字以持续的既定的百分比增长，如每年增长 2% 或 10%。第二种算术增长，则是指一个数字以固定的数值增长，如每年 10 美元或 20 美元。这意味着，首先，土地在其食物生产能力上必然存在固有的极限；其次，人们必然在很大程度上受到其永远不可餍足的内在渴望的驱使。其结果注定是人口与食物供应上的不平衡。这是上帝对世界的设计。他要为“所有活跃的生命都具有增长超出为其所备的营养供给的持续趋势”负责。[15] 由于繁殖以处心积虑的设计为基础，因此，没有什么力量能够阻止繁殖本能，或者避免其所导致的各种重负。在后来的版本中，马尔萨斯的观点变得较为温和，同意穷人应当超越其与生俱来的天性，节制性欲。但是，他未曾收回其关于某种神圣规律主导人类天性的观点，而这必然导致婴孩的过剩。

宝宝们总是源源不绝地到来，超出可利用的食物供给，让很多人食不果腹。因此，贫穷是残酷而不可回避的结果，也永远无法被克服。马尔萨斯牧师不得不假定，导致这样悲惨结果的原因在于它服务于进步的伟大事业——不是达尔文之趋向“无穷尽的生命形式”的螺旋，而是清晰地向上攀升的文明的前行。最终，文明获得了上帝的热情支持；文明才是通向虔诚的康庄大道。

达尔文可能同意马尔萨斯关于贫穷是对文明的鞭策的观点，但是他鲜少就此发表评论。尽管如此，他在自然中同样发现繁殖力与资源之间相同的悲剧性不平衡。“一种力量，就像千百个楔子那样”，在读过马尔萨斯后，达尔文写道，持续不断地“试图迫使每一种适应的结果楔入自然的经济体系的间隙当中，或者更确切地说，它试图造成间隙，强行推出较孱弱的结构”。[16] 达尔文为何会夸大自然中更加悲惨、无情的一面？与他自己所宣称的相反，他之所以如此并不是因为他对动植物的繁殖做过许多研究。在他的田野观察中，他从没有记录过任何“力量，就像千百个楔子那样”运行。事实上，他鲜少注意过性行为与繁殖力。

在他沿南美海岸和南太平洋加拉帕戈斯群岛的旅行中，达尔文不断地发现新物种，但是并没有对其性渴望予以关注。在他带回英国的数据中既没有关于受精与怀孕的内容，也没有后代存活率、雄性与雌性性欲，或者环境的整体繁殖力的内容。那么真正令他做好准备接受马尔萨斯牧师在这些问题上的权威论证的究竟是什么？除了他自己通过传统、大众文化、社会阶级，及其时代困扰英国的问题而习得的信仰之外，什么都不是。

当他毫无保留地接受马尔萨斯时，他遗忘了一些主要的问题：在我们体内运转的性渴望究竟是什么？如果我们的渴望不是上帝所注入，那么，它们如何成为支配有机物的力量？为什么它们一定会导致男男女女的数量超过其食物供给？为什么那些渴望如此强烈，而假若它们导致死亡与苦难，它们为何又如此的不适应？

达尔文有机会在他的旅行中收集关于这些问题的数据，但是他并没有那样做。例如，一只雌性的太平洋牡蛎在一年一度的产卵期排出大约 5 000 万到 2 亿个卵子，它们的数量如此巨大，因为其中大部分可能都入捕食者腹中。牡蛎的繁殖依据捕食的节律而演化。南美的一只切叶蚁蚁后在它 12 年的生命周期中会诞下 1.5 亿个女儿。为什么如此之多，又为什么一位人类女性一生只能产出 300 ～ 400 颗卵子？答案必然在自然选择的运转当中，它令身体与环境相适应。否则，为何任何一个物种要制造远超出其食物供给的后代数量，令自身的生存陷入危境？繁殖是对有机物能量的巨大消耗。如果上帝没有设置如此之高的繁殖率，那么是谁或者是什么做了如此设置？

达尔文关于人类繁殖的零星数据大多来自马尔萨斯的著作，而马尔萨斯又是从本杰明·富兰克林的北美殖民地人口繁殖报告中获得的这些数据。在 18 世纪与 19 世纪初期，那些殖民地从大不列颠和日耳曼吸引了大量渴望土地的定居者。富兰克林报告说：“与任何一个欧洲的现代国家相比，在美洲北部生存资料更加充裕的各州，人们的道德行为更加纯洁，对早婚的限制更少，人口在连续一个半世纪中，每不到 25 年便翻一番。”[17] 换言之，人类的繁殖力开始调整适应新的生态条件。当殖民地收成轻易而充足时，人类繁殖力上升；当收成不太好时，繁殖力下降。马尔萨斯归纳美洲的经历，想象着或者有一天，美国人口将多到每平方码❶地球土地上都有四个美国居民。这一结果的替代选择是饥饿、贫困、罪恶，或者禁欲。

博物学家达尔文如何能够为如此绝对主义的神学推理所误导？他或者任何人如何能够事先决定什么是自然的“常态”，包括繁殖？演化论如何能够展示所有的本能与渴望，当任何动物的所有行为都并非严格固化，事实上它们如此清晰地回应着环境的改变，并产生变异？

虽然达尔文如此才华横溢，但是他似乎并没有意识到自然中繁殖力比率必然伴随时间而演化。他也没有提醒自己，人类的繁殖在不同个人与不同国家中可能各不相同。同样，他也没有告诫自己，繁殖的本能并非对所有人都一样，其工作方式也并不是总在意料之内。这种变异的能力在本能如此彻底地与社会学习相混杂的双重智人中间，尤为突出。在《人类的由来》中，达尔文的确简要地指出，繁殖不尽相同，并且始终演化，但是，他得出了错误的结论。他仍然仰赖马尔萨斯理论，写道：我们或许可以“期

❶ 1平方码约等于0.84平米。——编者注

待文明人，即就某种意义上更为驯化的人，将比野人的繁殖力更强。同样可能的是，就如同我们驯化的动物一样，文明国家增长的繁殖力将成为其内在特性”[18]。未来的情况恰恰相反。他似乎完全没意识到在英国，人类的生育率在当时就已经开始下降，同样，他也没有预见到“文明国家”将失去其国际权力，或者更进一步，每个国家的男男女女都可能转而通过避孕或者家庭计划控制其繁殖天性。

回顾过去，本杰明·富兰克林所记录的定居者所经历的是典型的适应过程。首先，他们逃离了强大的地主阶层严格限制其获取土地，抑制其繁衍的国家。他们在自然资源极为充裕的美洲安顿下来，当他们变得较为兴旺时，他们有了更多孩子。但是，当新世界的丰裕开始缩减时，他们的繁殖也随之发生改变。他们仍然试图获取财富，建立新文明，但是这两者都不需要他们保持固定的生育率永远不变。

1800 年美国女性平均生育 7 ～ 8 个孩子，远低于其生物潜力，但是高出英国或者中国的繁殖力，在那里每个家庭平均 5 个孩子。到 1900 年，当农业生活以及沉重农活对劳动力的需求开始让位于工业化、城市化时，降为一位女性平均生育 3.5 个孩子，仅为过去的一半。这个衰落的过程持续整个 20 世纪，特别是在其最后几十年，生育率降低到替换水平以下，即一对夫妇平均生育不到 2.1 个孩子。其他国家在经历物质条件与机遇的转变时，也重复着同样的模式。繁殖的确是一个强大的驱动力，但是它并非固定不变，也并非不可避免。如同其他万事万物，它同样不能免于演化。

我们必须理解，如同其他科学家或历史学家那样，达尔文并不总是细致、客观，或者自我批判的。有时，他的结论会被其时代的普遍假设所蒙蔽。毕竟，他不仅是一位博物学家，也是一位维多利亚时代的绅士，在其时代的偏见、价值观与情感中接受教育。他在社会上享有崇高的地位，某种程度上，其地位也会影响其思想。他迎娶了自己的直系表妹——艾玛·韦奇伍德（Emma Wedgewood），后者是庞大商业财富的继承人，也是一位虔诚的基督徒。他们诞育了10个孩子。在其时代的绅士阶层中，生育10个孩子并没有多得不同寻常，但是仍然比大多数家庭生育得多。他们中有3个孩子在11岁前夭折。[19]

对他的孩子来说，达尔文是一位慷慨的慈父，但同时，也十分老派，是位父权制的大家长，相信男人对女人的天然优越性。他的儿子们都接受了大学教育，女儿则没有。在其他社会议题上，他更为自由主义，例如他强烈反对非洲奴隶贸易；即使如此，他理所当然地认为白人高于有色人种，能够在每一种竞争中胜出。此时，大量人口被迫离开乡村，为了工作、收入与住房而陷入彼此之间的斗争，因此，穷人数量不断攀升，这些问题深深地困扰着他。阅读马尔萨斯令他相信，造成这种危机的是繁殖的内在本能，而非特殊的社会环境；但这样做的结果是，他将一种暂时的历史状态转变为僵化而永恒的自然规律。我们不应过分严责他有时无法达到科学的标准或者忽略他自己理论的逻辑蕴意，但我们应当认识到并非他所有的思想、观察以及结论都是立论严谨、无懈可击的。

不过，达尔文的思想并不只是对其所处的维多利亚文化风尚的简单反映，定义这一风尚的是工业资本主义、自由放纵的经济、阶级与种族的偏见、咄咄逼人的民族主义、帝国建构，以及男性对女性的统御。而演化理论，由于它的基础建立在比那种风尚更为持久的证据与论点之上，因此，在达尔文之后，这一理论将摈弃他的某些结论。例如，在此后演化论的发展中，它不再对资本主义做出对错与否的褒贬，而是更为务实地将之视为一种在特别的，经常只是暂时性的环境条件中产生的变异体。演化论可以将任何一种意识形态或者传统解释为超越善恶的适应。资本主义也当以此视之，它不再是某种普世意义上的对错，因为就像地球一样，资本主义也并非上帝的设计。

从演化论的角度理解文化，则文化应当被看作另外一种物种，出现于外在自然与内在自然的相互作用之中。达尔文在分析宗教的议题时，便运用了这一思考。他提出，任何一种信仰，无论是对上帝还是其他各路神祇，都应当被理解为一种人类建构。所谓人类的“道德意识”也应作如是观，18 世纪的哲学家将之假设为所有人与生俱来的天性；达尔文同意这一看法，且将之追溯至所有哺乳动物甚至更为低等的物种都具有的物质性本能，但是他认为，道德意识就如同四肢、眼睛和性器官，都是为了保障有机物自身的生存安全而运转。他能够认识到其时代的社会风俗并不见得比犀牛的犀角或者鸟儿的羽毛更加完美，或者功能性更佳。

与其同时代人一样，达尔文在性欲的力量上三缄其口，尽量回避深层次的讨论。他的缄默极有可能来自横扫 19 世纪上半叶的大不列颠，深刻地形塑我们所称的维多利亚主义的“清教道德”浪潮。他自己的祖父在其长诗《植物之爱》（*Loves of the Plants*）中，袒露无遗地表达了自己对性欲的强烈兴趣，当此诗与该浪潮遭遇时，他的祖父成为受害者。维多利亚人偷偷摸摸地保留着对性的强烈兴趣。他们理解生殖渴望对所有物种而言都是一种巨大的影响力。与此同时，他们通过建立大家庭而欢庆性，但是他们又惧怕毫无约束的性欲会侵蚀文明的根基，破坏家庭与婚姻，扰乱社会秩序。令马尔萨斯坐卧不宁的两难抉择是维多利亚人的痛苦，也是达尔文的痛苦。

在《人类的由来》中，达尔文对性、繁殖与生殖力的讨论可能是他最接近以较少道德不洁的判断，而较多更科学方法进行的研究，但即使在那里，他仍然怯于采用他自己的演化理论。该书的主要议题是智人的演化，包括其欲望、脑力和道德官能的演化。他采用了一种对所有物种与文化进行比较的方法。他写道，我们无法继续相信“人类是造物的某种独立行为的作品”，而必须接受他从“一种可能栖息于树上的，长着尾巴的毛茸茸的四足动物”中演化而来。他相信，如果回溯得足够远，我们甚至可以在无脊椎动物中找到我们的远祖。[20]

“性选择”一词是《人类的由来》一书第二部分的主题。达尔文指出，自然中存在另外一种自然演化的类型，在这个过程中，性伴侣选择彼此作为交配的对象。他推测性别间的差异原则如此选择，但是他在怀孕和作为性行为的交配问题的讨论上戛然而止，仅止于对他所称的“第二”性状，如鸟类的歌舞、羽毛，以及雄性为何一般大于雌性的问题的分析。他不可能知道性激素，如黄体酮或睾丸酮的存在，因为它们在 20 世纪初始被发现，彼时，人们才开始知晓它们由内分泌腺分泌，理解它们作为机体调节剂所扮演的角色。此后，科学家们将这些内在有机合成物的源头追溯至 5 亿年前，多细胞有机物一直使用它们以实现其器官与组织之间的交流。在他的时代，达尔文完全不可能想象这些内在的化学物质拥有如此的力量，也想象不出它们如何联结了内在与外在自然。一种对性的现代理解完全超出了他的知识范围。[21]

然而，即使没有对性行为、荷尔蒙、繁殖生物学予以任何关注，达尔文的著作仍然被广泛斥为是不道德的，因为它们将人类与动物相比较。即便如此，该理论仍然成功地令原本一统天下的人类例外论世界观出现了裂隙。他的理论蓬勃有力地表达着后神学的、后人类中心论的态度。一旦可以科学地谈论内在与外在自然共同制造了后代，科学家将开始询问达尔文所无力询问的问题。如性这样的自然驱动力最初是如何发生的，它们如何变化？既然人类也同样是动物，他们是否应当遵循其他物种的行为，抑或应当遵循他们自己的路径？如果道德的制约平衡并非上帝所设计，那么我们为何应当遵循之？

这些问题占据了达尔文挑起的诸多争论的核心。然而，令人惊讶的是，这场喧嚣热闹很快就沉寂了。那位伟大的博物学家在1882年过世，虽然他仅是英国社会的一个普通人，并且被广泛视为一个激进主义者和颠覆分子，但仍被安葬于伦敦威斯特敏斯教堂，而那里正是教会与政府所共同尊崇的显赫象征，一片近千年来各色君主加冕、各种伟人（虽然不包括佩利与马尔萨斯牧师）埋身的神圣之地。那些英国的权贵，虽然在19世纪后期仍然势力强大，但是他们精明地决定与达尔文及其自然理论讲和。

当然，这并不意味着所有的后来者都将尊崇达尔文，或者依循他的引导获取一种对地球行星的新思。在大不列颠以及西方与非西方社会中，数以百万计的人们仍然继续抵制并拒绝之。在他去世整整一个世纪之后，美国仍有近半数成年人否认演化论，许多正统犹太教与伊斯兰教的信徒也是如此。但无论如何，西方以及世界的文化观念因为达尔文的著作而发生转移。自此以后，没有任何以宗教为基础的世界观可以固若金汤，不受任何批判性的质疑。

达尔文的胜利虽然是实实在在的，但仍需赢得更多的人心与思想。他的著作中蕴含着若干宏大的问题，但是很多都尚未被回答或者无法被回答：宇宙从何处而来，如果不是来自上帝？自然如何诞育生命，诞育的方式是否只有一种可能的途径？文化与意识如何从物质中浮现？宇宙的他处是否也是如此？在其他星系与宇宙间是否有着存在生命演化的行星？达尔文选择专注于分析那些他可以找到证据的问题，如此，他可以为我们留下真实的、积极的知识，与此同时认识到还有许多有待新的发现来回答的问题，如果那些问题是有可能被回答的。

如同我们对待任何一种形式的知识，我们选择如何解释达尔文演化论，或者如何从其事实与理论中寻找意义，完全在于我们自身。一般而言，我们人类希望知道什么是真实的，什么不是，因为它对我们自己的生存竞争有所帮助，但是人类也往往将价值观与事实分离。我们在这一点上走得太过。当我们积累已被证实的事实，将它们排列组合以描述这个世界时，我们就应当运用它们去发现新的价值观，并检视其实际效果。从演化论科学开始，每一类知识都应当致力于对人类价值观的追寻。与此同时，我们也必须承认，无论是科学家还是人文学者都无法独立解决每一个问题。了解科学，接受科学的引导，并不意味着为科学所左右、统治。

今天，佩利牧师与查尔斯·达尔文的肖像共同陈列在基督学院，永远面面相对。这是一种误导：在这场一个半世纪前思想接受的竞争中，两人中的一位取得了决定性的胜利。达尔文完胜佩利。那么，现在是否应当取下佩利的肖像，既然这位信仰时代的护教士已经毫不足信；我们是否应当重新命名他们的母校为“达尔文学院”？

可能我们不能这样做。如果我们遗忘了如佩利这样的历史失败者，我们也将无法理解我们的思想与价值观之错综复杂的源头及其所经历的战斗。“自然”曾经被定义为“创世”，如同遗失在草丛中的神造钟表。没有佩利神圣钟表匠的思考，达尔文可能无法发现演化。他也从马尔萨斯那里学到了很多，虽然他没有从纯粹演化的角度思考地球人口的扩张。但是，让我们保留那些来自我们过去的凝视的脸庞，让他们继续陈列在学院墙壁的醒目位置，因为他们可以帮助我们更好地理解什么改变了，什么没有。看见他们，记住他们的相遇，而后继续重写地球行星的历史。

注释：

1 《新牛津美国词典》（网络版）将博物学定义为“对动植物的科学研究，特别是通过观察而来而非通过经验的研究，以科普而非学术的形式展示”。它涵盖“对整个自然世界的研究，包括矿物学与古生物”。与之比较，《美国传统英文词典》（New York: American Heritage and Houghton Mifflin, 1973）将之定义为“对自然物与有机物，其起源、演化、内在关系与描述的研究”。

2 博物学在科普作家如 David Quammen、Richard Dawkins、Tim Flannery、Elizabeth Kolbert，以及学术研究者如 Edward O. Wilson、Carl Sagan、Lynn Margulis、Stephen Jay Gould、Jared Diamond 等人那里仍然具有生命力。他们都对本书有所影响。

3 关于历史学者融合现代脑研究科学的开创性努力，参见：Daniel Lord Smail, *On Deep History and the Brain*（Berkeley: University of California, 2008）。

4 关于达尔文生平最好的概览式两卷本著作：Janet Browne, *Charles Darwin: A Biography*（Princeton: Princeton University Press, 1995 and 2002）。关于其学生时代，见 Vol. I, 90–109。

5 Darwin to John Lubbock, 22 Nov 1859, Darwin Correspondence Project, "Letter no. 2532," 2021 年 3 月 21 日登录，https://www.darwinproject.ac.uk/letter/DCP–LETT–2532.xml。

6 参见：John H. Brooke, *Science and Religion: Some Historical Perspective*（Cambridge, UK: Cambridge University Press, 1991）; D. L. LeMahieu, *The Mind of William Paley: A Philosopher and His Age*（Lincoln: University of Nebraska Press, 1976）; 以及 Dov Ospovat, *The Development of Darwin's Theory: Natural History, Natural Theology and Natural Selection, 1838–1859*（Cambridge, UK: Cambridge University Press, 1995）。

7 William Paley, *Natural Theology; or, Evidences of the Existence and Attributes of the Deity,* 12th ed.（London: J. Fauler,1809）, 1.

8 James Ussher, *The Annals of the World*（London: E. Tyler, 1658）, 1. 根据厄舍的周密推算，"时间的开始……发生在儒略历 710 年 10 月 23 日前的傍晚"。他将这个傍晚定位在公元前 4004 年。

9 在佩利之后，坚定信仰的布里奇沃特丛书（Bridgewater Treatises）还有八位作者，包括 Thomas Chalmers、William Whewell，与 William Buckland，他们的著作出版于 1833—1840 年之间。他们一同运用科学为"在造物中显示的上帝之力、慧、善"辩护。

10 达尔文有位共同的发现者，英国博物学家、科学家阿尔弗雷德·拉塞尔·华莱士（Alfred Russell Wallace），后者在马来群岛卧病时独立想出了演化论，虽然他的发现稍晚于达尔文。参见：David Quammen, "The Man Who Wasn't Darwin," *National Geographic Magazine* 214（December 2008）: 106 ff；以及 Martin Fichman, *An Elusive Victorian: The Evolution of Alfred Russell Wallace*（Chicago: University of Chicago

Press, 2004）。与达尔文相比，华莱士是一位"招魂论者"，他始终努力将旧有的宗教情感私货塞入其理论。

11 2008年，地质学家哈森介绍了"矿物演化"的理论，据此理论，"行星从简单向复杂演化"。参见：*The Story of Earth*（New York: Penguin, 2012）, Kindle Edition, 201；以及 Hazen et al. "Mineral Evolution," *American Mineralogist*, 93（2008）: 1693–1720。

12 Donald Worster, *Nature's Economy: A History of Ecological Ideas,* 2nd ed.（New York: Cambridge University Press, 1994）, 192, 以及 Part Three, "The Dismal Science: Darwinian Ecology"。参见：Ernst Haeckel, *Generelle Morphologie der Organismen*（Berlin: G. Reimer, 1866）, 67, 286–287; Robert Stauffer, "Haeckel, Darwin, and Ecology," *Quarterly Review of Biology* 32（June 1957）: 138–144; J. Stan Rowe, "The Level-of-Integration Concept and Ecology," *Ecology* 42（1961）: 420–427。

13 Darwin, *Origin of Species*, 374.

14 "Autobiography," in *Darwin for Today*, ed. Stanley Edgar Hyman（New York: Viking, 1968）, 388. 达尔文的理论并没有完全受马尔萨斯的影响，参见：Peter Vorzimmer, "Darwin, Malthus, and the Theory of Natural Selection," *Journal of the History of Ideas* 30（October–December 1969）: 527–542。

15 Thomas R. Malthus, *An Essay on the Principle of Population*, 6th ed., vol. I（London: John Murray, 1826）, Book 1, Chapter 1.

16 Gavin de Beer, et al., eds., "Darwin's Notebooks on Transmutation of Species," Part VI. *Bulletin of the British Museum*（*Natural History*）, Historical Series 3（March 1967）: 152–163.

17 Malthus, *Essay on Population,* 10. 关于达尔文对富兰克林的同一份报告的使用，参见：*Descent of Man*, 428。

18 Darwin, *Descent of Man*, 429. 他相信动植物和人类的驯化增强了其繁殖力，而任何一种增强无疑都是一种"改善"，因为它是社会进步与文明的基础。

19 关于达尔文的大家庭，参见：Brown, vol. I, 423–426, 433, 443, 474, 531,

535–535。其长女安妮的去世令他尤为悲伤。他害怕自己同表妹的结婚之举是过度近亲繁殖从而造成病弱。布朗形容他“为养家糊口所需的金钱而焦虑”（第 426 页），但是同其他人不一样，他完全有这个财力。

20 Darwin, *Descent of Man,* 911.

21 Jamshed R. Tata, “One Hundred Years of Hormones,” *EMBO Reports*, 6:6（June 2005）: 490–496. 亦可参见：E. J. W. Barrington, *Hormones and Evolution*（Princeton: Van Norstrand, 1964）; 以及和 Martie Haselton, *Hormonal: The Hidden Intelligence of Hormones*（Boston: Little Brown, 2018），特别是 Chap. 4, “The Evolution of Desire”。

第三章

真正的伊甸园

我们对自己生活的行星的历史了解是怎样之少啊——它蕴藏在地下世界的力量，它错综复杂的物质与能量之流，它躁动不安的起伏涨落，还有它生命的奇迹。我们在近代之前的漫长时间中，对地球所经历变化的规模与频率都所知寥寥。现在我们知晓了地球自诞生伊始，便在变化。最为令人震惊的是，所有的大洲都一直在地球表面不停歇地游荡漂移，造成气候、降雨与生物群的巨大转变。驱动这场运动的力量很大一部分来自从地核上涌抵达地球表面的热力，在其弥散于太空之前，它们推动整个大陆不断转移位置。大陆漂移将一直持续，直至有一日，所有的内在热力消失，地球变成一整块冰冷的无生命的岩石。但是距离这一日的到来时间尚早。

最近，仅仅 3 亿年前，所有的大洲漂移聚集而成一整个超级大陆，被一整片海洋所环绕。此前，它们是一个个独自漂浮的岛屿；而这时，它们成为一整块陆地。物种可以更轻易地混合、扩散。但是又过去 1 亿年，超级大陆开始分裂，成为我们今天看到的一个个分离的大洲。这并非超级大陆的第一次诞生与解体，也不会是最后一次。

除了从外太空横飞而至，砰然撞入地表的小行星，或者大气化学的骤然翻转而造成的偶发断裂，地质变化几乎总是稳定的、不间断的、缓慢的。根据19世纪的地质理论，各个大洲遵循“均变”（uniformitarian）模式而变化，这意味着自从水蒸气最早凝聚成雨，大洲最早因裂隙与火山而分散，我们今天所测量到的变化便一直如此。如此缓慢而稳定的运动鲜少巨灾大难，除非大洲相互撞击或撕扯，造成山峦崛起、火山喷发，或者地震。从人类视角看，任何大陆运动，无论其多么迟缓，都是令人不安的——与剧变相比，我们更倾向于稳定。但是总体而言，大陆运动例证了自然创造力的稳定流动，推动着演化的进程。没有物质无休止的活动特性，我们人类根本不会存在。

在20世纪早期，德国气象学家阿尔弗雷德·韦格纳（Alfred Wegener）提供了一种关于地球创造力的理论，被称为“大陆漂移”，最终发展而成板块构造科学。韦格纳借用意为“所有土地”的希腊语pangaia一词，将最近的超级大陆命名为“泛古大陆”（Pangea）。他说道，环绕着泛古大陆的是一整片大海，叫作“泛古洋”（Panthalassa），或“所有大洋”。海洋覆盖了地球表面70%的面积，令地球成为蓝色行星。在那片环绕的水体当中，生命起源，而后攀爬进入干燥的大陆。[1]

起源故事如同闪耀在沙漠夜空的繁星：璀璨、诗意、数不胜数。沿南加州海岸区域而居的丘马什人（Chumash）言道，他们一直生活在自己的家园，如同大部分采集部落所做的那样，他们宣称自己诞生于彼处。他们栖息在天穹覆盖下的中间区域，免受造成地震的巨蛇创造的骇人地下世界的侵扰。这个故事有着孩童般的迷人魅力，然而在今日的科学理解下似乎不足以取信于人。另一个著名的起源故事出现于犹太《圣经》当中，《创世记》的第一篇，上帝创造了第一个男人与第一个女人：亚当与夏娃，将他们放入充裕之极的伊甸园中，在那里，他们的一切需求都可以得到满足，直到另外一种蛇类出现，诱惑夏娃吃下禁果。他们在天堂中的时光戛然而止，愤怒的上帝将他们逐出伊甸园，让他们同野草与荆棘共生，在他们的农田中辛勤工作，种植食物。在他们失去天恩之际，唯一没有改变的是上帝的另一条教诲："要生养众多，遍满这地。"（《创世记》1：28）这是他们在伊甸园中得的旨意，无论去往何方，都是他们所受的天启。这条天启一再为人类在地球上的扩张背书，为他们取代其他物种以支持其不断增长的人口进行合理性辩护。所以，这是又一个迷人的寓言，同样被科学以研究和证据所驳倒。

在查尔斯·达尔文的演化生物学与后来的板块构造学说崛起后，丘马什与伊甸园故事纷纷坍塌。现在我们知道，所有人，包括所有那些如丘马什人般相信自己诞生于美洲的人，出现的起点都在非洲，极有可能是那片大陆东侧的一个裂谷。自生命伊始，它便从来不是简单、轻易或者和谐的。但在另一方面，它也并非人间地狱。人类的繁殖同样不是来自天堂的旨意，而是起源于我们自身和其他物种中的荷尔蒙之命，我们则一直遵从演化。

非洲曾经位于泛古大陆的最中心，南北美洲在其一侧，南极洲、澳大利亚、欧亚大陆在另一侧，直至它们各自漂离。如同其他大洲，非洲同样是由相互撞击的克拉通（Cratons）拼凑而成，正是这些巨大的稳定的基岩构成了各大洲光怪陆离的百衲被式形状。这些克拉通中的一块变为非洲南端的一片，后来，人们将在这块巨大的土地上密集开采铁、铬、钻石、钴、镍，以及铜矿。[2]其他的克拉通没有蕴藏如此丰厚的矿产财富。在泛古大陆分裂之后，非洲的位置略微南移，跨坐于赤道之上，由此，这个大洲的气候炎热、大部分地方非常干燥，容易形成严重的干旱。

人们所认识的非洲面积超过3 000万平方公里，足以覆盖整个中国和美国，还能剩下足够的空间容纳印度以及数个欧洲国家。这片大陆将近一半的土地都是沙漠或者近似沙漠。只有略少于1/10的地区为潮湿闷热的雨林所覆盖，虽然那里常常被误认为真正的非洲——约瑟夫·康拉德（Joseph Conrad）的“黑暗之心”。大洲的过半地区是热带与亚热带稀树大草原、干草原或者草原，那是一大片绿色与褐色交织的辽阔区域，其降雨量仅能支撑点缀着寥寥几棵树的草类栖息地。即使那里的土壤一般而言很贫瘠、没有经历冰川作用，并且十分古老，但是它处于温暖的一方，因此，这个大洲不仅仅赋予人类，还赋予物种光谱上广阔范围内的其他物种以生命。它们中的很大一部分自然是食草动物，同时还有多种多样依赖食草动物而生的捕食者。

人类最初演化成矮小漆黑，聪慧但是脆弱的生命，随时受到周遭大型捕食者和干旱的威胁，后者时不时地摧毁人类赖以为生的植被。他们不仅仅吃草，也食用这片地景上散布的其他植物。现代科学认为人类的诞生地位于非洲东侧的东非大裂谷，彼处最初形成于2 400万—3 000万年前，为沿大洲东侧的地质断层带所界定。[3]在断层带的东侧抽离出阿拉伯板块，西侧则是努比亚和索马里板块。一条被称为裂谷的深幽低槽在这些板块之间不断拓宽，其间填入大量腐蚀土壤，以及在非洲罕见的充裕淡水。这条裂谷从今天的坦桑尼亚向北延伸穿过埃塞俄比亚、苏丹、埃及，直至现代的以色列。

当裂谷两侧的峭壁愈推愈高，截获愈来愈多从海洋吹来的水汽，这条裂隙便成为有利于生命的、广阔而多元的栖息地。在这里，除了草籽丰厚的各种草类之外，还长满莎草、野花、块茎，以及像金合欢、猴面包这样的树木，那些依赖数量充足的低能量食物如草类为生的象科动物（Elephantidae），以及主要是果实与种子食用者的人科动物（Hominidae，分类学中的一组，包括现代人类），都可以在这里找到食物。后者生活在高地的森林中，但也会冒险跑下草原，爬上那里散布的大树以策安全。它们包括吼猴、黑猩猩、倭黑猩猩、狒狒，还有大猩猩。其他协同演化的物种有斑马、捻角羚（kudu，一种非洲大羚羊）、长颈鹿、白犀牛与黑犀牛、河马、牛羚、大羚羊、黑斑羚，还有凶狠的非洲野牛，以及捕猎它们的动物［像狮子、金钱豹（leopard）和猎豹（cheetah）这样的大型猫科动物，以及野狗和鬣狗］，它们共同创造了一个虽非田园诗般和谐，但是错综复杂的制约平衡体系。由于所有这些因素，东非大裂谷为营养的获取和后代的繁衍提供了不凉不热、恰好适宜的条件——“金凤花条件”（Goldilocks conditions）。

2 500 万年前，一个极小的从其他人科分离的旁支开始形成，大约 500 万年前，一种被称为“南方古猿”（Australopithecus）的小动物出现，以后腿直立行走，聪慧的小脑袋仰望天空。太空中没有砸下火岩雨，她的栖息地也不需要一场更老物种的灾难性消失为其生存开辟新的生态位。她为自身创造了生存空间。

很难确切地说最早的人类究竟何时诞生，因为我们并非一个可以在时间中被轻易辨别、区隔或者确定的物种。像亚当或者夏娃那样骤然出现，开始征服其他所有物种的“第一夫妻”从来都不存在。彼时，四处行走着各种变异体，本地的变异体之间杂糅、媾和，而后更先进的灵长类动物遍布非洲，渐渐散入其他可居住的大洲。他们经常性地混合其DNA，这令判定其演化谱系的原初建立者变得主观武断且过于还原论。如此之多人类（humans）的种类，原人（hominids）与类人（hominins），以及原始人类（protohumans）自由地交往，形成了演化学家所言的编织而成的"栅格"（trellis），而非达尔文所想象的一棵独立开枝散叶的"树"。[4]在栅格中，分支变成联结成框架的横栏。原始人类具有以下的共同特性：他们是草原生物，杂食，共有直立姿态，可以视远，奔跑迅速，同时，由于他们对置的拇指，他们也擅长爬树。在一个竞争激烈的环境中，他们需要上述所有特性以求生存。这个真实的伊甸园自始便是一处危险混合着机遇的地方。

所有类人动物共有的最重要财富是他们受到坚固的颅骨保护的巨大大脑。[5]裂谷环境并没有左右如此大脑的演化——它浮现于基因骰子的随意抛掷——但是，镶嵌在诸多湖泊和河流中的峡谷与山峦环境滋养并支撑了所有原始人类的生存。科学家言道，能人（Homo habilis）是最早出现的人类种类之一，他们现身于大约230万年前的更新世早期（亦称冰川期）。约200万年前，出现了直立人（H. erectus或H. ergaster）；接着，大约70万年前，海德堡人（H. heidelbergensis）到来，跟随其后的是尼安德特人（H. neanderthalensis），他们最早的骨头可以回溯至43万年前。此外，可能还有若干尚未被发现的物种与亚物种。

而后，智人（H. sapiens）与再后来的双重智人（Homo sapiens sapiens）接踵而至。自我形容为"双重智慧"的后者大约在20万年前出现。虽然他们基本上拥有与其近亲相同的DNA，但是科学家们将他们确定为“解剖学上的现代人”。即使他们的近亲以动物王国的标准来说是聪慧的，不过双重智人还是要更聪明一些。他们的大脑几乎比黑猩猩与大猩猩的大脑大 3 倍，但是并不比原始人类中的其他一些类属的大脑更大。相对于尺寸而言，更为重要的是构成其大脑与神经系统的上千亿神经元，与非洲大陆的任何其他动物相比，这些神经元以更加复杂的方式联通在一起。

当然，智人的大脑同他们其他的生理属性如身形大小、肌肉组织、力量速度、美丑智愚、歌唱或者计算的能力、免疫力等等一样，在个人与群体之间都存在极大的不同。大脑的重量平均小于整个身体重量的 2%，但是它消耗的能量约为人体所需能量的 20%。它曾经是（现在也同样是）一个非常饥饿，有着强烈需求的器官，始终需要被投喂。作为补偿，它帮助其宿主发现其他生物可能无法找到的食物，创造并扩张人类的生态位，寻找伴侣并不断繁殖，并且保证婴儿的生存与安全。无论人类的齿爪多么孱弱，他们的大脑天赋异禀，都令其在非洲的生存竞争中胜出。[6]

所有其他原始人类都在很久以前便消失了。智人一族生存下来，成为改变地球的重要物质力量。我们仍然是跨越非洲和其他大洲的统御物种。同其他原始人类一起消失的还有许多其他大型动物，例如老虎与犀牛曾经生活在整个亚洲与非洲，由于人类的竞争，它们渐趋灭绝的边缘。人类之所以可以战胜如此之多的物种，是因为我们复杂的大脑赋予了我们在战争、食物获取、繁衍，以及整体适应性上可惧的优势。但是我们的大脑对我们的掌控能力，远不如它在满足我们对食物和性无休止的内在渴望时所提供帮助的能力。如同所有形式的物质，我们寻求复制自我，但是我们通过规划、设计、探索和适应来进行复制，并因此演化出新的行为，例如我们在每个月、每个季节都会进行交配，这一点同其他灵长类动物大不相同。虽然同长颈鹿、大猩猩相比，我们的身量微不足道，但是我们可以对我们的敌手发动一场聪明的战争。与此同时，我们的大脑同身体的其他器官组成了强大的伙伴关系。这种伙伴关系带着我们走出一场场在另一种情况下，足以毁灭我们的气候变迁与微生物入侵。

早期人类的生存是否像历史学家约翰·布鲁克（John Brooke）所言，是一场“坎坷之旅”？[7] 的确如此。正如哲学家托马斯·霍布斯（Thomas Hobbs）对智人早期生活出神入化的描述那样，那是“一场每个人对每个人的战争；在那种情况下，每个人都受其自身理性的控制；凡是他所能利用的东西，没有一种不能帮助抗击敌人，保全性命”[8]。不过其环境并没有那么个人化、暴力或者坎坷，以至于双重智人被彻底击败或者征服。与之相反，在生存游戏中，人类的成功令人叹为观止，这并非因为他们曾经是“理性的”或者“智慧的”物种，著书立说，宏论滔滔，而是因为他们更善于在丛林齿爪中藏身，更善于利用更多形式的食物，最重要的是，更善于复制、繁衍。一路行来，人类经历了很多惨痛的损失；然而无论如何，他们在非洲和他处都站稳了脚跟，赢得了持久的稳固地位。

在其物种历史的最初 10 万年间，双重智人战战兢兢，挣扎所得也不过是勉强度日，他们建立了一系列生态位，能够为其提供堪堪果腹的生存资料。但是，他们的大脑显示出高效储存信息，利用任何随时发生的情况的能力。他们增添了获取文化的能力，这是一种学习、制造、发明的能力，它是基于遗传的或者本能的行为，但是并不仅限于此，而可以通过教育学习，在其后代中传递。很多其他有机物与我们一同享有由于复杂交织在一起的神经元所带来的优势，因此它们也可以制造工具，形塑其行为。但是人类的大脑在社会学习的能力上超越了其他一切有机物。因此，统御地球行星的将不仅是自然演化，也是文化演化。

但是在很长一段时间中，人类对其环境的影响甚微。他们生活方式的核心是标准的灵长类动物的食物——野果、种子和蔬菜，直到他们发现如何通过从野物肉类中获取更密集的能量以补充其食物。肉类是上佳的大脑食物，人类学会了烹饪肉类，使其能够提供更多能量。部落的男性承担了获取肉类的工作，女性则主要负责采集家庭营养所极大依赖的果实与蔬菜。[9]

我们不要忘记我们的绝大部分祖先生活在更新世，彼时，由于轨道与地轴的行星循环，全球环境处于动荡不安的状态。在那个长约 260 万年的地质时代中，巨大的冰原在更高的纬度和海拔形成，在大地上推移，碾磨岩石，犁开土壤，驱赶动植物物种迁往较为温暖的地域。在更新世的上下沉浮中，人类大脑继续学习如何生存、如何蓬勃生长。在非洲，除了高山地区之外，其整体环境并没有经历严寒，这也有利于人类的演化。

在这漫长的时间中，双重智人总体而言可以找到足够的食物，直至他们的数量变得过大，其生态位必须发生改变。即便如此，他们还是有过很多艰难时日。据基因学家的研究，在 70 000 年前左右，当非洲南部出现极端干旱时，早期人类可能经历了一次巨大挫折，导致其人数减至数千。造成那场干旱的原因可能是远在苏门答腊岛的多巴火山（the Toba volcano）喷发，火山灰飘散整个地球，缩短了植物的生长季，破坏了食物供给。苏门答腊岛坐落于另一个形成大规模岩浆与火山灰爆炸的裂谷地区。多巴火山的喷发可能污染天空长达10年之久，不过这一理论存在争议。古植物学家反驳说，他们在非洲湖底沉积物中没有找到火山喷发期间及之后植被变化的痕迹；他们质疑这场喷发是否对人类造成任何危险。[10] 无论科学最终可能揭示的结果如何，我们都不应过于权重某一单独事件，或者迫不及待地得出结论，认为非洲的更新世时代总是灾难重重。

对人类生存的更大威胁并非来自干旱或者大气中漂浮的火山灰，而是来自其他与我们相竞争的原始人类。在这个方面，最终结果对我们这个种群而言是非常正面的；我们将所有的威胁变成一边倒的胜利。我们那些参与竞争的表亲们最初逃往其他大洲，而后逐渐在地球各处彻底消失。他退我进。我们的种群消灭了他们，吸收了他们的基因，或者占据了他们的采集之所。更难战胜的是其他大大小小敌人的寄主，它们同人类协同演化，适应了其生存方式。与其他遭遇不幸的原始人类相比，这些敌人同人类之间不断达成某种暂时的妥协方案，这种情形一直延续至现代，虽然这样的妥协时不时地为严重的传染病所打破。

在文字记录存在之前，人类死亡的总人数可能非常之高，但是我们无法判定早期智人人数到底有多高或者多低。标准的且仍然具有说服力的观点是彼时的人们经历着远比今天的人群高得多的个体暴力，因此限制了他们人数的增长。我们还知道他们的平均寿命很短，一般不超过30岁。很多人在婴儿期夭折。那些生存下来的人的青春期比今人的青春期稍晚到来，在此后大约仅仅10年的时间中，他们生育自己的后代，而后生命在对我们而言的鼎盛期终结。

不过那些从持续的战乱、动物攻击、微生物感染、童年与青年夭亡的危险中存活下来的人们仍然制造了足够数量、但不会多很多的后代替换自身。即使如此缓慢，十年复十年，世纪复世纪，千年复千年，他们的数量以每年远低于 1% 的比率增长。人口学家安斯利 · 寇尔（Ansley Coale）写道："无论原初人口数量如何，增长的比率都非常之低。"[11] 他们的群体或部落一般有二三十人，在四到五代的时间中，可能仅增添一个新人。在现代国家中，如此小的增长甚至不会被注意到。但是，如果这样的增长持续十万年，甚至更久，它仍然能够带来人口过剩与环境压力。一个部落增添一两口人便有可能压垮本地食物供给，对环境产生负面影响，增加孕龄女性的数量，带来更多的孩子。所有的动物数量一般都长期维持一种较低的缓慢增长的状态；但无论如何，它们的确在稳定地累积。没有谁对它们开始爆发的一刻有所准备。增长并非保持在某个稳定水平，而是一直持续，陡然从年 0.5% 升至 1%、2%、3%。在觅食时代，并没有我们今日所知的人口爆炸，但是已经发生了增量的压力。[12]

0.5% 的人口年增长率可以在仅仅 140 年的时间中令人口翻番。因此，如果食物供给允许的话，仅仅百人便可在 4 000 年的时间中，增长到 480 亿。[13] 当然，这种情形并没有发生，伴侣们不断调适、约束他们的繁殖行为，或者为其环境所约束。尽管如此，早期人类生殖率，亦即女性平均生育的婴儿数量，在漫长的时间中超过了平稳状态的替换水平线，虽然很有可能，等到那些父母和他们的部落中人意识到究竟发生了什么的时候，为时已晚。而后，他们开始迁徙，或者经历饥荒与竞争激烈的筛选。

人类历史一再显示出这种指数增长现象。数学教导我们这种增长开始时细微而平缓，几乎不可察觉，而后急剧上升，令我们在结果面前大吃一惊。婴儿们就像积攒利息的几分钱。短期内，父母们可能会喜欢这笔宝宝财富的累积，但是他们将发现那几个额外的孩子可能会超出土地的承载力。一个部落可能最终拥有很多可爱的婴儿，但是也将看到他们的资源出乎意料地减少。

在学界，一个数字一再出现，倘若此数字为真，它将强有力地说明早期人类的确实现了人口的大量增长。到公元前 1 万年，恰好在农业充分出现之前，全世界的智人人口可能达到 500 万～ 1 500 万之多。[14] 这一估计有可能过高或者过低。如果过低，人口数量可能达到 3 000 万，这种情形则更有力地说明觅食者实现的长期人口增长。但如果人口实际上是两三百万，它仍然能够证明农业之前的人群可以并确实繁衍了大量后代。最终，人口数量足以迫使其中部分人群离开非洲，开发其他大洲。

一个依赖于觅食野生食物的生态位对生殖有着天然的预防限制机制。该生态位要求频繁的移动，而这会妨碍怀孕。觅食群体倾向于每几个月迁移一次营地，一般而言挪动 10 ～ 20 公里，前往有更多食物的地方。虽然他们的物质财产极少，却仍然需要背负所拥有的每一件物事，而最大的负担便是婴儿和孩童。需要怀抱背负他们的多半是青年女性——即使体格健壮，往往也是饥饿并营养不良。背着一个两三公斤重的婴儿寻找新的领地是一项繁重的工作，而背上背着，怀里抱着两个，甚至更多的婴儿，将是难以承受的重担。

幸而，遗传生物学可以为母亲缓解一定的负担。如果将哺乳的生理行为延长数年，将抑制卵子的生产，保证女性不至于经常受孕。造成这个间歇期的是大脑最古老的部分之一——下丘脑——释放的促性腺激素的减少，这使得排卵中止四到五年之久，取决于母亲母乳育儿的时长。这一基因特性给予女性更多的生殖间歇时间，减少了需要照料与运输的婴儿数量。[15]

觅食者不能忽视土地的承载力或者期待某种外来的救济礼包。他们必须保卫周遭的动植物，不能因为自身的需求而过度取用它们。只有接受这些自然的限制，如同他们最初在非洲便已学到的那样，则野生自然或者可以提供充足的食物。但是无论他们拥有多少神经元，或者他们的哺乳期延续多久，最终，他们必须服从性冲动，直至有百万计的人开始为了生存而竞争。

我们现代人有时将早期人类的世界俨然描绘成一个伊甸园，同摩西数千年前畅想的伊甸园差别甚微。如果曾经有过一个真正的伊甸园，它存在于非洲，依赖于持续的低生育率。如果那里的男男女女能够成功地做到这一点，非洲的生态系统可以自我维持，即使可能不是永续的，也仍然可以延续很长一段时间。在基本的营养之外，非洲大陆还提供了美与欢悦。但是人类如同其他物种，必须保持自身数量与食物来源的平衡。他们的身体需求和他们的繁殖力必须适应环境，在巨有机物和微有机物的压力下生存下来。一旦他们成为适者，他们发现自己几乎不可能转向其他生活方式。他们的成功同束缚与脆弱性并存。[16]

人类学家马歇尔·萨林斯（Marshall Sahlins）将古代觅食者形容为“原初丰裕人群”。他高度赞美他们的丰裕形式，而这些形式已为我们所遗忘。“需求，”他指出，“可以被‘轻易地’满足，要么生产很多，要么欲求很少”。觅食者没有生产很多，但是他们欲求很少——几个孩子，此外无他。婴孩是他们主要的财富，他们未来安全的保障，他们日常欢愉的来源。但凡食物充足，他们随时随地收集食物，如果食物不够，他们便忍饥挨饿。

总体而言，萨林斯认为，他们做得相当不错。他们一周仅工作几个小时，可能是15个小时，或者每天2个小时，便可以收集足够的食物支撑其人口，在剩下的时间中，他们可以高卧，躺平，编个歌儿，讲个故事，逗逗小孩儿。萨林斯说道，他们的丰裕在于非物质的愉悦与满足，而非物质财物。但是他们是否还有别的可能选择？除此之外他们还可以做什么？他们学习到的东西尚不足以让他们欲求更多。他们主要的野心就是吃与生育。满足于此，他们得以持续近20万年。或许这一切值得艳羡，但是我们中可能很少有人愿意回到那样的生活当中。在非洲大裂谷，采集仍在继续；例如哈扎人（the Hadza）仍然居于彼处，谨守其古老生活方式，但是他们同样受到现代文明的压力，被农田与城市包围，鼓励着他们去渴望他们的生活方式所不能满足的东西。[17]

现代人继承了许多同早期人类一样的生物驱动力，特别是性欲望，但是我们中大部分人都发生了生物性的改变，拥有了不同的需求。如果让我们做出选择，我们中间的一部分人或者可能像觅食者那样生活。但是我们的人数已经太过巨大。而且我们已经学会做出不同的选择，追求不同的生活方式，更青睐大家庭，追求更长的寿命。在萨林斯看来，我们建构了“一座献祭不可企及之物——无限需求——的神坛”。如果确实如此，这种变化既适用于商人，也适用于大学教授。我们力图变得文明，而文明依赖于需求更多，开始于需求更多的孩子。我们很难回到旧日时光，无论我们有多么强烈的负罪感或者怎样秉持严谨的道德约束。数千年文化，也许还有生物的演化造就了我们。但是，伴随许多新欲求的习得而来的，是地球的巨大变化。

萨林斯对觅食生活提供了一种更好形式的丰裕的看法并没有错，但是，我们应当拒绝哪一样现代需求呢？我们是否可以从少生几个孩子开始？没有文明的馈赠——科学的知识与技术，我们无法全部生存下去。

我们的祖先被迫离开非洲伊甸园，并不是因为他们不服从上帝的意志，或是因为他们堕落的思想，而是因为他们生育了过多的宝宝。假如他们的孩子少一些会如何？但他们如何能做到这点呢？身体内的促性腺激素是有限的，无法像避孕片一样有效。萨林斯对人类生物学的问题一掠而过，就如同他也略过早期人类短暂的生命周期，他们所经历的饥饿与不适，他们时刻面对的捕食者、蚊子和病毒的危险。他同样没有思考当觅食者们同其他部落或者原始人类争夺领地时，所蒙受的个体暴力。

早期人类的确免于我们的现代物质过剩，但是他们并没有免于所有欲求，特别是不能免于那些由内分泌对大脑的压力而产生的欲求。在繁殖不受抑制的情况下，那些压力本身就可以摧毁“原初充裕社会”。无论自然是怎样一位仁慈的供给者，最终都会对围绕她的餐桌用餐的人数予以限制。那些无法将自己带往新领地的人是最早被淘汰的。萨林斯的确承认在觅食者中，为了群体的利益而杀死多余的孩子或者老人是很普遍的行为。某一估算认为，每三个孩子中有一个可能一出生便死于父母之手，或者亡于有意的忽视。这是觅食者的美好生活与生态“和谐”中较为晦暗的一面。[18]

所以从来没有完美的伊甸园，如果我们所言的是一个在人与自然的其余部分之间，提供轻松的、上帝所创的平衡之地。行星史中，总是存在需要智慧、知识和相当的自律才能以最少的伤亡而克服的各种挑战。如果有任何事物威胁或者扰乱人类与其生态系统的平衡，它将必须被立刻终止。对短期干扰的应对可以通过短途迁移猎场而实现，但是面对人们通过数千年或者更长时间累积的人口数量则不能如此轻易逃脱。如欲成功地持续他们的生活，觅食者需要更多的知识，对其生物性有更多的控制，以及面对竞争对手时对自己进行更多的保护。比之理想化的教授们，一个如哈扎人那样的现代觅食者更敏锐地意识到这一要求。

在遏制自身荷尔蒙的流动，并在处于危机之时淘汰多余的孩子或者祖父母之外，双重智人在现代国家出现并提供应急救济之前，有两种基本方法维系他们的生活方式。任何一种失败的话，他们便注定灭绝。第一种，他们可以尝试发明创新，发展保障食物来源与战斗的新工具与策略。第二种，一旦他们过度消耗其原有的栖息地，他们可以迁徙他处，去往较为丰裕的环境。两种策略都很普遍。考古学家显示，创新始终在进行，例如新的石质或者骨质工具、新的采集技术、新的社会关系。探险与移民也如此。

早期最重要的技术创新之一是有意识的烧荒。远在智人演化之前，其他原始人已经发现如何将熊熊燃烧的火把放入其周遭环境当中：直立人早在大约 80 万年前便已这样做了，比双重智人的出现早得多。当氧气在大气中的含量上升为 20%，当植物在各大洲蔓延，吸收二氧化碳，排放越来越多的氧气，火便成为地球生态系统中的自然存在。例如，非洲的稀树大草原时有雷电燃着枯死的灌木丛或者草丛而引起的大火。早期人类观察自然之火，并且学会如何像攥住尾巴捕捉狮子幼崽那样捕捉火种。他们希望，每当他们想要燃烧草原或者清除森林以生产更多食物时，他们就可放出那头“幼崽”。烧荒将带来新一轮植被的蓬勃生长，而这也可能生产更多的营养。学习如何使用火来烹调其野味的同时，人类也学到了如何提高其食物的可消化性（通过破坏食物的纤维，烹饪先行消化了食物）。此外，他们学会了燃起篝火，吓退危险的捕食者，温暖寒冷的更新世夜晚。但是，即使抓住一个幼崽的尾巴也可能遭其反噬。人类所纵之火可能转而烧毁其营地，甚至毁灭在彼处栖息的生灵。对那些早期人类而言，火极难掌控，往往会危及其性命。而且即使人们熟谙玩火，它可能也只能让人们青睐的物种有些许的增长。

其他创新以更为先进的工具形式出现，例如弓箭、鱼钩、鱼叉，或者收获根茎的掘土棍。不过总体而言，这些创新上的巨大突破不像今天这样频繁，也没有如此影响广泛。因此，人类在喂养其后代的能力上便总有着切实的局限性。如果创新失败，他们必然考虑移民。双重智人只能如其他物种那样，不断迁徙，此外别无选择。他们必须寻找另外一个伊甸园，不是出于旅游者观光娱乐的好奇心，而只是单纯地保证他们的宝宝以及他们自己的生存。

在现已发现的一些物质线索中，很多早期人类的迁移路线已经无迹可寻。但是，我们知道人类在地球上的扩散是惊人的。他们从寻找地平线上浮现的另一个充裕草原开始，或者在森林的边缘宿营，时不时冒险走入其幽深处；或者转向海滨和海生食物。几乎整个非洲，从地中海到南部沿海，甚至其严酷的沙漠与热带森林，都变成人类的栖息地，就如同它曾经是原始人类表亲的栖息地那样，为人类提供着分散的食物与能源的储存库。每当更新世进入短暂的温暖期，为非洲和其他大洲带来更多的降雨和更佳的生长环境时，早期人类便会扩张他们的范围。在另一方面，他们又必须随时准备在严寒回归时撤离，甚至紧缩其人口。一旦大型猎物由于气候变化或者过度捕猎而消失，他们便被迫食用食物链较低端的食物，捕猎鸟类、蛇类和其他小型动物。但凡他们到达收益递减点时，他们将被迫离去，寻找新的土地以更好地满足他们的欲求。

早期人类不止一次逼近非洲大陆自然资源的临界点，因而他们迁徙穿越狭窄的海域或者陆桥，缓解留在原处的其他人的压力。他们对非洲之外的地方一无所知，甚至也没有一张他们自己大洲的地图，因此，他们无法想象我们今日所知的洲际世界。然而不论怎样，他们实现了洲际穿越。他们集合自己的孩子，归拢寥寥几件衣服、器物，生活的工具与防卫的武器，出发寻找并占据一个个新大洲。在这个过程中，他们将分裂的大洲重新缝合在一起，创造了另一种形式的超级大陆，一个覆盖几乎整个地球的完整人类领土。这正是那些觅食者为其后代留下的最为巨大的生态遗产。

判定最早的人类移民究竟在何时离开非洲，又在何时抵达新的地方，有赖于找到地下的骨殖和物件，或者一些散落的凿过的石片。新的证据不断出现，更多的证据也将逐渐现身。我们现在能够肯定，一群群人类远在更新世晚期，大约 10 万年前，开始走出非洲。他们向北方与东方迁徙，在当时尚处于冰川严寒掌控下的亚欧大陆上扩散。当他们迁入阳光较少、更为寒冷的气候中时，他们获取了新的知识，学会食用不同的食物，添置了寒衣，肤色也开始逐渐变浅。我们仍然不知道他们走出非洲的完整细致的迁徙路径，也不知道他们随后去往澳大利亚、太平洋诸岛和美洲的确切路线和时间表。但是我们可以想象那些行程必然构成一篇混合着极大危险与勇气的史诗。

我们从更晚近的案例中知道，人类迁徙需要强大的冒险能力，这种能力在个体间差异很大。任何时候、地方的移民在承担风险、胆量与主动性的标尺上都处于更高的位置。与此同时，推动他们抛家舍业的力量必须强大到足以令他们克服对变化的天然抗拒。但凡移民们最终找到的是一片糟糕的土地，没有足够的动植物供给，他们的情绪就会变得狂躁，期待骤升，失望蔓延。那些最甘愿离开原本家园的人可能不是最聪明或者最强壮的；与之相反，他们可能是生存竞争中的失败者，但是有足够的自信抛下熟悉的景致与生活方式。一般而言，移民们离开时带着在他处复制旧有生活方式的想法。他们首先会前往最近的地方，寻找熟悉的食物、工作与安全感，而不是遽然冒险进入一片全然未知的土地。

剑桥大学考古学家保罗·梅勒斯（Paul Mellars）曾使用DNA数据、骨骼化石与石器的组合证据，回溯从非洲大陆南端走出的大规模离散人群的最初阶段。他认为那些解剖学意义上的现代人大约在10万年前走出非洲，前往亚欧大陆。在此之前，他们的祖先已在整个非洲大陆上扩散同样漫长的时间。那些离去者前往我们今日称为中东的地区，在那里他们遭遇了早先迁移至此定居的其他原始人类的竞争。第一批新到者的人数不多，早已被旅行折磨得精疲力竭，但是他们仍然占有了这片土地，消灭了那些先至者。

第二波移民浪潮开始得要晚很多，大约在6万年前，这一波的人数要多得多，对任何阻挡者来说，他们也要危险得多。据梅勒斯所言，非洲南部彼时出现了“迅速的人口增长”，成为移民所需的强大推动力。[19] 人数的上涨源自他们捕猎鱼类和海鸟技艺的发展。当海滨丰裕衰退时，他们中的一些人沿非洲东海岸向北部迁徙，直抵亚丁湾——一片分隔非洲与阿拉伯的咸水。他们穿越进入一个新世界，如同此后西班牙的帆船第一次从欧洲驶入美洲。

一旦来到亚欧大陆，人类继续繁衍，而后一再迁移，一群人追随另一群人翻越重山、横跨江河；沿着海岸线，一部分人跋涉远达南亚海岸，深入现已沉没的莎湖古陆（Sahul），这片巨大的陆地最终为后更新世温暖的海洋所席卷，其中一部分成为今日我们所称的印度尼西亚群岛。当最早的人类移民抵达那里时，他们眺望天际今天被称作澳大利亚的地方，可能在竹筏的协助下，这些人到达了那片满是有袋类哺乳动物与桉树的巨大而干旱的地方。智人最早在大约 4 万到 5 万年前来到澳大利亚，在此后的 1 万年间，他们不断扩张，占据了这个大岛之洲。

与此同时，更令人叹为观止的人类扩散纵横于亚欧大陆广袤的内陆，这片地球上最大的陆地之上。一群群移民北上涌入尼罗河流域，而后横跨大陆桥进入西奈半岛，直到抵达未来某一天将以新月沃地知名的天地。那场移民大约开始于 6 万年前，结束于 3 万年前。

最初，在亚欧大陆上，那些新移民发现了洞天福地：在环绕死海的山峦间，沿着约旦河、加利利海、底格里斯河和幼发拉底河，在土耳其安纳托利亚覆盖着芳草与森林的高地与峡谷中，在地中海的海滨沿线，有着那么多的好土地。向东数千公里，翻越崇山峻岭、荒凉沙漠，其他移民将在大约 4 万年前发现另一个天堂：中国的伟大河谷，黄河与长江，那里曾经如非洲一般徜徉着大象与老虎，与之相伴的是成群结队的食草动物。人类继续分散，穿越寒冷而干旱的亚洲内陆。不过，依靠燃木取火、剥皮制衣，他们学会了如何在那个更为极端的栖息地中生存。那里也生活着膘肥肉厚的大型动物，与非洲那些已经变得谨慎小心的动物相比，彼处的动物更容易捕获。

人们在很多地方都发现了毛茸茸的猛犸象和其他冰河时代的动物，但是在最初，就如同很久之前非洲的大型猎物所具有的震慑力，它们庞大的身躯令那些新到者望而却步。人类花费了数千年的时间设计发明出杀死这些庞然大物的武器，当杀戮开始时，他们尽情追逐这些猎物，直至将它们屠戮至灭绝。在追逐肉食的道路上，他们遭遇了来自其他早已居住于此的原始人类的竞争，例如尼安德特人与丹尼索瓦人，在他们看来，这个新大洲是属于他们的。但是很快，这些人类表亲们被杀死或者征服，直至最终，只有双重智人屹立于新领地之上，整个亚欧大陆落入他们之手。这片新大陆遭受了种族灭绝的清洗，成为一片被殖民的土地，一个蒙受双重智人帝国主义者统治的帝国。

在如此巨大的一片大陆上安身立命，哪怕只是散布于最为丰饶的应许之地，在那里找到立足之处，都需要数万年的时间。在第一波人类抵达今天被称为中国的土地 3 000 年之后，他们到达东欧内部。最终，他们也学会了如何在那里生存，在那片区域广阔的草原上、河谷间，在那些生长着茂密森林的山峦中，他们都找到了为自己的孩子提供栖身之所的土地。

亚欧大陆无比辽阔，因此需要广辽的时间去探索，建立狩猎领地，学习如何保暖。这个新大陆覆盖着 5 000 万平方公里的土地，是非洲的两倍之大，虽然其中很大一部分无法进入或者毫不宜居。由于板块漂移，它形成一整块大陆，跨越数重经纬。在其中，印度向北推挤，造就喜马拉雅山脉与青藏高原；阿尔卑斯山楔入另一边，与许多小岛的遗存聚集而成一片我们称为欧洲的地质镶嵌图景。很久之后，在更新世之后更为温和的全新世中，那个拼接在一起的亚欧大陆将成为所有大洲中人口密度最高的地区。当那里的人口不断增加，人类将之转化为农场、城市、国家、战斗不息的帝国。

今天，亚欧大陆上生活着50亿人，占地球人口总数的70%。但是在最初的开拓者岁月中，亚欧大陆仅仅是一群群须发蓬张的采集狩猎者的边疆，他们不断向北、东、西向推进。他们将许多有病的有机物留在身后，因此可能比从前在非洲时更加健康，而且可能开始生育比从前更多的孩子。当然，他们很快熟悉了新的栖息地中可以猎杀、食用的陌生物种。虽然新移民满怀希望，一再追问这片新土地可以为他们提供什么，但是，他们仍然是脆弱的，灾难往往不期而至。

人类的散布和增长并没有伴随两大波移民潮而终结。移民仍然在继续，而且在更新世逐渐消退、温暖气候尾随到来时，其数量甚至可能增长。伴随冰层的退却，新的空间开始在英伦诸岛、日耳曼北部、斯堪的纳维亚，以及西伯利亚出现。当冰川继续撤退而海平面开始上升之前，白令陆桥将欧亚大陆与北美洲连接起来。再一次，人类现身，可能赞叹铺陈于他们眼前的壮观，他们在陆桥消失之前穿越那里，跋涉进入新的尚无人居的领地，一片现在已经消亡的原始人类表亲也没有见识过的大地，虽然在那时，骆驼与马朝着相反的方向跨越了陆桥。最终，智人们穿过巴拿马地峡，一路南下，纵跨我们今日称为南北美洲的两个大洲。他们同样横向扩张，从太平洋一直走向大西洋，漂洋过海，进入咸水围绕的温暖的亚热带加勒比诸岛。

考古证据显示，人类布满两个美洲需要1万余年的时间，从最早的人类在那里迁移开始，这个在北美平原上人居扩散的过程一直持续到19世纪。最早的移民可能远在1.5万到2万年前来到那里，当下，关于他们到达的证据仍然不足而且充满争议。一些最先到达者可能傍海为生，以小船代步。但是，他们中间没有人胆敢跨越开敞的大洋，如太平洋或大西洋，那场跨越要一直等到公元400年，彼时，一些波利尼西亚人的小群体为人类古老的欲望与压力所驱，扬帆他们的双体船，从马克萨斯群岛（Marquesas Islands）出发前往夏威夷——地球上最遥远的群岛，坐落于太平洋的中心。这是开始于非洲、结束于人类占据整个行星地球的早期移民的终点。其他人还将不断到来，争夺所有权。然而，当时的人类并不能将行星地球想象为一个整体，或者知晓他们的祖先如何来到这些他们所继承的土地之上。

我们应当记得各种早期原始人类也被迫迁往相同的各处大陆与海滨，而他们往往被后来者取代或者消灭。原始人类的离散人群总共用了超过100万年的时间才完成了这场迁徙，然而最后的也是最聪明的人类——双重智人——所需的时间短得多，总共不过5万年。虽然同我们旅行与移民的现代节奏相比，它仍然非常缓慢，慢得好似寒冷冬日的黏稠糖蜜。伴随人类的演化，人类的运动与适应也在加速。无疑，这应当归功于他们取得了更好的繁衍上的成功。我们的种类比其他原始人类数量的增长速度快得多，因此也有了更大的扩张压力。

过去的1万年，仅仅是行星史的弹指瞬息，我们的种类却在此期间从背儿抱女的徒步跋涉发展为每小时飞行数百公里。但不论怎样，先祖们扩散、繁衍，获得了他们之前任何其他物种都没有取得的成功。他们坚忍无情，百折不挠。他们学会了如何前往各种各样的新地方，如何在那里定居、生存，如何在不同的栖息地中延续他们的血脉，即使其中一些地方看似完全不适宜居住。无论他们去往哪里，他们都对地球上的野生动植物以及他们自己的人类近亲带来巨大的影响。他们建立了为其所有后代所遵循的模式——占领、杀戮、征服、取为己有、为己牟利、为自身的后裔寻找家园。如萨林斯所写，我们现代人可能看似为物所役，贪婪执念，但是与此同时，与早期人类相比，我们看起来也可能更加胆怯、和平、审慎、坚持道德原则、不那么暴力。

这便是现代科学所爬梳整合的首次大移民的历史。它被称为“走出非洲”理论，可被分为两个主要阶段。这一理论最早在 20 世纪 80 年代开始传播，迄今为止，也尚未完全澄清其含混之处，或探究其所有的可能性。之所以如此，有很多合理的原因，其中一些不仅仅是科学意义上的，还更多是文化意义上的。究其根本，这其中所蕴含的是一个饱受争议的问题，一个人何以为人的问题，一个虽然受到激烈挑战，但仍然将所有人类视为自然中的例外的问题，即使将一种移民区别于另一种移民的界限始终模糊不清。

传统上，在犹太-基督教的西方，如前文所言，人类自我认知的故事开始于最初的夫妇，亚当与夏娃，他们生来独特，是上帝自己的孩子。这一起源故事始终如此强大，以至于有些现代科学家一直希望找到我们所有人科学上的原初“母亲”与“父亲”。最近，基因学家一直担纲定位“原初夏娃”，他们不是通过对《圣经》的阅读，而是在一种新类型的档案中进行搜索，这种档案——人类的 DNA——需要显微镜方能阅读。有些人宣称能够将我们的现代 DNA 追溯至原初的“线粒体夏娃”（Mitochondrial Eve），甚至定位其出现的时刻。她大约生活在 20 万年前的非洲。因此，当今世界 80 亿人都应当是她的子孙后代。

“线粒体”指的是一种生活在每个人类细胞中的类似细菌的形式。这些形式在物种的雌性体内，而非雄性体内，从远古传至今日。它们仅仅来自女性，通过大而密集的卵子传递。因此，人类的身体变成一种档案：最早的线粒体何时出现，今天还有谁携带着它们？当然还有一位做出贡献的亚当，但是回溯他的轨迹需要更为复杂的不同类型的研究，而且，那两位最初的人类可能并没有生活在同时同地，或者有过任何爱欲的结合。[20] 在这个理论中，亚当与夏娃并不是被置于伊甸园中的无辜恋人。对它的检验最好还是留给遗传学家与古生物学家进行。有些人拒绝这一理论，坚持认为人类起源的问题远为复杂、含混。他们询问：非洲是否是智人唯一的诞生之地，抑或亚欧大陆以及其他大洲同样对人类的基因组有所贡献？

即使在严格的非洲过往中，人类也同许多相竞争的原始人类共同生活。无论他们去往哪里，人类总是可以在其他原始人类表亲中找到心甘情愿的性伴侣。因此，我们的基因库从来不是纯粹的或者排外的。我们所称的“人类”是许多基因库组合拼接而成的生物，是一个经历了许多熔炉的物种。地球上没有任何一个单独之地，甚至包括东非大裂谷，可以给予构成“我们”的所有元素。那么我们远古的父母究竟是谁？我们又有多少母亲与父亲？我们的基因遗传伴随时间的流逝一再膨胀、萎缩、再膨胀。甚至在所谓的“人”与“非人”之间的界限也远比为我们可能愿意承认的含混模糊。[21]

对人类历史的如此解读不应与所谓的人种“多元发生说”

（polygenism）相混淆，后者是已被摈弃的 19 世纪理论，认为人类有许多“种族”，每一个都起源于不同的地方，在技能与能力上大相径庭。多元发生论者认为，虽然上帝创造了所有人类，但是他们被分别创造，因不同的肤色和以不同方式连接的大脑被打上不可磨灭的印记。最终，科学家们明智地拒绝了多元发生说，并非仅仅因为其种族主义色彩，同样因为它过于简单化。今天，专家们认为，人类中并不存在被严格区分的种族。与之相反，他们指向充满混乱的自然演化、地理上的孤立与合流，以之解释人类中存在的众多差异。人类存在着一个松散统一的、共同的基因库，但是并不存在一个确定的、本质的、我们称为人类的原型。[22]

查尔斯·达尔文认为物种是流动的、开放的综合，它们并不代表僵化的或者连贯的本质。达尔文演化生物学在 20 世纪的伟大继承者之一——恩斯特·迈尔（Ernst Mayr）——对物种的著名定义是：所有那些可以彼此交配并繁育后代的有机物。马和驴是不同的物种；它们可以交配并且产生受精卵，但是它们的后代是不能生育的杂交生物体——骡子。它们的后代必须依靠人类不断的干涉才能复制它们的多重性。根据迈尔的定义，所有的尼安德特人也是人类，因为他们不但能够与双重智人交配，生育具有父母双方基因的后代，而且他们的后代还可以继续生育他们的后代。所以，我们“人类”的身体内最终包括尼安德特人的基因。但是假如尼安德特人可以被纳入人类，我们将如何归类那些性欲极低或者更青睐同性关系的人呢？对解决这个难题来说，迈尔的解释可能也过于简单了。[23]

试图将“我们”同“他们”区隔开来的坚不可摧的确定界限，即使是那些出自演化生物学家理论的分界线，都不过被画在摇晃不定的表面之上，是彼此高度渗透的边界。我们所有将智人界定为一个独特而纯粹类型的努力都很快分崩离析。但是人们仍然坚持寻找将我们同自然的其余部分区分开来的界限。在分界线的一边，我们试图安置人类，一种虽然“自然”但是非常特殊、唯一、“非自然”的物种，同其他的“动物”或者“亚人类”大相径庭。然而，所有这样试图在生物学或者人文学中建立物种等级体系的努力都变得武断而难以为继。我们唯一能够确信的是，人类自行星生命的纷攘中演化，一路走来，始终承继着我们过往中许许多多的多元痕迹。

当早期的人类男男女女从一个大洲向另一个大洲迁徙，驱使他们的强大动力是他们与其他形式生命所共享的性欲本能，正是这些本能推动他们不断移民。当他们从一个生物群系迁往另一个生物群系，他们不可能保持一种单独的、原初的“人类本性”，而是变成多种多样的人类类型。我们的祖先在不断地实验、不断地游荡，性欲强烈且粗野狂暴，我们也是如此。

注释：

1　经典之作为 Alfred Wegener, *The Origins of Continents and Oceans*（orig., Die Entstehung der Kontinente und Ozeane, 1915）。韦格纳（1880—1930年）在转向研究更广阔的行星科学之前，是一位气候学家与极地专家；他的理论在第一次世界大战初期出现，但是一直到 20 世纪 60 年代，方为人所关注。

2　John Reader, *Africa: Biography of a Continent*（New York: Vintage, 1997）, 21–23, 499–501.

3　关于确认现代人类最早地点的困难，参见：Ann Gibbons, “Experts Question Study Claiming to Pinpoint Birthplace of All Humans,” *Science: News*, 28

October 2019, https://www.science.org。

4 David Quammen, *The Tangled Tree: A Radical New History of Life*（New York: Simon & Schuster, 2018）.

5 原始人类（hominins）是同现代人关系最密切的灵长类动物，它是类人猿的亚科，除智人外其余原始人类全部灭绝。他们共同的特征包括直立、两足行走、更大的大脑、专门化的工具使用，以及在某些情况中的语言交流。

6 Suzana Herculano–Houzel, "The Remarkable, Yet Not Extraordinary, Human Brain as a Scaled–up Primate Brain and Its Associated Cost," *Publications of the National Academy of Science* 109, supp. 1（June 26, 2012）, 10661–10668. 作者总结认为，人类大脑是"在其细胞构成与新陈代谢成本上比例增大的灵长类大脑，它具有相对扩大的大脑皮层，但是其脑神经元的数量并没有相应增大，然而，它在认知力与新陈代谢上如此惊人，仅仅是由于它拥有极大数量的神经元"。

7 John L. Brooke, *Climate Change, and the Course of Global History: A Rough Journey*（New York: Cambridge University Press, 2014）, 55–108.

8 Thomas Hobbes, *Leviathan*（1651; New York: Cosimo, 2009）, 72.

9 关于肉食历史的研究，参见：Adrian Williams and Lisa Hill, "Meat and Nicotinamide: A Causal Role in Human Evolution, History, and Demographics," *International Journal of Tryptophan Research* 10（May 2, 2017）: 1–23。

10 Yong Ge, et al., "Understanding the Overestimated Impact of the Toba Volcanic Super–eruption on Global Environments and Ancient Hominins," *Quaternary International* 559（Sept. 10, 2020）: 24–33.

11 Ansley Coale, "The History of the Human Population," *Scientific American* 231: 3（Sept. 1974）: 43.

12 Fekri A. Hassan and Randal A. Sengel, "On Mechanisms of Population Growth during the Neolithic," *Current Anthropology* 14（December 1973）, 538. 他们估算，在旧石器时代平均增长率为 0.0007%，看似非常低。现在没有可靠的方法估算古代采集狩猎者的人口增长，他们一

般没有留下可以作为线索的定居点废墟。

13 Michael D. Gurven and Raziel J. Davison, "Periodic Catastrophes over Human Evolutionary History are Necessary to Explain the Forager Population Paradox," *Proceedings of the National Academy of Science* 116: no. 26（June 25, 2019）: 12758–12766.

14 马西莫・利维・巴奇（Massimo Livi-Bacci）在《世界人口简史》[*A Concise History of World Population*（Cambridge MA: Blackwell,1992）] 中估计是 600 万；科林・麦克伊韦迪（Colin McEvedy）与理查德・琼斯（Richard Jones）在《世界人口历史地图》[*Atlas of World Population History*（New York: Facts on File, 1978）] 中认为是 400 万；而马克・内森・科恩（Mark Nathan Cohen）在《史前食物危机》[*The Food Crisis in Prehistory*（New Haven, CT: Yale University Press, 1977）] 中认为是 1500 万。

15 S. Chao, "The effect of lactation on ovulation and fertility," *Clinics in Perinatology* 14（March 1987）:39–50.

16 相关综合研究，参见：Richard B. Lee and Richard Daly, eds., *The Cambridge Encyclopedia of Hunters and Gatherers*（Cambridge UK: Cambridge University Press, 1999），特别是 "Introduction: Foragers and Others," 1–19。该书其余部分主要按地理区域组织架构。

17 Marshall Sahlins, *Stone Age Economics*（Chicago: Aldine-Atherton, 1972）, 5, 6, 12.

18 同上注，第 32 页。

19 Paul Mellars, "Why Did Modern Human Populations Disperse from Africa ca. 60,000 Years Ago? A New Model," *Proceedings of the National Academy of Sciences* 103, No. 25（Jun. 20, 2006）: 9381–9386. 亦可参见：Chris Stringer, "The Origin and Evolution of Homo Sapiens," *Philosophical Transactions: Biological Sciences* 371, no. 1698（2016）: 1–12。

20 David Reich, "One Hundred Thousand Adams and Eves," *Who We Are and How We Got Here: Ancient DNA and the New Science of the American Past*（New York: Pantheon, 2018）, Kindle edition, location 608–663.

21 “African Multiregionalism: The New Story of Human Origins,” *The Atlantic*, https://www.theatlantic.com/science/archive/2018/07/the-new-story-of-humanitys-origins/564779/. 亦可参见密歇根大学古人类学家米尔福德·沃尔波夫（Milford Wolpoff）的著作，他相信人类根源可追溯至百万年之前。他写道：“我们有一部漫长的历史，其中，人类不断彼此混合、合作，演化而成一个大家庭。”

22 种族刻板印象忽视了非洲内部的差异，而找寻同质的“非洲人”。在加利福尼亚大学人类学家文森特·萨里奇（Vincent Sarich）的《种族：人类差异的现实》（*Race: The Realities of Human Differences*, 2004）、科学记者尼古拉斯·韦德（Nicholas Wade）的《麻烦的遗产：基因、种族与人类历史》（*A Troublesome Inheritance: Genes, Race, and Human History*, 2014）作品中，分别提出了更合理的观点。韦德总结认为，种族差异原本是真实的，并不仅是文化建构，但是在时间的长河中，它们变得模糊，不再能够作为生物种类而成立。

23 参见：Kevin de Queiroz, “Ernst Mayr and the Modern Concept of Species,” *Proceedings of the National Academy of Sciences* 102: Suppl 1（June 2005）: 6600–6607。

第四章

蹒跚进入农业

究竟谁是世界历史上第一位农夫？是德墨忒尔（Demeter）或者谷物女神（Ceres），还是中国神话中生活在5 000多年前、有神农之称的炎帝？抑或某位夏娃女士被迫掘地，双手沾满泥土？事实上，他们中间的任何一位都无法认领此功。没有神祇，没有非凡的企业家或发明者，没有天才的帝王，也没有任何一位单独的女性或者男性发明了农业。严格来说，它甚至不是一项“发明”。无论在任何地方，一旦采集狩猎难以为继，人们便开始创造一种新的更可持续的生活方式，这是一个漫长的试探性的往复过程，长远来看，采集生活方式的确失败了，农业生活方式也将如此。那场首次的巨大转向费时数千年，即使其发生之后，转向也并未完成，因为农业在农夫与种植者的世纪中持续演化，直至变成工厂农场的现代体系。如此旷日持久的演化变迁并不符合我们大部分人所想象的“发明”或者“革命”。但是，这种生活的新方式在行星地球的历史上制造了另一项深远的变化，一个完全人造的而且愈趋破坏性的变化。

首先，我们不应将早期农业视为迈出黑暗走入光明，趋向“进步”的一步，而是要看到它在黑暗中的颠沛造次，看到创造它的头脑中并无任何伟大的目标。它是成千上万无名的男男女女的集体工作，其结果从来不是完全可预知的，也并不总是积极的或者令人向往的。它实际上是被内植于人类自然中的强大繁殖本能所驱动的发展，一再重复着“前进、繁衍”。

那个为更多待哺之口寻找营养的偶然而摸索的过程是完全自然的，但是，它带来的征服之举远在其成为一种文化的意识形态之前，便已成为人类的日常实践。在过去20万年的绝大部分时间里，智人们以作为并非自身所创造的食物链中的内在一环的方式生存；他们采集、追逐、杀戮，同其他物种一样喂养他们自身。而后，他们强烈的生殖欲将他们带至一个关键的门槛，当他们跨过这个门槛，人类开始采取一种同其他物种之间更积极好斗的相处方式。门槛的跨越并不是在具体某一天，但是一旦它被跨越，人类便无法再倒转时间，恢复他们在自然秩序中的旧有位置。到那时，太多的孩子不再允许他们回头。

但是，假如农业寻求的是令人类成为地球推定的主人，那么我们并非最早的农夫。在我们之前，早已有卑微的蚂蚁，它们最早出现于1.7亿年前，当时泛古大陆仍然在分裂当中，恐龙拖着笨重的身躯悠游于大地之上。蚂蚁演化出大约12 000个不同的物种，它们中的绝大多数都是社会性昆虫，同蜜蜂与白蚁联系密切。大约5 000万到6 000万年前，一些蚂蚁转向农业运营方式，变成森林与草原上的小小权贵。不过具体而言，它们统治的仅有两个另外的物种——蚜虫与真菌，它们控制蚜虫如家畜，收获真菌饲养蚜虫，而后收获蚜虫的粪便喂养所有的蚂蚁宝宝。与蚂蚁相比，人类将控制多得多的物种，直至他们成为这个行星的头号掌权者。因此，蚂蚁并没有发动对野生自然的广泛战争，这有可能是因为它们自身的繁殖为那般多的其他捕猎物种所制约，例如甲虫、蜘蛛、蛇、蜗牛、蜥蜴、鱼、鸟、熊，当然还有哺乳动物中的蠕舌亚目（Vermilingua），俗称食蚁兽，它的长舌一卷，一天便可舔食 35 000 只蚂蚁。[1]

如果我们承认蚂蚁是最早的农夫，那么我们也必须认识到我们对人类为何转向农业的诸多解释并不十分令人信服。驱动蚂蚁的力量必然同样驱动智人。一种比较的视角可以帮助我们走出自鸣得意，不再忽视蚂蚁的成就，也不再将农夫高捧为人类最好的类型。蚂蚁和人类俱为同样自然的一部分，对二者而言，无论农业后来如何演变，它的发生非常自然。

农业并不像有些人可能以为的，需要一个尺寸惊人的大脑。蚂蚁的脑子非常微小，虽然相对它们的尺寸而言，还是颇大的，在它们小小的脑壳里，装着 25 万个脑细胞，而人类的大脑大得多，平均有将近 1 000 亿个细胞。比起大脑的尺寸，更为重要的是蚂蚁和人类一样，其演化趋向于集中集体力量。它们集中其共同的冲动，建立了群落防御、收获与繁殖。通过基因变化，它们发展出一种公共纽带，以此弥补其个体的微小。

在美洲热带生活的切叶蚁属由大约 60 个物种构成，它们趋向群组行为的本能演化为一种复杂的社会分工。最大的蚂蚁学习如何从树上切叶，将它们带回蚁巢，在那里，较小的工蚁将叶子咀嚼成绿色的糊糊，而后更小的蚂蚁将这些糊糊喂给像牛一样被圈起来的蚜虫群。天底下没有一只超级蚂蚁创造了这个复杂的组织系统。它是从更为集体的身份认知进行自然演化的结果。

这种复数自我出现背后的驱动力是蚂蚁对繁殖与生存的渴

望。集体化它们的行为能够改善营养与生殖。其他物种如蝴蝶、蜘蛛、苍蝇都一直是猎手与采集者，它们感受到同样的生殖冲动，但是它们从没有成功地协同工作或者像蚂蚁那样为其后代培育食物。反之，它们演化成为蚂蚁猎手。

我们无法以蚂蚁所处的气候环境变化解释最早的昆虫农夫的出现，而这样的论证经常被用于解释人类向农业的转型。当蚂蚁最早创立其农业的生活方式时，它们已经历经无数风霜雪雨，气候起落，这些都没有将它们变作农夫。同样，当它们的环境在更新世时变得更冷更干，不再是培植真菌或蚜虫的理想状态时，它们也没有终止其农夫生涯。至关重要的原因不在于气候寒冷或温暖，干旱或湿润。它们最初开始走上集体主义之路是因为一颗小行星撞上地球，造成了巨大的骚乱，但是即使这样的巨灾大难同蚂蚁基因库内部发生的变化相比，也并不十分重要。蚂蚁转向农业，因为相较于个体的狩猎与采集，农业可以让它们更高效地生养后代。当那些协作生产的变异体最终胜出后，蚂蚁改进了它们的生殖业绩。因为同样的原因，蚂蚁建造了城堡一般的巢穴，由强大的军队守护，在巢穴之内，复杂的社会等级关系逐渐成熟，均因这些关系实用而有效。

因此，蚂蚁子孙兴旺，直至今日，地球支撑着百万的四次方只蚂蚁，其中大多数都以某种方式投身农场运营。全部蚂蚁加起来的重量可能与80亿人口的重量相当。因此，请在林间草丛中屈下双膝，为你们自身去谦逊地检视它们的成功，但是不要期待你们会看到任何它们所建的帝国金字塔或者圆形竞技场。毕竟，蚂蚁的创新受到自然的限制。

爱德华·O. 威尔逊（Edward O. Wilson）是我们最伟大的

蚂蚁学者，他曾经将农业物种的崛起描述为“对自然的社会征服”。如同人类那样，蚁群的成功通过他所称的“真社会性”（eusociality）到来，该词定义的是一种高阶的社会状态，远超一群鸟或者鱼的随意聚集。“一个真社会性动物群中的成员，”威尔逊写道，“例如蚁群，属于很多代。它们的劳动分工至少从表面上看是一种利他的行为。有一些成员承担的劳动角色将缩短它们的寿命或者降低其自身后代的数量，抑或两者都会发生。它们的牺牲允许其他扮演生殖角色的成员活得更久，相应地产出更多后代”。[2]

蚂蚁的农业是否是一种对自然的真征服，或者仅是蚂蚁天性中的一系列变化，始终受制于外在自然的制约平衡？一种类似的强烈繁殖欲望将人类转化为农夫，虽然在我们的情况中，当非基因因素补充我们的动物本能时，其结果的确更是一种征服，一部分人类也变得远比其他人更加富有。而且，人类自身也变成了对生命之网的几乎不受制约的威胁。

人类农业成为一种更为普遍的对“野生的驯化”，意即将周遭自然环境转化为一种较少野性、更为“温顺”的事物，如此给予那些知道如何操作者更多的安全、富足和后裔。蚂蚁已经走上了同一条驯化之径，但是它们没有发展出让整个世界较少野性的宏愿，而始终是一种更加为本能所驱动、焦距狭隘的物种。人类在那条路径上将走出很远，他们甚至为自己的新生活方式精心打造了一套道德说辞。他们以崇高的语言包裹自己的性欲冲动，为征服自然辩护，宣称自己在恩赐与和谐中成长。人类的大脑有能力追求如此大规模的征服，并且创造一套神话为其背书。但是，那套神话从来不是完全真实的，因为人类农业源自野生的、亚理性的、性欲的冲动，而且可能永远无法驯化整个行星。

驯化意味着迫使其他有机物为自己生产食物。现在不可能确定如此生产方式开始于何时。纵火燃烧野生草原以促进其再生是一种农业的雏形，但是它仍然不是真正的农业，因为由于草类的摩擦或者电闪雷鸣而造成的天火随时发生。保护野生植物不受其竞争者掠夺的行为也难称农耕。农业生活方式要求对动植物变异体精心选择，管理它们的生殖生活，让它们服务于人类家庭的福祉。要实现这样的方式，需要一条漫长的“学习曲线”。

人类农业同达尔文所称的“人工选择”同义。它紧随人类饲养者开始摆布其他物种——无论是鸽子、狗，还是牛——而出现。他们在如此做时，便在他们自己与那些物种之间制造了一种尖锐的差别。如同达尔文在人工的（人类制造）与自然的（自然制造）之间画下一条清晰的界线，我们不应忘记这两种选择都包含有机物的巨大物质性变化。当蚂蚁们用它们嚼烂的绿叶填饱其蚜虫俘虏时，它们与人类农夫并不相同，因为它们基本没有改变蚜虫的身体，虽然它们收获着那个身体排泄而出的富含能量的“蜜露”。它们并没有管理蚜虫的基因，而人类操纵着其家畜的胚质。

历史学家尤瓦尔·诺亚·赫拉利（Yuval Noah Harari）对农业生活方式提供了一种颇富挑战性，虽然或许也颇为含混不清的解读。他将农业称为人类与其他生命形式之间的浮士德式交易，其中人类放弃了他们的自由以期实现物质丰裕。他写道，这一切发生在从公元前 9500 年到公元前 3500 年的区间中。到公元 1 世纪，赫拉利写道：“绝大部分世界上的大部分人群都已成为农人”[3]。但是他迅速地掠过那些模糊的年月，那个他称之为“历史上最大的骗局”的时期。[4] 他和其他人都注意到，大部分物种都不适合人类的统治，但是仍然有一些适合的，如小麦、稻米、玉米、马铃薯、小米与大麦，还有牛、羊、狗、山羊，它们允许被人类控制，这是因为实际上，赫拉利宣称，被驯化的动植物在事实上驯化了它们的主人。这便是浮士德式的交易。他继续说，小麦这种干渴的庄稼迫使人类挖掘灌溉渠来浇灌它们。狗和羊，便如同小麦，也迫使其主人服务于它们。但这是一个颠倒黑白的寓言。假如农业是玩弄人类于股掌的把戏，假如人类实际上成为其他物种的奴隶，那么长期以来他们如何占据上风，在本质上扩张自己的数量、财富，以及行星影响力？我们不应当将农业称为糟糕的浮士德式交易，而是人类对自然的其余部分的有限胜利。假如人类成为奴隶，他们不是小麦或小狗的奴隶，而是他们自身的便便大腹与发达性腺的奴隶。

人类控制了野草，将它们转变为小麦或者稻米，但是他们并没有同野草或者牛、羊、羊驼进行交易。事实上，他们只是单纯将自身的意志强加于任何他们可以轻易驯化的野草，从而为自身生产更多食物。他们强加于其他物种之上的意志越多，他们生产的食物便越多，便可以喂养更多的人类婴儿。那些物种也并未发出争取自立与自由的呼喊以抗拒驯化。如同佩利的上帝，人类开始尝试设计并管理世界，选择赢家，消灭输家。那些被选中者成为一种蛋白质与能量的来源，而农夫们不是像奴隶或者上当受骗者那样，而是如神祇般进行选择。

同样，蚂蚁统治着蚜虫，而非蚜虫统治蚂蚁。试问当蚜虫的双翅被蚂蚁咬去以防止它们飞走，将它们永远圈禁起来满足蚂蚁的需要时，那些蚜虫获得了什么？在蚂蚁和人类中间，农业总是一种自利的、单方面的权力实施。最终，这种新的同自然发生关系的方式带来了一个更加复杂的社会，其中，智人中的更高阶层成为其他人类同胞的主宰。因此，掌权的少数人开始操纵摆布他们的同类，甚至控制其人类同胞的生育。

在向农业征服过渡的漫长时间中，许多人试图抵抗这个新事物，坚持觅食者自由而轻松的生活，努力不在一个地方永久定居。事实上，大部分人间或有过抗拒，但凡能够继续采集生活，便悄悄地溜走。但是，旧日的生活越来越难以持续，无论它看似多么诱人。与野生景观相比，农夫的定居生活提供了更多的稳定、舒适、永久性，以及最重要的是，更多人类所需的营养。[5]

考古学家彼得·贝尔伍德（Peter Bellwood）在其百科全书式的大作《最早的农人》中，将农业诞生的时间确定在大约 11 000 年前（或公元前 9000 年），对于如此漫长拉锯的这一人类经济转变，这个时间惊人地确切。地理学家贾雷德·戴蒙德（Jared Diamond）在他的畅销书《枪炮、病菌与钢铁：人类社会的命运》中将时间定在了 10 500 年前，而其他人将之推至 12 000 年前。任何时间的确定都取决于如何定义农业——它是否只是对野生植物的随意照料，吸引野羊来到家门口的一次成功尝试，或者抓捕一只动物，并且不顾它的反抗留下它？如赫拉利所言，我们应当将这些实践看作由一种生活向另一种生活过渡的完成。简单来说，农业在大约 10 000 年前充分准备就绪。与确定农业开始的时间相比，比较容易确定的是其开始的地点。它并没有最早在非洲——人类的故乡——出现，而是明确地率先出现在中东，具体来说是在从土耳其到伊拉克山峦间的丘陵地出现。那个地区被称作“侧翼丘陵”或者“新月沃地”，彼处雨水比较充足，形成了包括约旦河、幼发拉底河和底格里斯河在内的河网体系。在这个生态友好的地方，水源和土壤比起非洲或者亚洲沙漠都要丰足。这些自然特征支撑着较高海拔的草原与森林混合植被，在海拔较低处，则是半湿润的环境，鲜有任何植被。正是在那些草木葱茏的岛屿中，活泼泼的流水从山间一路流入阳光灿烂的低地和大海，人类安顿下来，仰仗他们所能创造的任何一种形式的丰裕开始了新生活。

最初，那里似乎不需要农耕也有足够的蛋白质。那些丘陵间原本有着草籽丰厚的大量野草，野生食草动物在彼处优游卒岁。乍到此处的任何人可能都会将之看作一个天堂、一个伊甸园，一个人们可以终结疲惫不堪的迁徙、组建大家庭的好地方。初到此处安家的人类聪明而迅速地开发这里的自然丰裕，随时准备抵御任何来犯他们所占领土的入侵者。但是，即使如此资源丰富的环境最终也因为食指浩繁而消耗过度，迫使人们继续革新、实验。

最早在侧翼丘陵开始农耕的人类是纳图夫人（Natufians），他们是走出非洲在约旦河谷定居的移民的后裔，这条河谷是东非大裂谷向北的延伸。在大裂谷的两端皆是大陆板块碰撞造成的崎岖地景，但是，在其位于亚欧大陆的北端，人们找到了采集狩猎的好机会，又发现了驯化的新可能。地球上各处地方的机会并非完全均等；不同栖息地上的物种数量和混合度，以及它们接受人类控制的可能性都大相径庭。纳图夫人最初选择此处安顿下来是因为其采集狩猎的可能性，但是经过数万年，他们开始通过愈来愈多的精心干预来扩大他们的丰裕。

两位耶鲁的人类学家乔伊·麦克里斯顿（Joy McCorriston）与弗兰克·霍尔（Frank Hole）是最早一批研究约旦河谷纳图夫人的学者。在约旦河谷，“最早同现了得以驯化西南亚庄稼作物的关键性前提条件”[6]。他们描述定居者如何学会收集石头以磨利他们的镰刀去割野草，如何学会选择最好的坚硬圆石将种子磨成粉末。这些工具带来了“新石器革命”，这是农业革命的另一个名称，虽然它的描述性有限。

早在他们转向农耕之前，纳图夫人已经学会如何在冬季储藏种子，使他们度过匮乏的季节。在这个他们曾经大啖肉类的地方，得以待在家中，依靠储存的富含蛋白质的谷物如二粒小麦和脱壳大麦为生。慢慢地，他们令野草屈服于人工选择，从而增加产量。有利的是，生长在他们周围的植物物种比较容易被控制。但是，尽管他们在驯化上获得了成功，早期农夫的收成一直很低。数千年来，他们努力在农耕中杂以采集，但是后来他们的野生肉类消失殆尽，纳图夫人被迫驯化的便不只是草类，还有野山羊、野绵羊，从而创造了更为纯粹的农耕经济。

纳图夫人进行这些革新完全是出于必需之驱使。他们并不比更早的人类或者其他地区的人类更加富于创造性或者更加聪明。控制其他物种所需的知识早已存在；但是只有当生存需要时，人们才会去运用这些知识。在遍布世界的各个不同地方，这个时间节点一再出现。但凡一套类似的匮乏累积进入危急状态时，农业便会发生。

学者们普遍同意农业于 9 000 年前左右，再次发生在中国生物种类丰富且相对稳定的黄河与长江流域。[7] 在纳图夫人与中国的农业突破之间大概有 1 000 到 2 000 年的间隙。与新月沃地相比，中国的河谷较晚出现游荡的觅食者，因而那里的人口数量也较晚增长到压力的节点。中国的情况与中东类似，在那里，逐渐温暖的气候可能帮助人们实现了农业的转向，但是主要的驱动力仍然是不断上升的人口对野生食物来源造成的压力。人们开始摆布那些本地野草，如长在黄河沿岸黄土中的粟，以及生在长江之滨湿地中的稻米。

此后的两个农业革新中心出现的时间间隙长一些，有 4 000 年之久。它们与前两个距离遥远，位于现在的墨西哥（第三个）和今日秘鲁的南美海岸峡谷的丘陵（第四个）中。虽然如此，那些地方的自然条件同亚欧大陆中部与中国的河谷惊人地相似。虽然远在另一个半球，并且没有任何传播的方式，农业仍然开始在美洲出现，原因一如其他地区。这里居住的同样是觅食者的后裔。他们在农业生活最早于彼处诞生的 5 000 到 10 000 年前迁移到美洲。古代中美与南美人转向农业同样是因为他们的人口对土地而言过于庞大，不过并非整个西半球都是如此，只是几处较为肥沃的所在为农业提供了恰当的环境。在这两个早期的美洲发源地，农业出现于 4 000 到 5 000 年前（根据贝尔伍德）或 5 500 年前（根据戴蒙德）。第五个农业革新地点的出现令农业中心独立出现的论点更为有力，这个新的中心位于现在的美国东部，迄今 3 000 到 4 500 年。[8]

从这四个距离遥远却彼此平行的出现原点，农业开始向罗盘的各个方向发散。从丘陵侧翼或者新月沃地，传向印度，到达尼罗河谷及北非，最终进入欧洲，直抵斯堪的纳维亚和大不列颠。基于谷物和牲畜的农业体系早在青铜器时代（公元前 3300—公元前 1200 年）便在英伦诸岛出现。从中国的两个中心，农业向东南亚、菲律宾与印度尼西亚传播，最终到达遥远太平洋之中的岛屿。虽然农业总是受到本土环境、本土动植物物种的组合以及本土气候变化的影响，但它仍然在所有主要大洲中建立了统治。

但是，我们需要再一次强调，这场理查德·麦克尼什（Richard MacNeish）所言的“大跃进”并非一场一蹴而就的改变；从其出现到完全成熟并统御这个行星表面的大部分土地，需要数千年的时间。[9]

现在，据格雷姆·巴克（Graeme Barker）所言，我们仍然循着早期农夫的典范而继续生存。即使在今天，仅仅 12 种植物提供了喂养世界人口的 80% 的庄稼，它们的驯化时间却都有数千年之久。这些植物包括香蕉、大麦、粟、木薯、马铃薯、稻米、高粱、大豆、甜菜、甘蔗、红薯和小麦。五种大型动物：牛、绵羊、山羊、猪、马，仍然在世界的牲畜供给中占据主要地位。[10] 所有这些动物物种都已驯化良久，虽然它们会因为对人类的喜恶、气候、水源、土壤等各种因素的适应而出现不同的地方变异种类。尽管存在各种特殊情况，在全世界数百万物种中，我们长期依赖仅仅如此少到不足 20 种的动植物物种，这真令人咋舌。自然或许是我们的慈母和恩主，但主要是农夫在为了我们的利益而控制自然。

从中东出现了小麦与大麦（关键性谷物）、豌豆（豆科）、橄榄（水果），以及绵羊与山羊。中国为世界贡献的食物以稻米、粟、大豆和猪肉为基础，而美洲土著用流行食物如玉米、豆类、笋瓜、马铃薯、木薯喂养世界，其主要的驯化物种包括美洲驼与豚鼠。通过迁徙和贸易，今天整个行星消费的是所有这些驯化物彼此混合而成的一种更为同质化的饮食。

许多书籍文章都对早期农业有所讨论，但是它们中的绝大部分对农耕采取了一种敬畏的立场，盛赞其为人类例外论的佐证。“我们走出自然的进步从此处开始”，是这些著作中传递的信息。而在这些著作中，对农业为何出现的问题则关注较少。学者们曾经假设农业显而易见是理性的，所以它毫无疑问是对古老觅食生活的改进，因此，“为什么”的问题似乎并不重要。很明显，农耕是一个智慧而有前瞻性的物种迈出的一步。正如最新的车型理所当然地比较老的车型要好，农业也同样被视为新的、进步的型号。但是，最近的证据显示，农业从来都不是人们毫无保留地渴望的生活方式；事实上，人们一再竭力抗拒它的到来，往往摈弃它，最终才心不甘、情不愿地接受了它。“为何是农业”的问题并不容易回答，因为我们没有足够的证据，但是对这个问题的回答，垂悬着随后人类和很大一部分行星的历史。农业是其后所有的革新之母，包括转基因食物、电视、电子计算机。但是在当下这个更具批判性的时代中，我们开始质疑这一转向，事实上，质疑整个人类历史的演化轨迹。[11]

以如此规模的革新摸索着缓慢走过很多世纪，没有清晰的起点，也看不到终点在何方。我们现在意识到这是一场既无领袖又无愿景的蹒跚跋涉。尽管如此，这样的草根演化也可以将我们同时带往巨大的利益与巨大的损失。如此革新必然首先满足了个体，虽然它需要一个新的社会组织或者建立新的文化信仰。个体的生存以及他或她的成功繁衍一直是首要的驱动力，而非推进真理、公正与农业的生活方式。

格雷姆·巴克也是一位对早期农人充满赞叹之情的学者，因为他认为他们带来了“人与自然世界关系的复杂变化”。他进而将农业定义为一场拯救人类于危机，使其变得文明而体面的关键革新。他写道：

> 农耕是埃及、美索不达米亚、印度河流域、中国、美洲

与非洲的最早伟大城市文明，以及后来直至今日的所有国家出现的前提条件。[12]

但是那些因之而出现的文明是否让人类变得更为道德？觅食者，如同农夫，遵循着一系列行为准则，平衡着个体与群体的需求，在可能的情况下避免暴力。巴克在一定程度上是正确的：尽管农业步履蹒跚，它的确对人类与地球有着巨大的物质重要性，但是我们不应当仅仅强调其伟大的贡献，而忽视其较为晦暗的结果。如果我们希望获得一种更为平衡的评价，我们必须全力追问这一问题：这一转向最早为何又如何发生？我们将再一次得出结论，人类是在业已发生的人口与环境危机中，被迫改变其营养来源，而其结果，无论可以带来怎样的好处，仍然为人类留下了一个生态破坏与伦理困境的潘多拉魔盒。

觅食者抵制农业，这是因为它极大地简化了其饮食，提供的营养不如从前均衡，要求的工作却更多。但是，觅食者们对人类所面对的危机并无解决之道。农业意味着对寥寥几样高度脆弱的植物的新依赖。此外，还有营养全面的问题。谷物富含碳水化合物和卡路里，但是与肉类相比，蛋白质要低出许多。[13]转向这样的食物给人类的健康带来巨大损害。从早期农业定居点挖出的骨骼显示出蛀牙和牙龈疾病的增加与牙釉质的流失，这些都是农夫们营养不良的反映。1万年前的人类骨骼还显示出男性的平均身高下降了6英寸❶，女性则下降了5英寸，这表明他们的饮食中蛋白质摄入量的减少。原本在采集狩猎时代便已很短的寿命更短了。

---

❶ 1英寸约等于2.54厘米。——编者注

根据古生物病理学家乔治·阿梅拉古斯（George Armelagos）的研究，“在前农业的群落中，出生时的寿命期望值大约是 26 年，但是在农业社区中是 19 年。……营养压力与传染疾病的不断发作严重影响了［农夫们］的生存能力”[14]。想一想生命仅有 19 年！避免如此悲惨的结局对觅食者而言并非一种损失，他们更倾向于自己的旧日生活，但是狩猎、采集带来的优质食物越来越少。

即使由于过度捕猎，野生食草动物的数量已经在萎缩，觅食者被迫追逐越来越小的动物，像鸟类、鱼类、爬行动物、啮齿类动物，甚至昆虫，来获取蛋白质，他们也抗拒农业的诱惑。马歇尔·萨林斯所鼓吹的“原初丰裕社会”事实上正面临食物越来越匮乏的局面。然而他们仍然在抗拒新的生活方式。农业的最终胜出是因为它为饥饿的父母和孩童提供了一种更为安全的卡路里供给。

卡路里是一种能量单位。但是仅仅保障更多的能量可能并不能带来更健康的身体：维生素、微量元素，还有来自蛋白质的氨基酸都是健壮身体的必需要素。稻米、小麦、玉米，以及其他谷物，都是易于驯化的物种，它们富含卡路里，但是氨基酸含量很低。然而，转向以谷物为基础的农业已经势不可挡。好在谷物饮食对繁衍的成功几乎毫无威胁；男男女女们有足够的能量可供消耗，继续交媾，制造宝宝。最终，那才是决定性因子，否则农业便永远不是可行的。

农业提供的偏重谷物的食物成为走出艰难困境的唯一出路。无论有怎样的骨骼与牙齿恶化的风险，无论维生素与蛋白质怎样不足，寿命如何缩短，人类必须服从他们的荷尔蒙并获取能量。可能他们的决定远不像任何现代营养学家所建议的那样理性，但是支配它的是超乎任何人控制的环境。

毫无疑问，觅食者摄取营养的来源不仅有从野生动物那里获取的肉类，也在很大程度上依赖于种子和水果等形式的植物。但是，他们聚集的营养来自多年生植物，而非单年生植物，因为多年生植物是最可依赖的物种，年年都有产出，创造了一个低风险的食物体系。与之相比，农业将人类的食物从多年生转向单年生植物。单年生之得名源于它们仅仅在一个生长季节中存活，随后死去，第二年可能会重现，也可能不会。单年生植物对降水与气温变化的应对高度脆弱，虽然在好年景中，它们一年的产量抵得上多年生植物十年的产量。而在另一方面，多年生植物的价值还在于它们的可靠性与可持续性。多年生植物扎根较深，因此可以对自然界的起伏变化有更高的承受力。但是农夫们选择了单年生植物，因为当所有条件都适宜的时候，他们可以在每顷土地里有更高的收成。不过种植它们不但意味着接受食物供给的更大风险，而且要求更多的劳动去控制野草、灌溉庄稼、播种第二年的庄稼。这便是我们自此一直在做的事情。与觅食者相比，农夫们始终愿意承担更多的风险，更加辛勤地工作。[15]

对农夫及其驯化物而言，还有另外一种风险，他们往往更容易暴露于疾病与流行病当中。农夫们倾向于在人口密集的大型社区中共同劳作，但是这就意味着要面对危险的微生物，当人们在大地上散居，经常性地迁徙营地时，这些微生物并不会对人类造成困扰。早期农夫要经历很多代的生物适应才可能克服伴随早期农业而来的高死亡率，获得对疾病的自然免疫。在此开始之前，他们的村落总处在悼念众多亡者的哀思中。[16]

最终，农业有一个鲜明的优势：它能保证更多孩子的孕育与喂养，因此，更多人类得以生存。这是因为农业令食物供给，至少在卡路里方面，在大部分年景中更加丰裕。一顷密集种植的土地的产量可能是野地产量的 50 ～ 100 倍。当收成增加时，过多婴儿的旧有恐惧便被搁置一旁，当收成多到一定程度时，人们便开始假想他们能够无限繁衍。现在他们可以遵循《圣经》的天命去“生养众多，遍布大地”，而这正是农业人口所构想并践行的。他们不再重复杀婴，而可以养活更多的男孩女孩，反过来这些孩子又可以下田、放牧，提供劳动力。

如前文所言，大约 1 万年到 1.2 万年前，当农业开始崛起的时候，地球人口估算为 500 万～ 1 500 万人。此后，人口在公元元年，膨胀至 2.52 亿，1750 年为 7.71 亿，1950 年为 25 亿。[17] 如此的人口增长强有力地说明，最终，这场农业豪赌成功了！在支撑大量人口方面，它是卓有成效的。人类如同蚂蚁一样，在农业中找到了一种增加后代的新方式，也正因为如此，二者最终都成为其分类学种类中数量最大的物种。

人类的数量并没有伴随农业的到来而立刻爆炸；反之，它开始于持续、稳定的累积。只有极大的灾难，如持续时间极长的干旱，或者最为严重的瘟疫，可以长期抑制人口增长，但是最终，即使这些制约因素也不能遏制智人们长时段的递增增长。

在农业为何会取代人类近 20 万年的觅食主导地位的问题上，最好的著作是马克・内森・科恩（Mark Nathan Cohen）的大作：《史前的食物危机：人口过剩与农业的起源》（*The Food Crisis in Prehistory: Overpopulation and the Origins of Agriculture*），此书现在已是人类学与考古学的经典。[18] 它挑战了进步的习惯叙事，学者们经常引用它，但又往往将之边缘化。科恩对农业采用了惯常的定义，称之为“植物或动物的驯化”。但更重要的问题是**为何**任何人类会选择走上那条被证明是更加艰难、更具风险的生活道路。科恩言道，我们需要思考动机的问题。当然，我们无法知晓早期人类的所思所想，或者他们心中的算计，因为他们尚且生活在任何一种书写记录产生之前的时代。我们最终的结论必然将高度依赖推理。

“农业仅会在，”科恩指出，“要求每块空间生产更多粮食的情形下发生”。这是一个很难被驳斥的观察。但是为何人类会陷入这样的情形？科恩权衡了他人给出的不同答案，发现需要（wanting）是最具连贯性、精确性和可信性的。我们无法以气候变化或者某些人对更密集的居住方式的渴望来解释这场转型。人类在转向农业之前至少已经繁荣兴旺了20万年之久，这是值得一再重复的一点，他们吃喝、掘土、杀戮其他动物、拔毛、剥皮，与此同时，适应着气候变化，享受彼此的陪伴。在他们的经历中，一定发生了某些前所未有的变化，驱动他们寻求“每块空间生产更多粮食”。这些变化究竟是什么呢？

最可信的一个候选答案，一个广阔到足以涵盖所有那些多元的、广布的独立革新的答案是普遍的、本能的、持续生育孩子的强烈欲望。这是驱动所有物种的动机。对其他物种而言，这一动机往往为自然的其余部分所制约，但在人类这里，繁殖成功地规避了自然的制约，变得更加“解放”，不惧危险。

这一解释并非科恩原创，在他之前，人类学家如莱斯利·怀特（Leslie White）、肯特·弗兰纳里（Kent Flannery）与刘易斯·宾福德（Lewis Binford）都曾在讨论中有所涉及。[19] 他们同样在最初的农业社区中找到证据证明人口增长及其带来的压力。他们从房屋与定居点的遗址以及若干墓葬中收集证据，所有这些都在土壤中留下痕迹，虽然这样的数据必然是没有定论的，容易出现样本失误。

科恩在农业最早起源点之一的秘鲁某处废墟中盘桓多年，进行田野调查。他同样找到了当地人口增长的证据。在此证据之上，他加入了对当代社区，主要是对全球南部社区的观察，这些社区也在经历着人口压力。他相信，现代穷人的行为和古人是类似的。人类繁殖的天性伴随时间而改变，但是对那些无缘现代科学、技术的人来说，变化较小。

从 20 世纪 40 年代开始，美国食物与农业组织和其他不同的国外救援机构一起，开始报道发展中世界人口过剩的状况，在那里，人们努力提高粮食产量以应对人口的爆炸式增长。科恩对丹麦发展经济学家埃斯特·博赛拉普（Ester Boserup）的理论尤感兴趣，后者曾经在人口压力巨大的国家如塞内加尔、印度、爪哇等地生活。[20] 博赛拉普深知那里的人们为了给孩子寻找更多的食物所做的种种努力。她总结道，人口增长是一个巨大的问题，但是，她高兴地补充说，那些国家可以通过革新找到自身的解决之道。数量的增长可以带来劳动力供给的增长、共同目标的增长，以及革新与智谋的增长。博赛拉普宣称，智人们之所以能够不断进步，克服地球的极限，恰恰是因为人类的增殖。[21]

博赛拉普坚持认为，最贫困、饥饿的社群对土地的使用程度最低，仅仅在短时期内零星开垦几顷地，随后在接下来的 20 年或者更长的时间中任由它们撂荒以恢复土壤肥力。这样做的原因在于他们没有足够的天然肥或者无机肥来保证更集约地使用土壤。在过去普遍缺乏肥料的前提下，低强度农业并不是非理性的，现在则是低效、无产出的。她相信，土地需要更集约的劳作，需要将漫长的休耕周期缩短至一到两年，或者完全不休耕。最终，地球上所有可能利用的土地都应当种上庄稼，甚至每年种几种作物。不过，如此集约化不仅有赖于更多肥料，也需要获取更多专家的建议，而且对博赛拉普来说，当宝宝们纷纷长成，成为技术人士之后，专业知识也将随之增进。毫无疑问，宝宝们构成了挑战，与此同时，他们却也将带来解脱与疗方。

博赛拉普所说的是，人口增长并不必然带来危机。的确，如果没有人口增长，大约不会有任何进步的可能。博赛拉普的看法与所谓的“马尔萨斯主义”观念相悖，她坚持认为人多比人少好，因为更多的人意味着对土地的使用更集约。事实上，这是马尔萨斯自己的观点：孩童们待哺的嗷嗷之口将激励他们的父母更加努力地工作，令其土地生产更多的庄稼，修复陡峭山侧被忽视的梯田，榨取已被耗尽的土壤，推进社会组织水平，令更多人走出贫困。这是马尔萨斯的解决方案，因为这本应是上帝的解决之道。博赛拉普同意这一观点，但是出于鲜明的非神学原因，在她看来，未来绝不会轻易赢得或者其到来不可不经磨难，但是，它终会将人类带入财富与幸福的广阔灿烂高地。这是一个老掉牙的训喻，但是对博赛拉普而言，借着现代农业方法，成功的机会比人类曾经任何时候拥有的都好得多。

这位职业经济学家并没有因为土地集约化生产所要求的艰辛工作而感到气馁。她来自欧洲富裕国家城市知识人的身份认知是否过于强大，以至于她无法意识到自己的疗方对所涉及的人群有何要求？她是否毫不关心一个行星将每一处地方都转化为高度管理的农场，可能会成为一场生态灾难，可能将一个个生态系统及其物种推向灭绝？毫无疑问，她不是一位绿色环保人士，因为她所询问的仅仅是更集约化的土地使用如何能够为人类提供更多希望。

马克·科恩并没有分享博赛拉普对现代性手舞足蹈的乐观主义；他更倾向于看到农业集约化的有害影响。同样，他也没有将增长的人口视为纯粹的福祉。他无意于鼓吹任何进步主义的意识形态。他想做的，仅仅是"指出人口增长是许多——假如不是绝大多数适应历史的内在因子，人类数量以及如此增长可被用以解释农业发展的各个方面，否则，它们是无解的"[22]。他的目标是为农业起源找到更好的解释，而非解决当下的粮食问题。

但是，科恩理论的更广阔含义在于，假如生儿育女的动力不受制约，则必将成为征服地球的动力。对两种动力的更多警惕势在必行。如果说托马斯·马尔萨斯牧师对人类征服自然过于悲观，而丹麦经济学家博赛拉普过于乐观，那么，科恩对这种征服的极限并没有表达清晰的态度。增添更多的口腹可能增加人类大脑的集体力量，但同样可能带来危机。对这样的结果，这位考古学家自觉不具备展开讨论的资格。

蚂蚁借由将蚜虫与真菌变为仆役的本能而逐渐演化，以应对它们面临的挑战；但是人类拥有其他选择，他们可以发明新技术，或者可以学习管理自己的繁殖。后一种能力是博赛拉普所忽略的，科恩也没有论及。人类是否应当开始强调对其自身自然的更多控制？人类没有数百万年的光阴像蚂蚁那样达到与其周遭环境的平衡。人类必须学习，迅速地学习如何制衡自身，否则他们可能将地球置于危险当中。

当科恩在第二次世界大战的余波中著书立说时，人口爆炸骤然变得非常危险，富国与穷国列阵对峙，人类则在整体上肆意践踏其余万物。彼时，人类的数量威胁破坏整个生命之网。在智人的数量达到几亿，而非几十亿的时候，那么多人需要生存，世界已然无法回到觅食者的年代；而在几十亿的时候，传统农业也同样无法提供可持续的解决之道。

觅食者设法在没有严重打乱自然平衡的状态下，令其人口缓慢增长。他们视自身为自然世界的一部分，因而创造复杂的仪式与故事以制约自己的行为。但是最终，他们的世界观被自己的繁殖行为连根拔起。[23] 一旦农业开始扩散，觅食者成为被驱逐的敌人。为了自我防御，某些地方的某些觅食者试图驯化他们自己的物种，主要是如马或者狗这样的动物。例如，生活在开阔草原的觅食者将野马转变为强大的机器，他们在旷野中来去如风，袭击那些卡路里丰裕的农人，后者虽然筑起围墙保卫其村社、农庄，但面对这样打了就跑的攻击仍然脆弱非常。最终，某些觅食者演化成为田园人士中的新种类——牧民，聚集大群的马、牛、绵羊、山羊、驯鹿与骆驼。他们同自然的关系发生了改变，但是其程度不如农夫那么巨大。[24]

同觅食者一样，牧民们也可以使自然发生退化。在他们手中，许多野生物种纷纷灭绝，草原被焚烧以帮助他们更青睐的物种生长，其土壤被雨水冲刷而流失。但是当农业变得占据统治地位时，一种更加复杂的行星变化开始了：地球被分裂为两种明显不同的生命范围——一种是驯服的、封闭的，为人类及其文化所控制；另一种是自然的、野生的，袒露于围墙与篱笆之外。第一个区域被视为是安全的，第二个则危机四伏、险恶可怖。

许多人都感受到这些转型中他们所遗失的一切有多么巨大，

即使人们并不总是非常清楚这一切为何会发生，或者他们自身在其中所扮演的角色。他们经常梦想着回归同野生生灵之间旧有的平等关系，但他们已不知晓如何才能做到。现在，立乎自然之外，他们所留住的仅仅是对那个已然失落的世界的怀旧。

在所有有人定居的大洲中，只有非洲成功地支撑着大量觅食人口。为何如此呢？科学家无法找到任何显著的神经学或者颅腔的不同以区分觅食者与农人。在生理学之外，还有一种生态学解释：农夫们无意于觅食者所占据的边缘土地。因此，在那些边缘中，一些人仍然可以按旧有的方式生存。他们的数量必须维持在很低的水平上，其密度为不定期的移民所缓解，同时长期保证野生动植物数量的稳定。在非洲，比起他处，野生动物生存得更好，因为它们有很长的时间来演化以适应人类的出现。在非洲之外，大象、犀牛、河马，还有大型猫科动物在农夫出现之前纷纷消失。相比之下，彼得·贝尔伍德写道，直至公元1500年左右，“整个非洲大陆的南部，包括雨林以及可能赤道以下的整个区域，都仍然是采集狩猎者的领地”[25]。

非洲也有农人，他们将觅食者努力地扫入边缘地带。例如，当班图人（the Bantu）试图在撒哈拉以西扩散时，便发生了这一情形。首先，他们侵略了古老的大裂谷和好望角，将它们变为萨赫勒（Sahel）、埃塞俄比亚和热带西非之外的农业经济。[26]高粱、大米以及木薯（yam）均在北部地区被驯化，传播到南部。但是，非洲的农业转型发生在约不到4 000年前，晚于其他地区。在此之前，非洲可能过于脆弱，无法推动农业。在那个大洲上，以农业为基础的主要文明仅仅在一地崛起并延续数千年，它位于北部的尼罗河流域。

但是今天，非洲对农业的依赖已经甚深，同时后代绵延，子孙昌盛，挑战着亚欧作为人口最多大陆的地位。目前，按照世界标准衡量，总体而言，其农业仍然规模甚小，产量不高，无法供给非洲不断增长的需求。造成这种落后状态的原因可能是这个大洲的自然馈赠并不丰厚，缺乏优良的土壤和充分的降水。幸运的是，其人口膨胀发生在全球能源丰裕、对外贸易广泛的时代。迄今为止，非洲可以从世界的其余部分进口大量食物和专业技术，而且其农夫勤劳肯干，他们将迅速地学会使用这些外国长处以喂养其人民。

但是，由于人类数量的增长，许多非洲的野生动植物物种现已濒危，仅仅与一两个世纪前相比，情况都要糟得多。大象、犀牛、斑马、牛羚（wildebeest），以及许多其他动物都面临灭绝。如霍恩海姆大学农作物科学研究所（Institute of Crop Science）的高级统计师约瑟夫·奥古图（Joseph Ogutu）所写：

> 在整个非洲，野生生物的数量都在骤然下降，其中包括迁徙数量。在肯尼亚，从1977年到2016年，在保护区域内外，野生生物数量下降达68%……大多数野生动物仍然出现在保护区外的私人与集体土地上，而保护区仅占肯尼亚土地面积的10%。同在非洲的其他地区一样，东非的保护区域过小，以至于不能应对所有野生生物全年的需要。许多野生生物物种因此每年必须在保护区域之外度过一部分时间。[27]

非洲人民能否熄灭这场席卷大洲的物种屠杀之火，至今未见分晓。

在整个行星之上，食物生产占据地表面积的40%。威斯康星大学的可持续性与全球环境中心所整理的地图显示，其整个加起来，有大致相当于南美洲面积的区域被用于大田作物生产，同时更多的土地——大约在 32 亿～ 36 亿顷之间——被用来生产为人类消费所养殖的动物的饲料。当人类胃口持续增长，当饥饿的人寻找蛋白质含量更高的食物，当吃饱喝足者仍在胡吃海塞，当宝宝们源源不断地到来，任何尚未被占用的肥沃土地几乎可以肯定将被农夫开垦。所有的世界文明现在都希望为农业生产泵入更多活力以避免饥荒，提供出口额，并用以支付政府服务、教育、住房与娱乐的费用。人类物种在征服地球上已经走出很远，这也伴随着高昂的代价。现在土地的很大一部分都已被驯化，但同时也被耗尽，好似数以百万计的野生有机物的墓园。

显然，“驯化”一词是对控制、统御，甚至消灭其他形式生命的一种委婉说辞。我们完全有理由用另一个虽然严苛但更恰当的词来称呼之——奴役。自一开始，农业便致力于对那些曾经野性独立的物种的捕捉、占有和控制。植物或者动物被擒获，而后被放入受控制的空间中，被一排排种进毗邻农舍或者村庄的田亩当中，或者被圈囿在围墙与篱笆之内，生育受到严格控制。动物们丧失了自主性，不仅成为肉食或者乳品的来源，而且成为负重的役畜、拉犁推磨的工具，甚至战争的武器。它们被化约为财产，其乳汁被榨取以喂养所有者的孩子。动物的躯体被烙铁或者其他物事打上印记以标识私人所有权，它们的鼻腔内被嵌入鼻环或者鼻塞。它们成为地球上最早的奴隶，开启了一个漫长的过程，将这个行星带入一些人类对另一些人类的奴役；很难分辨究竟在何处，一种形式的奴役结束，而另一种奴役开始。其结果往往为开明的私利和善意友爱的行为所调和。但是不论怎样，奴役者与被奴役者之间的边界在农业不断进步、文明随之到来的情况下，变得越来越宽。

最终，如同牛羊一般，人类也将被捕捉，在市场上被买卖。他们将被锁链捆绑，被套上笼头，被驱赶进田中劳作，生产庄稼。这一切经过了数千年的时间方告完成，而我们需要了解奴隶制的漫长扩张是如何展开的。不过我们可以再一次说，它仍然主要来自人类繁衍的强烈欲望。人类的繁殖令某些人寻求对他者的统御，这些他者始于自然。

这一结论同许多文化的神话与情怀相悖。世界上每一个经历农业转向的地方都演绎出一些迷人的故事，讲述着自身的农业过往，写下曲赋咏唱农业生活。那些故事可能描摹了住在低矮的瓦舍或者抹着灰泥的木屋中的农人，可能讲述了生活在豪厦中的蔗糖或棉花种植园园主。[28] 农业主义者会说，动植物的驯化带来和平与和谐、家庭的幸福和对自然的仁爱。但是，一种更为公允现实的观点将涵盖皮鞭、铁犁、笼具、系绳，这些都是农业往事中的固有配置。植物不会回应皮鞭，却也会感受到人类之手的威压，拔草、修枝、锯条，人类随心所欲地决定哪棵树、哪株芽可以活，哪些不可以。

农业主义者最早的伟大诗人之一是赫西俄德，他的诗篇在未来若干个世纪中不断启发其读者。他是荷马的同时代人，人们认为他大约生活在公元前 750 年到公元前 650 年之间，彼时，农业早已在新月沃地出现并传至希腊。其诗作中的一篇题为《田功农时》，这是一篇上溯 1 500 年的史诗。赫西俄德想用此诗警示他挥霍的兄弟不要再闲荡，老老实实地干好农活，不要放纵淫乐，让土地产出它的丰裕。然而，诗人建议道，一个好农夫做好安排，最重的活儿将落在人类的或者非人类的他者身上。这是赫西俄德对如何管理一个农场的告诫[1]：

万事之初，买牛犁地，
同购妇人，非做婚盟，为奴共犁……
乌犍二只，牡牛九岁，
气力绵长，正当壮年，宜驱宜使，
并轭不争，不坏耒耜，不误我工时。
当役氓隶，年齿四十，
青春尚存，随后扶犁，
食之以饼，半斤足矣。
此男惕厉，犁沟平直，
不思友伴，用心尽力。……
耕时一至，无论晴雨，皆入田地，
汝共汝奴，锄禾不止。……
套牛上轭，耕耘但启，
牛行有差，时触皮扣，
一手执柄，一手挥棍，牛身重刺。
德墨忒尔，农事神祇，
祝祷宙斯，献祭大地。
圣产乃丰，沉沉穗实。……

---

[1] 本诗系译者从英译本自译，由于使用四言诗体，故而部分细节未作直译。有兴趣者，可阅读商务印书馆“汉译名著系列”中收入的该诗译本，系散文体。赫西俄德：《工作与时日·神谱》，张竹明、蒋平译，北京：商务印书馆，1991年。——译者注

唤汝家奴，圣产扬秕。……
谨记吾训，
昼夜等长，一岁尽时，
大地之母，再产万颗子。[29]

赫西俄德爱大地一如爱其母，但是他很清楚，好农夫是一个维护施行权力的男人。他对女性行使权威，拥有仆人和奴隶，使用鞭子与缰绳让他的牲口们为其家庭的利益工作。

从《田功农时》中，我们可以看到，农业，即使在其最热情的辩护者之一那里，也青睐一种新的社会等级，一种基于男性权力凌驾于女性和孩童之上的父权制，基于奴隶制的社会等级。农业依赖于从野蛮人中虏获的奴隶，那些所谓的野蛮人通常是不同肤色与语言的人群。等级体系被视为理所当然的存在。农业加剧了不平等、权威与暴力。皮鞭并非前农业时代生活中的组成部分。

直至人类演化非常晚近的19世纪，人们才开始质疑奴隶制。它的发生与化石能源开始成为广泛使用的新能源同时，因此，奴隶与皮鞭都变得不再合时宜。当这种旧有的生活方式开始为新的工业资本主义经济所取代，旧有的等级体系也随之被质疑。废除人类奴隶制的举措最早出现于那些富含化石能源的国家，如大不列颠与美国。这场运动以宗教传统，特别是基督教传统的语言进行宣讲，以之不断冲击蓄奴者所进行的道德防御，但是他们只有在出现了人类与动物肌肉力的可替代品之后，才开始这样做。

当那些投入巨资购买奴隶的人拒绝改变其农业生活方式时，那些不需要奴隶为其耕田犁地的人有了批评旧日方式的自由。最终，大部分国家都决定废除人类奴隶制的实践，但是它们并没有进而废除所有对生物劳动力的占有与剥削，或者放弃他们对动植物繁殖的所有控制。1833 年，英国废除人类的奴隶制，解放了其在南非、加勒比海和加拿大殖民地上的近 100 万非洲奴隶。美国在 19 世纪 60 年代也签署废奴法律。巴西这个比任何地区拥有更多奴隶的国家在 1888 年，成为美洲最后一个终止奴隶制的国家。在“解放”日到来之前，所有的文明都感到奴隶制、复杂的社会等级体系，或者种姓体系是自然的、合理的、必要的。

农业在今天仍然是人类力量的一个关键部分，虽然它不再需要剥削赫西俄德的人类奴隶，或者依赖被套上牛轭的公牛。现代农业，如同现代工业，业已转向化石能源。同时，农业土地也集中于企业家之手，他们许诺更加高效地生产食物。不如此，如何养活新生的几十亿人口呢?

即使现在，国家还在依据它为了满足对猪、牛肉的公共需求而养殖的猪牛数量来衡量其状况。消费者们对乡间的变化一无所知、漠不关心，他们只是期待越来越大的动植物进入自己的食篮。终有一日，我们可能会完全放弃奴隶制的最后堡垒，学会加工分子成为食物，模拟肉食与蔬菜。只有彼时，我们才抵达了对所有生命有机物的“解放之日”。

犹太教-基督教的农业观点在《创世记》的起源故事中被清晰阐述，其中，人类被描述为上帝所选物种，这在民间传说中是独特的。在《创世记》中，上帝训喻人类要生养众多，统御所有其他生灵。与此同时，创世故事承认一个更为晦暗但是鲜少为人提及的事实，即通过农业获取食物，对人类或者地球而言，并非一桩全然幸福的发展。如《圣经》所言，农业是在第一夫妇违背上帝旨意偷食禁果之后，以一种惩罚的形式到来的。因为这一原罪，他们得与其他人类和物种一道，忍受辛勤劳作、纷争不歇之苦。这个故事或许引人入胜，但是并不比来自诗人、哲人与政治思想家那里对农业的歌颂更加真实。不过，创世故事是否有可能精确地捕捉到地球的命运呢？

我们开始询问的是关于行星历史的深层问题：为何人类，在如此多的不同时间和地点，遵循蚂蚁的范例，成为农业物种？如果农业开始的原因是强烈的繁殖欲望，那么，在哪个节点上，它变得“不自然”了？综合而言，农业是一个错误还是一场胜利？人类曾经的其他选择究竟为何？

在积极的一面，我们可以得出结论，农业带来了不断增高的生产水平与许多社会福利：更加复杂的社会分工，更好地利用自然资源，诗人、艺术家、教师、哲人、医生、士兵、保姆、工程师数量的增加，他们都对文明的推进非常重要。更多的食物允许生育更多的宝宝，更多的宝宝往往允许提供更多的城市、道路、贸易，以及更多的财富和更高的生活水平。在某些方面，农业必须被视为人类向前迈出的非凡一步。甚至今天，我们对未来的希望仍然在很大程度上依赖于创造更可持续的农业。

因为农业的出现，人类逐渐成为地球上的统御物种，如同蚂蚁，它们也可以被视为统治了森林的地面。但是，统御的后果并不永远仅是正面的。我们是否将继续在田间农场里控制自然？如果我们这样做，这将不再是因为上帝对我们的惩戒，而是因为我们感到自身的生存处于危险当中。或者这样的感觉已经不再那么强烈，但是它为我们留下了暴力、灭绝、退化的种种遗产。我们可能从来都没有过可行的其他选择，但是我们仍然需要记住我们为何如现在这般作为。我们如此做是为了性，为了我们的孩子。

注释：

1 参见：E. O. Wilson and Bert Hölldobler, *The Ants*（Cambridge MA: Harvard Univ. Press, 1990）。

2 Edward O. Wilson, *Social Conquest of Nature*（New York: Liveright, 2012）, Kindle Edition.

3 参见 Yuva l Noah Harari, *Sapiens: A Brief History of Humankind*（New York: Harper Collins, 2015）, Kindle Edition, 78。

4 Harari, *Sapiens*, 79–91.

5 关于对人类食物习惯的广阔理论讨论，参见：Marvin Harris and Eric Ross, eds., *Food and Evolution*（Philadelphia: Temple Univ. Press, 1987）。

6 McCorriston and Hole, "The Ecology of Seasonal Stress and the Origins of Agriculture in the Near East," *American Anthropologist*, New Series, 93（March 1991）, 46.

7 据早期农业的领军专家彼得·贝尔伍德认为，西南亚农业发生于距今9500 年前；参见：*First Farmers*（Malden MA: Blackwell, 2005）, 44–56。贾雷德·戴蒙德在《枪炮、病菌与钢铁：人类社会的命运》[*Guns, Germs, and Steel: The Fates of Human Societies*（New York: W.W. Norton, 1997）, 86–92, 100] 中认为，驯化最早经过验证的时间是距今 10 500 年前，在中国是 9 500 年前。关于中国农业的漫长起源，参见：Li Liu, et al., "Harvesting and Processing Wild Cereals in the Upper Palaeolithic Yellow River Valley, China," *Antiquity* 92:363（2018）: 603–619。

8 Bruce Smith, "Origins of Agriculture in Eastern North America," *Science,* New Series, 246: 4937（Dec. 22, 1989）: 1566–1571.

9 Richard MacNeish, *Origins of Agriculture and Settled Life*（Norman: Univ. of Oklahoma Press, 1992）, 3. 关于农业的散布，参见：David Graeber and David Wengrow, *The Dawn of Everything: A New History of Humanity*（New York: Farrar, Straus and Giroux, 2021）, 252–254。此书认为世界上有 15 ～ 20 个独立的驯化中心，但是这包括了很多衍生地点。不过更大的问题并不在于究竟有多少地点，而是究竟是什么驱动这些地点——无论其为独立的抑或衍生的——采用了农业。当然，在每一个案例中

都有一些相同的原因，但是 Graeber 与 Wengrow 并没有告诉我们它们是什么。

10 Graeme Barker, *The Agricultural Revolution in Prehistory*（Oxford: Oxford Univ. Press, 2006）, 1.

11 参见：Jared Diamond, "The Worst Mistake in the History of the Human Race," *Discover Magazine*（May 1987）: 64–66。

12 参见：Barker, *The Agricultural Revolution in Prehistory,* p. v。

13 与无政府主义的观点相反（参见：James Scott, *Against the Grain*, 2017），谷物的培育并非由于其易于测量纳税而被国家强加于早期农民之上。谷物之所以吸引饥饿的人群是因为它们易于种植，能够提供替代不断减少的肉类供给的备选食物。

14 参见：Mark Nathan Cohen and George Armelagos, eds. *Paleopathology at the Origins of Agriculture*（Orlando FL: Academic Press, 1984），特别是 chaps. 2–5。

15 关于食物来源由多年生向单年生植物的转换，参见：Wes Jackson, *New Roots for Agriculture*（new edition, Lincoln NB: Univ. of Nebraska Press, 1981）；以及 Judith Soule and Jon Piper, *Farming in Nature's Image: An Ecological Approach to Agriculture*（Washington: Island Press, 1991）。

16 William H. McNeill, *Plagues and Peoples*（Garden City NY: Anchor/Doubleday, 1976）, 51–53.

17 Massimo Livi–Bacci, *A Concise History of World Population,* trans. Carl Ipsen（Cambridge, MA: Blackwell, 1992）, 31.

18 此书在 1977 年由耶鲁大学出版社出版，就逻辑性、广阔性，以及农业如何、为何兴起的相关实证研究而言，它始终是该领域最杰出的著作。

19 参见：Charles A. Reed, ed. *Origins of Agriculture*（The Hague: Moulton, 1977）: 135–17。

20 埃斯特·博赛拉普最主要的著作是：《农业增长的条件》[Ester Boserup, *The Conditions of Agricultural Growth: The Economics of Agrarian Change Under Population Pressure*（Chicago: Aldine; 1965）]，现在线上开放。同

时参见其 *Population and Technological Change*（Chicago: Univ. of Chicago Press, 1981）。相关概述，参见：B.L. Turner II and Marina Fischer–Kowalski, "Ester Boserup: An Interdisciplinary Visionary Relevant for Sustainability," *Proceedings of the National Academy of Science* 107: 51（Dec. 21, 2010）: 21963–21965。

21 博赛拉普在其关于人口增长的乐观主义中，预先表达了商业经济学家朱利安·西蒙（Julian Simon）在 1981 年出版的《没有极限的增长》中的观点。

22 Mark N. Cohen, "Population Pressure and the Origins of Agriculture: An Archaeological Example from the Coast of Peru," in Steven Polgar, ed., *Population, Ecology, and Social Evolution*（The Hague: Mouton, 1975）, 82. 同时参见该卷中另外的文章：Bennet Bronson, "The Earliest Farming: Demography as Cause and Consequence," 53–78；以及 Michael J. Harner, "Scarcity, the Factors of Production, and Social Evolution," 123–138。

23 关于新几内亚高地传统社会的杰出研究，参见：Roy Rappaport's *Pigs for the Ancestors*（rev. ed., New Haven CT: Yale Univ. Press, 1984）。该书展现了策姆巴加人（Tsembaga）如何根据其人口密度控制狩猎，但是其时间尺度太短，无法据此建立长期稳定性的结论。

24 例如，参见 obert Bettinger, *Hunters-Gatherers*（New York: Plenum 1991）, 5–6；Lore Ruttan and Monique Borgerhoff Mulder, "Are East African Pastoralists Truly Conservationists?" *Current Anthropology* 40:5（Dec. 1999）: 621–652；Richard Bell, "Pastoralism, Conservation and the Overgrazing Controversy," in *Conservation in Africa*, ed. David Anderson and Richard Grove（Cambridge UK: Cambridge Univ. Press, 1987）；以及 Tim Ingold, *Hunters, Pastoralists, and Ranchers*（Cambridge UK: Cambridge Univ. Press, 2009）, 144–200。

25 Bellwood, 97–110. 亦可参见：Diamond, *Guns, Germs, and Steel*, 384–400；以及 Jack Harlan, "Indigenous African Agriculture," in *The Origins of Agriculture,* ed. C. W. Cowan and P.J. Watson（Washington: Smithsonian, 1992）, 59–70。

26 Bellwood, *op. cit.*

27 "Wildlife Migrations are Collapsing in East Africa," *Open Access Government,* June 13, 2021, https://www.openaccessgovernment.org/wildlife–migrations/62746/.

28 关于蔗糖种植园生态与经济的经典研究是 Sidney Mintz, *Sweetness and Power*（New York: Viking, 1983），特别是 chap. 2。

29 *Hesiod,* trans. Richard Lattimore（Ann Arbor, MI: Univ. of Michigan Press, 1959）, "Works and Days," 71, 73, 75, 85.

第五章

易碎的蛋：权力的兴衰

黄口小儿之口或许也可吐露智慧，以及许多迷人的寓言。英国童谣《矮胖子》（*Humpty Dumpty*）讲的是一个坐在墙头的男人摔了一个大跟头："矮胖蛋，坐墙头；摔了一个大跟斗。国王呀，点兵马，胖蛋已碎没办法。"这首儿歌最早的印刷版可以追溯到18世纪；此后，它被经常性地用于形容那些被推翻的政治人物，包括国王理查三世和红衣主教沃尔西（Cardinal Wolsey）。但是谁才是真正的矮胖蛋？

孩子们将他们发明出来的角色想象成一颗很容易就被打破的蛋，这也是他在卡通中被刻画的样子：男性形象，矮胖如蛋，一位穿着体面但是注定摔跟头的绅士。我们可以将这个形象延伸到更广阔的政治领域，矮胖蛋这一脆弱的父权家长形象，可以成为迄今为止出现在地球上的任何国家或帝国的隐喻。他是失败权力的象征，因为一切形式的权力都终将失败、崩溃。无论面对讽刺和跟头，还是大众热情的不确定性，抑或同样不确定的自然力量，权力都是脆弱的。

国家与帝国的权力会暂时崛起，甚至可能看似所向披靡，但是随后它们将消失。回想珀西·比希·雪莱（Percy Bysshe Shelley）在诗篇《奥兹曼迪亚斯》（*Ozymandias*，1818年）中的名句："奥兹曼迪亚斯，吾乃万王之王/看我功业无双，群雄兴叹！而今荡然无存。"当那些权力在握之人巍然坐于防御齐整的高墙之上，意态洋洋地俯瞰其御下之土时，他们或者以为自己是永生的。但是最终，他们身下的高墙将坍塌，将他们一同带入废墟。如同一颗只有薄薄保护壳的蛋，任何国家与帝国总是处于破碎的危险当中。复杂的集中权力尤为不稳定，它会发现自身无法国祚恒昌，如同所有自然界中的事物，它同样为熵、重力、侵略、灾难、饥饿、腐朽与不得人心所约束。

假如我们能够认识到权力的内在脆弱性，我们或许可以在应对国家与帝国时多些耐心、忍耐与宽容。甚至我们或许可以将那些身处权力的人视为受害者，而非黑暗的邪恶阴谋家。他们的权力首先来自他们对捍卫我们、提供安全，使我们免于欲望无法实现的恐惧所做的承诺。权力崛起，保护我们免受天灾，免遭失序盗匪。它保护我们积累的食物与财富，或者在危机到来之时，可以对财富进行更为公允的重新分配。最重要的是，权力许诺守护我们的家庭和子孙。因为这样的承诺，我们不断繁衍，超越了任何一种与之竞争的原始人类。没有不断积聚的权力的发展，我们将永远无法超越采集狩猎或者简单的农耕生活。人类一次次允许国家与帝国建立权威，随之欣然接受如此权力所成就的资源、安全与革新。[1]

如同自然中的蛋，有些国家与帝国演化出比他者更为坚硬的蛋壳，不那么容易打碎。权力的制度如果想要长期生存，需要两个基本要素：第一，其国民数量巨大、勤劳、智慧、忠诚；第二，其生态支撑系统丰裕、管理良好、健康、有韧性。在这两个要求得到满足的前提下，该权力集中体或许能延续数个世纪。但是这样悠长的国祚并不寻常，而且一旦一个强大的国家开始分崩离析，无论什么样的意识形态辩护都无法挽救它和它的臣民。[2]

我们称之为“国家”（state）的权力究竟意味着什么？罗伯特·卡内罗（Robert Carneiro）是一位杰出的理论人类学家，任职于美国自然史博物馆。他为国家提供了一个经典定义：国家是“一个自治的政治单位，在其领土内包括许多社会团体，一个拥有征税、征徭役与兵役、颁布与施行法律的权力的中央集权政府”[3]。一个国家可能仅仅统治一个流域，也可能统治包括数个国外殖民地的多样化区域，但是它总是需要从不同的村庄、城镇、地区和生态中抽离出一种一致性。在觅食者中间，国家没有存在的必要，因为他们的需要很简单；权力在部落中处于松散休憩的状态，人们几乎没有对其他人和自然施行其权威。当部落转向农业时，它们开始让渡权力于更大的、更集中的国家。

根据学界共识，最早的国家大约在 6 000 年前，出现于底格里斯河与幼发拉底河交汇流入波斯湾的河谷。定居者已经在那里聚居数千年的时间，从狩猎转向了农耕，而后，在沿河的土壤上创造了一个原型国家。它的名字是苏美尔，一个真正从泥淖中建立的城市与国家。渐渐地，苏美尔为其他国家所包围，后来它们汇聚而成一整个统一的帝国——阿卡德帝国，紧随其后的是美索不达米亚与巴比伦帝国。这个为两河所创造的流域逐渐被一颗巨蛋统治——一个蛋壳光滑的权威，许诺着为所有农夫和所有那些在母亲子宫中孕育的小小受精卵带来安全。国家的臣民在引诱和劝说下，并不需要太多的高压便很顺从。实现这样的结果用了千年的时间，随后，权力或许便会张弛有度，既能柔软和平，又可严苛暴力，虽然它总是需要不断论证其合法性以避免竞争或者消亡。

帝国只是国家的更大版本，数个较小的国家合并成为一个较大的帝国，其规模发生了改变，但是目的并无不同。苏美尔吞噬着底格里斯–幼发拉底河流域的村庄、农田和城市，不断地成长，直至整个地区为萨尔贡大帝（Sargon the Great）一人所统治。强大如他，萨尔贡也不过在他的墙头端坐了35年便摔了跟头。在他跌落之前，他清理了泥泞的土地，转移河道用以灌溉和农业生产，建造了军事力量以保护第一个人类文明。这个帝国从上游源头一直延伸至波斯湾，包括整个流域。我们将这个最早的大型权力结构称为“美索不达米亚”，直译过来是“河流之间的土地”。

今天，一度辉煌的美索不达米亚国家–帝国衰败成为战火连天、人民困苦流离的地区。两河留下的淤积层不再为世界的强盛提供任何基础。挖掘其土壤，人们将发现其从富饶坠入贫困、从有序退为无序的原因。古老的河流仍在流淌，但是它们不再更新土地的肥力，如昔日那样生产富余的粮食。现在，太多人挤入其狭窄有限的空间中，而其土地远不如从前那般富于生产力。

20世纪50年代，两位学者受到刚刚建立的伊拉克政府的邀请，来到美索不达米亚帝国的旧址找寻为何这个帝国会如此惨淡收场的原因。二人中的一位是丹麦裔的托基尔·雅各布森（Thorkild Jacobson），芝加哥东方研究所的所长和哈佛大学的亚述学教授；另一位是罗伯特·亚当斯（Robert Adams），其时代的领军考古学家之一，芝加哥大学教授，华盛顿特区史密森尼学会的领导人。这对组合出发去揭示该地区河流、土壤、权力与帝国的深层历史。他们发现，很久之前，这里的物质环境已被从山上冲刷而下积聚在土壤中的盐分所毒化。他们的报告详尽而富有说服力，但是并不能带来任何对错误的纠正。或者说在没有来自财富与权力新中心的财力援助注入的情况下，任何纠正都是不可能的。对这样一个退化的地方，很久都没再出现一个完整的矮胖蛋，重新坐回墙头了。[4]

在建构世界上第一个政治与经济集中权力的过程中，两河流域的定居者与国家破坏了他们的自然环境，这个模式解释了很多败落权力的兴衰。在强大的内在欲望的驱动下，他们可以试图在沼泽之间与河流两岸更适度、可持续地生活，或者试着让那些河流恢复成自然状态；但是，过多的居民令两种选择都不复可能。国家帮助当地农民挖掘狭长而错综交汇的运河与沟渠，从而转运更多的水灌溉土地以生产更多庄稼，主要是小麦与大麦；但是随后，运河与河岸被厚厚的沉淀物所覆盖，而那些沉淀物是有毒的。最终，小麦无法耐受由于集约灌溉而留在农田中的高浓度盐分和淤泥。当河流曾经自由流淌时，多余的盐分和淤泥都会被冲入大海。但是，因为对水的需求不断膨胀，所以过多的盐就被留在农民的田地当中。农民们暂时迎来了更大的丰收，直至盐分上升，到达他们的庄稼的根系区域，而他们又没有简单的方法去去除它，因为那里没有足够的水将盐分冲走。许多田地都被撂荒，直至繁荣与权力的基础被一点点侵蚀。

在明媚、炎热的气候中，对土地的集约灌溉造成高蒸发率，留下盐的晶体，如沙漠中闪亮的白雪。在美索不达米亚，土壤侵蚀的自然程度创造了波斯湾源头宽广而富饶的三角洲，吸引着觅食者与农夫前来，但是自然地质过程不再如昔日那般运转。现在，河流携沙带泥淤堵了灌溉运河，留在田地当中毒化土壤。依据来访的美国学者的计算，这个区域被平均10米深的饱含盐分的淤泥所覆盖。

淤积与盐渍化是困扰全世界许多灌溉农业的问题，其后果可以持续数千年之久。一旦长期退化开始，田地将被破坏严重，以至于任何解决方法都变得太过昂贵，不切实际。这样的退化被称作沙漠化。根据联合国的定义：

> 沙漠化不是现存沙漠的自然扩张，而是在干旱、半干旱与干燥的亚湿润地区的土地退化……人类造成的因素包括过度垦殖、过度放牧、森林砍伐和不良的灌溉实践。这种过度开发一般是由经济与社会压力、无知、战争和干旱造成的。[5]

在这些原因中，联合国应当加上国家的管理不善与人口增长。今天，全世界大约有20亿人在被过去沙漠化破坏的土壤上勉力生存。由于其先祖对成功与安全感的饥渴，这些后代现在过着赤贫、无望的生活，无处可逃。

在两河流域以东的数千公里之外，可以找到同样关于陷入困局的权力与不断退化的土壤肥力的相似故事，不过其结果有几分不同。在中国的黄河流域，有着另一个半干旱环境，那里的人们同样在压力下，开始创造一个以农耕为基础的文明。如同两河流域的农夫，彼处的人们涌入水源充分的低洼地，那里原本有着充足的野生食物供他们采集狩猎，也有着肥沃的土壤种植庄稼。然而，在流域的上方，大陆之中，下游之地，隐隐浮现一片巨大的黄土高原。从更新世时代开始，大风吹来松软的土壤，逐渐沉淀形成高原。黄土高原天然干旱，年降雨量很低，当雨水落于土地，特别是在土地被开垦、森林被砍伐之后，侵蚀性很高。侵蚀将土壤从高原带入河谷，起初为农夫们提供了新食物的潜在丰裕，但是渐趋掩埋他们的庄稼。最初，侵蚀似乎不是什么问题；的确，正是它在开始时吸引觅食者与农夫去往那个河谷。这里生长出地球上最古老的农业旧址之一。如同在两河流域那样，一系列强大的王朝在黄河沿岸成长起来：夏、商、周、秦、汉。也如同那些美索不达米亚地区的国家，华夏地区的国家联合沿河的村庄成为一个统一的国家权力网络。最早的华夏国家为大禹所建立，在大约 4 000 年前崛起，统治这一地区。早期国家序列的最后一个是汉朝，延续时间大约为 400 年，在其巅峰期，它统治着超过 6 000 万臣民，占整个世界人口的 1/4，其中，几乎所有人都是小农，是当时地球上最大的小农聚集体。人口的惊人增长允许财富与权力在华夏大地上持续增长很长时间。

政治与经济的发展之所以可以在彼处发生，原因在于黄河提供了充裕的水源，其中蕴含着丰富的养分。而且那里的人们辛勤劳作，让他们的资源物尽其用。华夏的国家，如同两河流域沿岸的国家，也对河流进行控制，保护农民免于自然或人类侵略者的危险，帮助他们更高效地生产粮食，重新分配财富以在旱涝之时用于救灾。通过这些举措，它们逐渐壮大。[6] 然而再一次，这条河流也最终变得不再能被掌控，狂怒的泥流威胁着的正是农夫们的生命。

没有任何一个早期国家或者帝国可以令自然如它们所许诺的那样俯首听命，因为它们都缺乏足够的知识与技术。中国比其他国家更加成功，很大程度上是因为它拥有其他河流流域的广阔腹地供其定居、发展。水自坐落于西南高原的西藏“水塔”流入那些河流当中，它们正是华夏崛起的源头。因此，黄河或许可以被称为“第一条河”，其模式在长江流域——“第二条河”，以及许多其他河流如渭河、珠江被复制，出现了许多权力之河。华夏国家始于所有这些河流中最干旱、最受约束的流域，但是由于其他水流的存在，它可以向其他许多流域扩张，后者可以为之提供更多的食物与能量储藏。

当农夫们开始离开人口过剩的北方，向南方移民时，长江成为一个有竞争力的人口中心，直至华夏的国家与帝国随之到来，在那里开始重建政权。公元 1138 年，当金人的铁蹄踏碎黄河流域时，位于长江三角洲的南方城市杭州，成为南宋朝廷的都城临安；在那里，国家重置其中心，希冀一个更加安全的新环境。

华夏国家一再试图将农民们迁往严阵以待的北方边疆定居，从而成为阻挡游牧蛮人从其饱受旱灾困扰的蒙古草原南下的一面坚盾。但是农民们非常明白那里的土地过于干旱，土壤侵蚀太过严重，偶尔的洪水太具毁灭性，疾病过于频仍，而那些蛮人们太难阻挡，所以他们明智地向相反的方向迁徙，直抵越南。他们学会了修筑稻田，用石块泥土建造梯田防止滑坡，种植上成堆白花花的粮食——水稻（*Oryza sativa*）。政府官吏继续许诺说无论受到何种敌人的威胁，都会为他们提供稳定和保护，人们欣然接受了这样的许诺，令华夏国家在范围、力量与复杂度上都不断成长，即使它必须与其领土上的每一条河流进行斗争。在后来的若干个世纪中，朝代兴亡起伏，同时其臣民撰写着历史学家伊懋可（Mark Elvin）所言的“3 000 年不可持续发展”的故事。[7]

与古代中国在黄河沿岸崛起的同时，第三个国家开始在我们今天称为埃及，或者其中不是沙漠的部分出现。埃及国家在尼罗河畔延展，后者向北流经非洲部分进入地中海。再一次，一条河流与农业为构建一个国家提供了其所需的物质基础，而这个国家将存在千载，不过它最终仍为外部帝国力量所征服，在维持主权上，并不像中国那样成功。埃及国家直接受到两河模式的影响，但是它也具有一些独特的鲜明特征，反映出其流域的奇异特点。尼罗河与黄河或者幼发拉底河在每年的水流与洪水的可靠性上大不相同。它每年的确会洪水泛滥，但是泛滥有时，都在夏末秋初，几乎如上了发条的钟表一般可以预期。如此稳定性源自印度洋上空稳定的季风模式，季节性地浸润非洲高地。农夫们设法将尼罗河的洪水留在低矮的挡水墙内，同时留下的还有洪水携带的肥沃沉积物，进一步驯服着这个本已十分温和的巨人。这种极简的干预意味着河流能够继续将危险的盐和其他沉淀物安全地冲刷进地中海。[8] 但是不管怎样，埃及的国家如同其他早期国家那样，依赖于在荒凉的沙漠气候中，掌控一个非常巨大而肥沃的河流流域。

所有早期国家都成长于独特的河流流域两岸，用卡内罗的话说，这是“人类历史上影响最为深远的政治发展……人类政治演化上迈出的最重要一步”[9]。这些国家一度越变越大，但是没有任何一个，甚至埃及，达成永久性的成功。到现代，这些国家都没有继续领导世界，因为权力已经流向了其他水流、其他土地，事实上，另一个地球。

今天，世界上有近 200 个主权国家争相开发这个行星的自然资源，其中一些仍然从管理河流与土壤中抽取权力，但是另一些代表着不同的气候与水文环境。没有任何一个最终将戴上“帝国”的标签，因为到 20 世纪，帝国的概念已被视为邪恶的、剥削的，也是非必要的。不过无论如何称呼，所有这些近 200 个现代之蛋都试图积聚对地球的权力，它们中的每一个在环境上都是脆弱的，因此不太可能在几个世纪后仍然保持完整、不破碎。

卡内罗认为，国家，无论是古代的还是现代的，其起源都在于必需，而非民主或者自由意愿。“强制性力量，”这位人类学家写道，“是政治演化一步步将自治村庄带入国家时所依靠的机制”。他所谓的强制性力量并不意味着国家是邪恶之人意图统治温良百姓的阴谋。他指出，高压统治开始于没有安全感的人们感到他们处于危险当中，外界是一个对他们的生活施加如此之大力量的自然，为他们的所作所为设置了种种限制，迫使他们遵循它的法则。人们期望能够掌控地球的某些部分，因而被迫创造了国家，让渡自身的权力。因此，当强大的国家崛起开始保护农业社群免于自然的力量时，在整个古代世界便诞生了一个悖论。就某种程度而言，国家的确将其人民从萎缩的环境中解放出来，但是这样做的代价是人类的自由。人们进行了一场魔鬼交易，而逃离这场交易则要求他们对自身的欲望进行更强的自我控制，然而他们没有那样做。缺乏那样的控制，解放便成了束缚。

当人口继续增长，国王、将军、总督、皇帝，所有那些负责组建着由武士、技术专家、税吏构成的巨大军队的掌权者也在增加。太多的人争夺着同一处水源、同一片土地，而国家矫正这种不平衡的手段是向其他国家与河流发动战争，以期增加他们的领土。领袖们可能在追求个人的财富与荣耀，但是他们的位置要求他们始终关注小民为其庄稼和孩子争取更多安全保障的呐喊。伴随国家的崛起，人们支付赋税以支持为他们提供防御的军队后，便可以留在家中，照顾他们的园子。村庄层面的氛围基本是和平的，但是从河谷的上游到下游，他处的暴力在增加，兵戈相加，争夺水、土地和其他资源。

就如同华南虎的爪牙必须不断演化方能赶上羚羊的四蹄与速度，人类的部落也演化成为守御疆土的国家，那些国家模拟自然的演化，创造了军队，等同于尖牙利爪。这一切的代价总是沉重的。不过人们可以说，弱者与强者彼此需要，双方都从这样的发展中获得了利益。[10]

演化论告诉我们，在自然中，自始至终无法逃避竞争与暴力，它们始终同追寻和平及社会合作共同存在。如同其他物种，人类也可以两者并行，这个过程表现出的矛盾造就了我们——一种非常复杂的有机物，其内在欲望如此之强大，以至于当我们以为自己是自由的时候，我们可能建造新的墙，从而令我们感到更加安全。

学者们揭示出，人类中暴力的存在可以追溯至最久远的过去，虽然在大部分时候，早期觅食者在其本地的亲眷群体中和平地生活，而且至少在内部，践行着大量的互助。一旦一个部落遭遇另一个觅食部落时，生活便变得危险而充满冲突。他们急急忙忙地拿起任何可以找到的武器冲入战斗。暴力的痕迹在人们挖掘出的最早骨骼上清晰可见，此后千年复千年，证据一再出现，或者是残肢断臂，或者是散落的碎裂颅骨、折断的股骨。最近，一个社会科学家团队总结认为："暴力应当以资源匮乏而非政治组织加以解释"[11]。换言之，暴力正如同合作，都是先于国家的。不过，将建立和平或者和谐归功于国家或帝国将是一个错误，因为那些更加复杂的政治单元的主要目的是保障其人民免于本地危险，并将其转嫁他处。农夫共同体躲藏于国家铁盾之后，他们几乎可以将一切争斗留与职业军人。其结果是，越来越少的人将在其日常生活中经历严重的身体暴力。但是要保障这样的和平，他们必须种植足够的食物来支撑国家，而他们也的确种植了足够多的谷物支付贡品或者赋税，但是国家的财政收入总是入不敷出。[12]

某些物理性威胁仍在继续，它们来自这个行星的自然，如火山喷发、地震或者害虫入侵，这些威胁远比四处劫掠的人类军队或者相互争斗的部落村庄对社会的颠覆力更大。每当人们忽视或者逾越了本地极限，行星威胁便通过土壤盐碱化、河流淤积、资源枯竭等形式变得更加严重。它们构成了农业社会的不安全感、对抗与不幸的主要原因，也是进一步合理化国家与帝国权威的主要理由。对环境灾难的现实认识必须始于它们总是人类的创造和国家的责任这一事实。

卡内罗将这一事实浓缩成为国家起源的理论，称之为“环境受限论”（environmental circumscription）。根据这一理论，当任何时候、任何地方，土壤、森林、水产、矿产或者能源已经或者开始短缺，造成物质限制或者对安全构成威胁，国家便会崛起。但是究竟是什么造成了这种短缺？有一些短缺内植于各个地方的自然变化。但并非所有的限制都来自外在自然；它们的发生往往是因为某些内在驱动力将丰裕变为匮乏。换言之，限制可能被发现，但它也可以在那些曾经有着丰盛可能性的地方被创造出来。[13]

卡内罗受限理论的基础是一系列他在巴西热带雨林，以及毗邻的秘鲁更加干旱的海边山峦中进行的田野考察。在前一个区域中，没有出现过帝国，而在后一个，生成了世界历史上最著名的帝国之一——印加帝国。热带雨林提供了一个广阔的、不受限制的环境，那里的自然无比肥沃、丰饶，虽然敢于进入那个地方的人类相对很少。与之相反，翻越安第斯山脉来到现在的秘鲁，卡内罗发现了一个截然不同却发人深省的故事。在那些狭窄的山谷中栖居的人们奔向太平洋，找到了更多的安全保障，同时找到了更多的集中权力。他们学会在多石的峡谷中努力建造房屋、田地、梯田、道路和桥梁。当他们的人口持续增长，他们被带向越来越集约化的工作，驯化马铃薯、玉米、奎奴亚藜（quinoa）、番茄、鳄梨。他们从流经深谷奔向海洋的河流中引水灌溉庄稼。在他们一头扎入同邻近部落的竞争时，他们发现自己开始被军队和国家所统御。卡内罗写道：

> 彼此竞争的单元不再是小型村庄，而经常是大型酋邦。从此点开始，通过对一个个酋邦的征服，政治单元的规模以加速度增长。……这个过程的顶点是其中最强大的国家对整个秘鲁的征服，形成了一个伟大的帝国。[14]

印加帝国的存在应当归功于局促在逼仄受限领土上的人类高繁殖力。从1438年到1533年，帝国统治着南美大部分刀削斧斫的高耸西海岸。但是最终，它达到了其自然极限，被一波波贪婪的配枪侵略者吞噬，后者来自一个遥远的国度——西班牙，在那里，另一群人变得十分饥饿，开始寻求征服新的领地。

与此同时，在安第斯山脉东侧、辽阔的亚马逊盆地中，环境远非如此受限，一段与西侧大相径庭的政治演绎在徐徐展开。那里没有陡峭而易侵蚀的山谷，没有挤满人群；没有从外界抬来泥土，砌成一小块一小块土地来稳固被辛苦建成梯田的山坡。亚马逊是一片广辽开阔的土地，其上奔流着世界上最大河流的数条宽阔的支流，形成一个巨大的网络，提供多条路径通向一个对当地人而言资源无限而轻松惬意的天堂。每当他们感到喂养后代的压力时，他们只需划起独木舟，逆流而上，在森林中找到一片新的空地；或者他们会在树林中清理出一片新空间，而后，一旦肥沃的土壤快要耗尽，他们便转向新鲜的地方，任由森林自我再生。这种通过循环水路进出森林的交通是如此方便，利于移民，因此有效地防止了彼此之间的冲突。大型的战斗很不寻常，一般都不很严重。假如他们拥有更多的时间继续繁衍，雨林的居住者可能也会增长过多，超越雨林的极限，但是他们永远没有到达那个节点。[15]

卡内罗理论中的“受限”解释了为何华夏国家同美索不达米亚或者秘鲁国家相比，延续时间如此漫长，逃离了不可持续的宿命。与后两者相比，华夏国家远为强盛广阔；这个行星上的某些地方比其他地方更适合支撑后代绵延，即使不是无极限地，也可以延续很长时间。华夏国家崛起，帮助其人民度过荒年，儒家思想中仁义礼智信的传播也有如是助益，但是在那里，决定并使一切成为可能的仍然是天空、河流与土地。

在辛亥革命于 1911 年爆发时，中国的人口已经炸裂超过四亿，布满所有的流域且漫溢而出，耗尽大量土壤，破坏了无数河流。土地聚敛严重，其上还过度承载着饥饿的人群，挣扎着为他们的大家庭生产足够的粮食。传统中国农户平均至少有七口人（五个孩子，一对父母，某些情况下，还有一两个仆人），此外，还有他们驯化的动植物。彼时，各种外国势力开始借该国积贫积弱之机，趁火打劫，一如它们对印加帝国的所作所为。而后，一场横扫一切的革命终结了中国的传统农业生活，推动这个国家趋向新事物，其中包括对马克思关于工人权力思想的融合以及对城市、工业发展的需要。但是，这些思想自身不足以解释这场威力巨大的权力转移。中国与其帝国往昔相决裂，便必须重新发明自身，从一个新型国家开始，更新那片土地。

国家与帝国起源的比较视角令它们之间潜在的相同处更加明显。当然，我们必须承认它们中间由于各地的地理与生态，存在大量的不同之处，因为如同所有的演化，权力复合体的发展一定发生在一片高度丰富多样而且始终变化的土地之上。国家并非始于某个或者若干人头脑中的抽象计划；它们也不是被凭空想象出来，或者写于空白的石板之上。人们可能会坚持他们自身的历史是独特的，因为他们比其他人更具道德性。他们可能会拒绝承认他们如同所有地方的人们一样，都是自然的一部分，服膺于同样的自然法则。在某种程度上，国家的确彼此不同，但无论怎样，任何结果中的相异处更依赖于内在与外在自然在协同演化中所采取的不同形式，而非抽象的价值观。

所有国家与帝国所共同希望的都是让更多人出生、存活。因此，它们普遍采取鼓励提高人口出生率（pronatalist）的政策，以敦促其国民继续生养很多孩子。“大家庭，多子孙”是国家赢得和平与幸福的普遍配方。与此同时，女人与男人同样为内在欲望所驱动，希望拥有更多孩子，尽可能地多，甚至比理性允许的更多，甚至将诞育子孙视为神圣的职责。人们可能会被国家倡导的口号或政策所鼓动，但是他们对其自身自然本能给予更多的关注。

这样一种现实的、物质的、生态的历史观点与旧有的思想史解释相悖，后者认为国家的成长首先源于人们的观念与哲学。例如，亨利·克莱森（Henri Claessen），一位莱顿大学的文化人类学者对此有大量相关著述。他认为国家首先是观念与意识的产物，而非行星地球的法则，不同人发明了不同的价值观或理想，一小撮强人把持了这些思想，将之变成他们自己的想法。他的理论是基于他对南太平洋岛屿、非洲和秘鲁的观察，他认为，在那里，国家的形成总是伴随着统治者与被统治者的精神合流。关于自然、宗教、超自然，以及个人在群体中的角色的观念逐渐出现，每当它们带来国家建构与权力时，它们便成为“意识形态”。国家通过给予人们他们想象自身所需要的东西而成功。“普通人，”克莱森写道，“支付物品与服务，统治者报以保护、法律、秩序、富饶，有时还有一些礼物；一切为了善（Good）的物品交换”。[16]

克莱森所言的人们希望的“善”究竟意味着什么？对他来说，它似乎来自抽象的理由。思想首先创造了观念，随后领袖们合作，并许诺兑现之。但是，一个演化论者将回答，关于善的观念有诸多形式，取决于其生态条件以及物种内部的生物驱动力。伴随向农业的转型，它渐渐意味着丰产的庄稼、无数的牛羊、肥沃的土地。但是，这样的定义可能会伴随物质条件的改变而改变。甚至人们所创造的神祇，本应是善的体现，最初也是作为文化的变体而出现，是演化中的某些片段。

当觅食者与农夫们为他们的家庭添丁加口时，他们也在天堂与大地中遍布满是神祇魂灵的彩云，所有的神灵理应都关照人类的福祉。毫无疑问，如此想象的行为是人类大脑的工作，虽然这个大脑是服务于其身体的。这些想象而出的神祇中最重要的一位应当护佑人类的生育力。通过各种相似的仪式，人们乞求其神祇帮助他们尽可能多地孕育子孙，赐予他们粮食丰收以养育那些孩子。这些神灵，无论是栖息于草木山林抑或云间天堂，似乎都会保佑人们控制自然的其余部分；它们拥有超自然的力量，使得人类与土地一同肥沃而多产。通过宗教的发明，一位凡人，一位如神祇般的帝王将宣称自己对自然和生育力的力量，宣称自身可以在各方面都如天神一般。神祇们和帝王们一道被认为能够运用神秘的力量，护佑一个家族的成功。

国家自身在寻求守护人类生育力的问题上也如神祇般作为。它为男男女女提供保护，助力丰收，寻找更多的关键性资源如水以支撑他们。国家清楚人们对它的评估将基于它在这项工作上的得失功过。因此，那些掌权者努力寻求增添更多的人丁。通过增加其人类劳动力储备——无论以征服的形式还是鼓励生育的形式——国家保证道，更安全的生活就在前方。不过，即使最良好的企图与最仁慈的国家都可能出现计算上的错误，也可能无力阻挡灾难的发生。假如人们生育太多的孩子，环境可能会退化。甚至那些曾经满溢着丰裕的栖息地也可能变得过分拥挤、一片赤贫：肥力耗尽或者被毒化的土壤造成的废地、被污染的水源、歉收的庄稼。随后而至的可能是一个国家的没落。国家希望通过对邻国的战争增添更多的领土来避免这样的命运。战争可以带回奴隶与囚徒，让他们在田间生产更多庄稼。但是假如掌权者无法履行其职责，人们对其政权的信任便可能彻底消失。

强大的国家造就城市成为他们的行政与命令中心，权力也在彼处积聚。城市往往修筑高墙进行防御与监管；从那些城墙上，领袖人物可以鸟瞰延绵至天际线的小村庄形成的网络。他们往往沿河或者近河修建筑好围墙的城池，这使得他们认为自己的首要义务是管理水流。但是那些生活在围筑了高墙的沿河城市中的人，是否真正理解他们是多么彻底地依赖于一个多变、莫测、需要被制服的自然？那些生活在城墙之内的人是否理解他们必须克服的挑战？

在此前的章节中，我们提出了三个问题：人们为何离开他们在非洲的第一个家园，散布于其他各洲？为何一部分新边疆成为农业中心，另一些则没有？权力的制度为何在它们演化的彼时彼处发生？这些问题必然有着同样的答案：强有力的驱动力推动人类在地球上更好的地方守护他们自身及其家庭的安全。这是否是一种高压强制的情形，抑或是自由而开放的？两者都是。

历史上最辉煌、最受尊崇、最被痛恨，也最多被争论的国家肯定是罗马帝国。虽然许多思想家与政治人物将罗马视为一个光芒万丈的典范，仰慕它的诸多成就；另一些人则痛斥罗马，因其道德上的堕落，也因其在追寻“过度伟大”的道路上走得过远。[17] 一位爱说俏皮话的人士总结道，罗马的著名不在于其建筑或法律，而在于“谋杀、乱伦和佩戴昂贵的珠宝”[18]。罗马文明特征的更宽广清单上可能还应包括男性的野蛮行径、蓄奴，以及残酷的军事征服。罗马在后世成为任何向往建立国家与帝国的人的警示，但也是被仿效的典范。我们永远无法决定一个国家究竟是好是坏。任何一个国家都应当在其历史语境中被衡量，并非仅以某些永恒的道德标准，也应以它在支撑其人口上的成败来评价。

首先，为何会出现这个巨大的城市，令此前的一切相形见绌，它又为何会四分五裂？早在爱德华·吉本（Edward Gibbon）撰写关于该主题的畅销书之前，上千年来这一直是一个流行的话题。[19] 根据其中一个最古老也是最熟悉的故事，罗马来到世界表达了高贵的理想，然而随后它坠入腐败和自我毁灭。不过，无论是它的批评者还是崇拜者，相对而言，很少有人试图理解罗马的生态足迹究竟如何自毁，或者在其宿命中，人口过剩、恶劣气候与大流行病究竟扮演了怎样的角色。帝国的衰落并不仅因为其中充斥着好人或者坏人，也不仅因为帝国可能没有善待它的臣民，还因为它们没有善待支撑其人群的土地。

凝视罗马帝国的巨幅地图，人们无法不惊叹于它纵横洲际的跨度与其地球物理性的连贯性。很少有国家在面积、宏伟与权力上能与之相比。以其鼎盛时期公元 138 年为例，彼时哈德良皇帝刚刚结束其成功的统治，我们看到的帝国正处于面积最大的时刻。它从直布罗陀海峡向北延伸，跨越伊比利亚半岛，横跨整个法兰西、比利时、英吉利，直抵不列颠群岛的哈德良长城，外加多瑙河南侧的所有土地，包括巴尔干、意大利、希腊，还有土耳其、黎凡特、埃及和北非，一直到撒哈拉沙漠这一不可逾越的障碍。这是巅峰中的帝国；在未来几个世纪中，它将开始解体，螺旋式下沉，堕入疾病、饥馑与混乱。

罗马帝国总共持续了 500 余年，另外加上 500 年逐渐建立和分崩离析的时间。无数令人感喟的废墟留在它的身后，包括其运输新鲜洁净淡水的石制高架引水渠，铺设精良的条条大道两侧的狭长远景，竞技场中鬼域一般的寂静，无处不在的公共浴室留下的记忆，还有许多时髦的城市广场、若干淤堵的海港、曾经的橄榄树林消失后令人怅惘的痕迹，以及各地森林过度砍伐、土壤肥力耗尽、农田完全荒芜的种种迹象。它们叠加成为一整套纪念物，讲述着罗马的伟大，告诉我们所有矮胖蛋的伟大最终都会跌落、破碎。它们同样告诉我们，没有任何人能使这颗罗马蛋复原。

学者们为罗马帝国的衰落提供了数十条原因；它是那些“超定的”（overdetermined）事件之一，有着太多的原因，因而无法给出一个简单的答案。最流行的解释大抵可以归为两类：或者罗马是外界强力（特别是那些从北部入侵，图谋报复的蛮人）的受害者，或者他们道德崩坏，自取灭亡（堕落致死）。匈奴人与汪达尔人的入侵是大家耳熟能详的故事，但是他们的到来发生在其他衰落之后。谈到尼禄或者卡利古拉这两位最昏庸的皇帝之名，第二种解释便更加貌似有理。我们仍然倾向于将罗马的衰亡归罪于其大权在握者的昏聩无能或者荒淫无道，他们是如此地穷奢极欲、刚愎自用、恶贯满盈。但是，如果我们想要避免过度道德化，我们将在对罗马的物质性分析中寻求另外的解释，看到其在对生态的错误估算中渐渐崩溃。在那里，恶可能的确战胜了善，但是我们又是何人，凭什么能够决定何谓恶、何谓善？

如果没有地中海决定性的存在，永远不会有罗马帝国。当最早的国家从沿河泥滩的农业生活演化而来的时候，罗马在一个狭长半岛上面对着大海长成。它最初发展成为一个水手的帝国，是海洋经济的延伸，它不断壮大以匹敌那一片水体的巨大面积。它是第一个在海边而非河滨成长的主要帝国。地中海几乎完全为陆地所封锁；仅仅留下一个狭小的出口通向大西洋。今天，那片海覆盖着 250 万平方公里的区域，平均深度为 2 500 米，不过现在它的很大一部分为城市、工业废物严重污染，在世界环境危机榜上名列前茅。两三千年前的地中海要干净许多，它的空气令人心旷神怡，对当时的人们而言，它感觉起来一定比今天大得多。正是它，启发罗马人去追寻荣光，也是它，成为他们的天谴。

最初，罗马人称这片海为“Mare Magnum”或“伟大的海”，但是当他们使其成为一个帝国的核心时，他们开始称之为“Mare Nostrum”或“我们的海”。他们对其水体的每一滴水，甚至包括黑海之水，宣称主权。不过，地中海对罗马的野心而言，不仅在于它为后者设定物理性的限制因素；事实上，它深刻地影响着那个帝国，生活于其中的所有形式的生命都在影响着它。那片海并非一块 H_2O 构成的迟缓、被动的背景，而是一种强大的形塑力量。因此，我们可以称罗马为“la Roma del Mare”或“那片海的罗马”。

希腊诗人荷马一直为罗马人所喜爱，他热爱地中海，使其在他的英雄史诗中扮演着强大的角色。那片海令他激情澎湃，他将之形容为一片“醇酒般深邃的海”。然而在一个典型的夏日，地中海是明媚的湛蓝或者蓝绿色，而非红葡萄酒或者白葡萄酒的色彩。或者荷马心中所想的醇酒是加入了石灰岩含量颇高的水之后的颜色，这会令酒色转青。也或者他想到的是那片海波浪翻卷时倒映着的天空，飞扬着从海岸线上贫瘠废弃的土地上吹来的灰尘，为水色带来一抹更深的色调？无论荷马是否眼盲，他都并非唯一误察地中海真实重要性的人。它令一个帝国成为可能，也使同一个帝国不再可能。

现代科学揭示出，1 亿年前，那里没有任何形状或者色彩的地中海。还记得远在人类存在之前，这个行星的一整块大陆——泛古大陆由于大陆板块运动而变得四分五裂。在那场分裂中，几个较小的大洲出现了，当它们向四面八方漂移时，一片水体逐渐开阔，整个无敌舰队可以通过它从欧洲扬帆直抵澳大利亚。地质学家将之称为特提斯海（the Tethys Sea）；这一片海域已经不复存在，就如同终有一日，地中海也会消失无形。大陆仍然在继续漂移，那片海很可能某一天会分裂。它会没入世界的海洋当中，变作其中不可辨别的部分，任何帝国的可能都将再次归于亿年的死寂。[20]

在特提斯海的西端，一度坐落着大片岛屿。数个地质时代过去后，那些岛屿变成了一个群岛，而后变成我们称为欧罗巴的碎片化区域。星星点点的碎片推来挤去形成了一片拼凑而成的土地，位于亚欧超级大陆的尾端。同时，仍在持续的板块运动将非洲与欧洲愈推愈近，几乎关闭了特提斯海路，创造了一片近似封闭的海。我们可能永远无法精确地知晓在这个漫长的过往中海水的颜色究竟为何，但是我们知道，在整片海周遭，山峦与峡谷分隔着许多少雨的土地，那里易发干旱，土壤贫瘠，时不时地在地震中嘎嘎作响，这是一片艳阳普照的大地。水与阳光共同形成一道液体桥梁，将拼嵌而成的欧罗巴与中东和非洲相连接。

大约 650 万年前，由于行星气候变化，漫长的寒冷期席卷地球，海平面降低，大片土地变成沙漠或者近沙漠，那时，地中海几乎完全干涸。[21] 一度，地中海变成一系列岩石盆地，近乎空空无水，直到又一次气候转型带回充裕的降水，重新填满了那些盆地，赋予这片海现在的恢宏。这场变化的结果便是当非洲觅食者跋涉向北时看到的大海——一个气候温暖、土壤类型多样且不均衡、动植物物种独特的艰难栖息地。这一切之下的基底是高度碎化的地层、不稳定的火山、随意推挤堆积的岩石。

唐纳德·休斯（Donald Hughes）是地中海环境史的领军人物，他如是总结这个地区："地中海盆地有不同的土地类型，但是在大多数地方，它是多山的，有着岩石突兀而复杂的山脉。在它们之间，是可供栖息的峡谷，偶尔有一些冲积平原。该地区景观的典型特征是面海背山。"[22] 换言之，这里拥有令人沉思颖悟的天然马赛克式美景，但是隐藏在大美之后的，是只有农夫方能明白并抱憾的根本性缺陷。希腊的可耕地不足 1/5，西班牙与北非也同样如此，主宰大片意大利的亚平宁山脉从来都不是最有农业前途的地方。[23] 罗马博物学家老普林尼（Pliny the Elder）是《自然史》的作者，这部十卷本的煌煌大著最早出版于公元77年。在该书中，他写道，早期人类在此处找到的优势土壤类型是“*terra rossa*”，一种红色或者淡红色的土壤，源于石灰岩的风化。这种土壤对任何一个农夫而言都不易于耕作，因为当它潮湿时，它在他们的锄头或者犁头上黏成板块，当它干燥时，又变成硬邦邦的一坨，种子很难在其中发芽。数千年来，这个地区一直抗拒着农夫。那些最早来到此处定居的人不是耕种者，而是觅食者。他们的后代如同其他地区的农夫那样，蹒跚进入农业，但即使在那时，他们也顶多能将少量的土地变成适合生产庄稼的田地。自一开始，罗马所赢得的便是颤颤巍巍的征服。[24]

与华夏或者美索不达米亚相比较，在地中海区域，除了尼罗河外，没有一条占主导地位的单独河流体系。那片海凌驾于一切之上，而其盐分含量很高。那里几乎没有绿草如茵的草原，没有像在非洲的稀树干草原上大群的食草动物，虽然很多早期觅食者仍然发现了一些演化成新的变种的熟悉物种。彼时如现在一样，冬季潮湿而寒冷，夏季干燥而温暖，这是一个度假者的好去处，但不是必须以种小麦为生的农夫的好地方。[25]

那片海自身几乎被半岛一分为二，这个半岛就是我们今天所知的意大利——最地中海的所在。在它周围，仍然可见若干个岛屿，为两洲之间提供歇脚处。其中之一是西西里，坐落于彼处，恰好像意大利“皮靴”一脚踢走的小石块。但是，西西里远不是一个小石块；它是农业的早期地点，也是第一片将被罗马国征服、合并的“域外”土地。罗马自身建立于公元前753年，离海不远。

在台伯河两岸，男男女女们定居下来，种植谷物，特别是小麦，这是他们的主食。

在公元前 3 世纪和前 2 世纪，罗马继征服西西里之后进攻城邦国家迦太基。这是腓尼基人所建的国家，位于今天的突尼斯，为大海与沙漠紧密包围。这个国家占据着一片半干旱的平原，年复一年变得愈来愈贫瘠。罗马人还控制了西班牙的小麦产地，让那里为供养罗马而生产小麦。而后，意志坚定、铁蹄无情的罗马人继续在整个地中海世界扩张，在它的所有海滨寻找更多的土壤、更多的小麦、更多的谷仓，而后借助广阔的大海将所有的异域食物运回家乡。

在盖乌斯·屋大维（Gaius Octavius）宣称自己为罗马的“第一公民”，随后继承凯撒·奥古斯都（Caesar Augustus）这个他一直使用至公元 14 年去世的称号时，罗马帝国已经成功地赢得控制整个地中海区域的权力。他们占领了沿海每一平方米的土地，希望拥有那里所有的农场，而海运业已成为他们熟悉的交通方式，一如他们对半岛上联结乡村与不断崛起的城市之间的道路那样熟悉。

这些帝国的开端日期很容易被确定，但是确定罗马帝国的终结点很难，因为帝国的衰落断断续续，一再分裂，一再复兴。我们可以说它最终覆灭于公元 5 世纪。当结局到来时，其势一如在美索不达米亚那样不可阻挡，但是假如罗马人一路走来没有犯下一系列如此巨大的错误的话，或许终结的到来会更晚一些。错误之一是他们翻越了阿尔卑斯山，去征服多瑙河沿岸森林覆盖的湿润土地，支配那场征服的是普遍的饥饿。在这个过程中，他们遭遇了生活在那里的“蛮族”部落的凶猛抵抗，后者同样挣扎于自身面对的食物挑战。

那场巨大的帝国扩张很难被归咎为单纯对奢侈品的喜爱。无疑，罗马有那样的需求，整个亚欧大陆很久以来便有如此需求，但是几个奢华淫逸之人很难创造一个巨大的帝国，并让它长期运转。食物，而非那些华而不实的小东西，才是动机。获取食物要求找到更多新鲜、肥沃的土壤来支撑高生育力的人们。此外，人们还对木制品、矿物、银子和奴隶有着强烈的饥渴，最后一样可以帮助制服土地，使之更加丰产。如果说罗马人在他们的欲望上毫无节制，我们不应该仅仅指向一小群贪图如珍珠、香料、丝绸这些奢侈品的特权者。那些奢侈品来自传说中的丝绸之路，一部分源自遥远的中国。我们也应该看到普通人在其中的责任，他们总是迫切地希望生育更多的孩子，随之要求更多的谷物粮食喂养他们。国内的饥饿是罗马统治者为何如此蠢蠢欲动，试图拥有他们所到之处每一片土地的原因。他们寻求获取更多的殖民地，光照充足、水源丰裕、土壤优良，在那里可以种植或者购买小麦，为此他们一再努力战斗。

罗马的统治者对他们占领的具体地方知之甚少，但是总体而言，他们比起农夫对其所有的土地有一种更加宏观的理解。帝国需要农业专家与博物学家，这些人积累了大量关于远方土壤、水文、森林、山川、海洋的知识。但是最终，那些知识无法帮助罗马找到真正的可持续性。帝国知识的局限性变成瓶颈，影响着整个地中海区域。

小麦对于起源于新月沃地的罗马农业经济来说，是最核心的。这种庄稼源自一种野草——单粒小麦（einkorn），最早出现于两河流域的盆地。意大利的淡红色土壤（*terra rossa*）并不适合种植小麦，但是发现这个事实很费了一段时间。更适宜的地方有一天会现身于乌克兰（其土壤类型为黑钙土）、北美大平原（棕土），还有法国与德国的落叶林（灰棕色灰化土）。然而，只有最后一种土壤类型位于罗马军队可及之处，不过，很多蛮族生活于其上，准备为自己在那里的栖居英勇战斗。

虽然地中海区域看似比两河流域大得多、肥沃得多，但是前者承担着与后者相同的脆弱性。它同样罹受淤积与盐渍化之苦，虽然它的最大问题在于土地营养，特别是红色土壤中氮含量的消耗，其原因为多年在同一地方重复耕作种植。雪上加霜的是恶化的气候和一系列严重的大流行病。面对众多问题搅成一锅粥的局面，罗马人的情形越来越糟，直至不可挽回。无论是被征服的蛮族，还是争论不休的基督徒与穆斯林，都无法重整这个以大海为基础的帝国，让它恢复原状。

在 1916 年，一位哥伦比亚大学的杰出经济学家弗拉基米尔·西姆霍维奇（Vladimir Simkhovitch）指出，由于广泛的土地肥力消耗，罗马的农业体系不可持续。[26] 西姆霍维奇特别强调小农无法生产足够的小麦是罗马帝国衰落的主要原因。在某个程度上，他是正确的，但是解释链仅仅从彼处开始，其后一环扣一环，变成一个关于生态脆弱性的更为复杂的故事。无法在意大利半岛上生产足够的小麦导致了一系列域外战争，随后导致对进口食物供给的过分依赖，这使得罗马变得愈发脆弱。与此同时，粮食的进口为致命的微生物开辟了若干海洋航道，同小麦一道来到罗马人的家园。

早先，罗马的小农是小麦的唯一供给人。但是当他们强化本地生产后，产量开始下降，一直降到很多农夫放弃了庄稼种植。

到那个节点上，西姆霍维奇写道，农夫们平均每英亩❶收成仅为4到5蒲式耳，即每顷10到12蒲式耳。这将多么令人沮丧！完全不值得一个家庭每日的辛苦劳作或者坚持。即使罗马增加了流通的银币数量，农夫们也几乎无粮可卖，在市场上几无所得。他们生产的粮食经常连自己和孩子都喂不饱，何来盈余可售。如果他们希望在自己萎缩的农田上继续生存，他们就需要用肥料重建他们的土壤，但是他们又没有足够的滋补养分来改善他们的农场，甚至被迫借贷去支付他们每日所需的食物。在这样黯淡的前景中，农夫们开始抛弃他们的农田前往城市，在不断增长的城市贫民群体中添加他们的名字。

"几乎所有古典时代的农业撰述者都认为，"西姆霍维奇写道，"他们时代的农业境况应当归咎于土壤肥力的耗尽；或者，如他们所说的那样，是土壤老龄化的结果"。[27] 这些撰述者无疑是正确的，土壤的确是问题，但是怎样找到解决办法是一个难题。他们想不出如何阻止"自然老龄化"的过程，因为那实际上是人为的土壤肥力耗尽。他们着实不知如何通过休耕或者在耕种时施肥来更新自己的田地；大部分农夫都不得不离开土地，造成粮食的继续减产，令已经人口过剩的城市更加拥挤。

帝国时期的罗马撰述者们悲观地总结道，自然就像一位女性，在她的青年时代，她是那样丰产，而后她慢慢老了，越来越贫瘠。老龄化，他们说道，是自然规律，对此人们无能为力。所以他们将注意力集中在意大利之外，有时甚至跨越了地中海的更加年轻、肥沃的土壤之上。国家同意这样的观点，昂首迈入帝国阶段，攫

❶ 1英亩约等于40.47公亩。——编者注

取域外土地，在其上为罗马生产口粮，通过大海将它们运回家乡。他们无法想象其他的行动路径。

哲学家卢克莱修·卡鲁斯（Lucretius Carus）在其长诗《物性论》中响应了这一悲观的看法。《物性论》在公元前1世纪出版，当时还不存在帝国，但是其问题已经开始显现。卢克莱修写道，大地母亲曾经提供了充足的小麦、醇酒与橄榄油，甚至“无需耕种者的照料”。但是在他的时代，他的所见所闻是产量的下跌。“农夫悲且叹，终年空苦辛。”卢克莱修将农夫的困境归咎于土地的自然老化。这意味着地力耗尽的原因并非可阻止的土壤过度使用或者人口过剩；因此，人们对此一筹莫展。这位农业诗人可能清楚一个罗马农场的平均面积仅为2顷（7犹格[1]），每顷平均产量为10蒲式耳，一个农夫一年生产的粮食不足20蒲式耳。这些粮食和留在地里的麦茬尚不足以养活他们一家以及耕田的牲畜，更不用说有剩余的粮食送往城市。彼时，一个家庭大约有五六个孩子，其中大约有一半可以成人，其余的夭折，再加上各种类型的家畜，偶尔还有一两个人类奴隶，2顷地需要喂饱这么多张口。频繁地耕地使底土翻起，频繁地年复一年种植同样的作物让地力从底层开始耗尽，留下的是农夫们的沮丧和困顿。土地并没有当真变“老”，从地质上讲，意大利是一块相对年轻的地方。它的土壤演化了数百万年，如果没有农业，它可能会持续演化，直至另一场板块构造运动将半岛分裂成新的星罗棋布的小岛。问题并不在于这片土地的老化，而在于它被过度使用，因此它的土壤丧

---

[1] Jugerum（复数：jugera），拉丁语，罗马丈量土地的单位。1犹格约为一个农夫用一对耕牛在一天耕种的面积。——译者注

失了一些关键性元素如氮、磷、钾。这个曾经即使受限却仍丰饶的生态系统，曾经存储着那样多的养料、细菌、蚯蚓，以及其他生命，在长期无休止的小麦开发中，变成一片贫瘠的不毛之地。

我们的后见之明看到，这一切的发生源于无知与经验的缺乏。但是最重要的一点是，太多人要求土地为他们生产面包。国家坚信高密度人口会创造更好的农业，但是事实正好相反，它阻碍了大规模的休耕，即使农夫们已经明晓解决问题需要做些什么。他们对自己本地的土壤非常了解，但是他们陷入了一个没有人能够阻止的螺旋当中。最终，罗马农夫将土地卖给那些有钱人。那些在山坡上耕种的农夫的命运尤其如此，他们的土壤不但地力耗尽，而且被冬雨冲刷流失。土壤侵蚀或者可以通过山坡梯田加以阻止，但是人们对如何解决肥力消耗的问题了解太少，最终农夫们离开了土地。[28]

罗马的掌权者甚至尝试通过将农民圈禁在其土地上，迫使他们回去继续耕耘种植。但是这些举措适得其反，收效甚微，反而激起更多民怨。将自己的人民变成奴隶很难赢得政治支持，何况它也无法逆转下跌的收成。一旦这样的政策开始实施，它便注定是无望的，虽然当罗马帝国彻底崩溃后，它开始以更加复杂、正式的面貌出现，这样的高压政策被制度化为中世纪的封建体系，将农民们同样束缚在土地之上，对其繁殖不加控制。在欧洲人终于意识到将农民变为农奴的统治并不能创造优良的土地管理者之前，已经过去了很多代人。1861 年，俄国成为最后一个废除农奴制的国家，彼时，罗马早已消失在时间的迷雾中。[29]

一小撮贪婪而残酷的富有土地所有者长期被指控为罪魁祸首，人们认为是他们造成罗马粮食供应的失败，也是他们令罗马不断减少的农民变成奴隶。那些新的所有者将衰败的小农场结合起来变成大农场（latifundia）、大地产。不过增加农场的面积并不能提供解决问题的答案，事实上，其志也不在此，何况没有人有更好的解决方式。西姆霍维奇认为那些富人最终为如何从肥力尽失的土地上创造财富的任务所累。他们做出了糟糕的投资，如同那些小农也不知如何恢复土壤。他们唯一做的就是转换在那片土地上种植的庄稼类型，从小麦和大麦变成葡萄和橄榄，或者将那些退化的土地变为绵羊的牧草地。当这一切发生时，他们开始从更遥远的地方进口小麦。[30]

与埃斯特·博赛拉普的观点相反，高密度人口不一定总是带来更高效或者更聪明的土地管理。每一位土地所有者，无论大小，应当做的都是让土地休耕的同时，施以足够的肥料保持土地的膏腴。但是，那里的人口过多以至于无法休耕。如此，为土壤施肥成为唯一可行的选择，但是在罗马乡村又没有足够的肥料拯救其麦田，使其再次肥沃。

肥料的来源可以是有机废弃物，如马厩的秸秆或者动物的粪便，或者有恢复氮元素能力的覆盖作物如苜蓿（clover）或者紫花苜蓿（alfalfa）。农民们的确在他们小小的田地上养着几头牲口，但是他们从这些牲口处收集的粪便供应远不足以恢复如此之多地力耗尽的麦田。所有罗马的茅厕加起来可能也只能补充一小部分田地所需恢复的元素，何况，这类废弃物很少被循环使用。

因此，最好的解决方式便是将小麦生产转移至他处。罗马人在地中海区域的帆船所到之处，便是他们扩张的新领地。在占领北非很大一部分之后，他们征服了埃及，开始从彼处收获小麦，在那里，小麦生长在被尼罗河洪水年年增肥的土壤上，洪水每年都会留下富含有机质的淤泥，像调味料一样覆盖在土壤上，既不窒息庄稼，又不会让土壤的盐分饱和。那条河似乎总是可靠的，每年从埃塞俄比亚高地带来大量的好水好土，在奔腾入海之前，一路分布在尼罗河两岸狭窄的条状田地上。当然，那条河的洪泛也有起伏涨落，因为河流总是依赖于变化无常的降雨。但是，罗马的确长期享受着尼罗河的馈赠，甚至帝国小麦的产量充裕到足以出口的程度。无怪乎罗马将尼罗河置于其兼并明细的前列，因为它已成为帝国的面包篮。罗马希望在罗马尼亚、德意志、法兰西等地增加粮食生产地，虽然由于高山巍然立于那些地方与地中海的港口之间，从彼处进口粮食的交通运输远为不便，而帝国同埃及和北非之间有着便宜而丰富的水陆交通。尼罗河，还有地中海为罗马的国内问题提供了诱人的解决方案。

在塞普蒂米乌斯·塞维鲁（Septimius Severus）皇帝于公元211年去世之前，他确保罗马粮仓中的存粮可敷该城七年之用，其中大部分都来自殖民地。在罗马统治之下共有7 500万人，他们中有很多人都依靠同一个埃及面包篮。帝国的统治者不断地询问他们自己，究竟还需要多少像埃及这样的粮仓？多多益善。在已知的世界上究竟还有多少条尼罗河？仅此一条。一位观察者虔诚地形容道："尼罗河为我们提供的是年年一贯的洪水，大丰收在埃及人中产生。"帝国似乎安全无虞。[31]

为了让中心与边缘地带的人民都满意，罗马设计的运输谷物的帆船舰队定期穿越地中海。在没有廉价的煤和石油的时代，水运是代价最低的选择。当然，海运也远比在颠簸的土路或者石块路上，用公牛拉着装满小麦的沉重车驾翻越阿尔卑斯山容易得多。但是，最基本的问题并没有消失：邻近帝国核心的土壤变得稀薄、贫瘠，缺乏营养。帝国可以被暂时拯救，但是终将衰落。

不同于此前的中东国家，罗马帝国从一个看似不受限的环境中出发，一个水源充足的盆地似乎提供了如这个已知世界一般宽广的机遇。但是它的土地根基是一个狭窄的、崎岖的半岛，可能不易受外界侵略，但也束缚了其农业潜力。虽然在一开始，那里似乎有充足的优良土地，但是限制逐渐显现。在帝国的人口变得越来越密集后，那些限制也开始逼近。

我们必须再次强调，土壤与水源对任何一个以农业为基础的国家而言，无论其坐落于河谷还是奠基于海洋，都是重大的限制。但是，罗马人还有着对树木的非农业需求，那是所有船只的原材料！这一需求以及家庭和公共浴室供暖所需的树木，还有作为燃料融化金属、制造陶器所需的树木，都意味着对森林的需求。到公元三四世纪，罗马帝国的树木已经变得如此稀缺，以至于其公民，用约翰·佩林（John Perlin）的话说，"燃烧任何可以取暖的东西：小树枝、树苗、树桩、藤蔓的根、松果、建筑工地上残留的木料"。此时，帝国对树木的需求如同它对谷物的需求，驱使它转向更遥远的供应，然而那些几乎遥不可及的森林早已被当地居民所有、保护，对它们的依赖只会增添罗马的脆弱性。[32]

现代气候学最近指出了另一个罗马农业经济所面对的环境威胁，时人对这一威胁的认识可能远不如我们今天这样清楚。好的农业需要好的气候，对小麦和森林都是如此。气候由温度、湿度、能量构成，其模式变幻莫测。大约在公元前 200 年，地中海区域的气候进入了长期的温暖期。这没有什么不寻常之处，在人类历史上，温暖期与寒冷期不断交错发生。但是从长远来看，罗马发现温暖趋势颇具误导性。全球变暖带来海洋不断增加的蒸发意味着更多的云、更多的雨，这似乎对农耕大大有益。科学家将这一变化称为罗马气候的最佳条件（the Roman Climate Optimum，缩写为 RCO）。这段时期的好气候令在地中海地区建立帝国的漫长工程成为可能，但它不能保证其长治久安。[33]

我们不能将罗马的幸运与不幸简单地归于气候变化，它甚至不是主要原因。帝国正式建立于公元 27 年，加冕了第一位皇帝；而温暖期在两个世纪前便已开始。随后，帝国，至少其西边的部分，结束于公元 476 年，罗慕路斯·奥古斯都（Romulus Augustus）败于日耳曼蛮族国王奥多亚克（Odoacer），此时距离 RCO 结束已有三个世纪。这些日期并不重合，意味着气候变化无法解释意大利半岛下跌的粮食产量，也无法解释从尼罗河进口粮食的转向。那些好年景应当被视为对粮食供应的脆弱性的警示，可惜时人并不这样看。[34]

在对海外食物供应网络的威胁之外，还有很多其他环境问题困扰着罗马人，如工业空气污染、铅中毒，这些问题主要集中于城市和矿业小镇。空气污染的问题可以追溯至穴居人时代，但是当罗马帝国在基本的农业经济之外加入工业之后，他们创造了前所未有的更多污染。在整个宽广的地中海盆地迅速崛起了许多新工业，远早于 18 世纪的采矿、熔炼与制造业。但是无论工业的到来有多早，在它造成的污染中总会有死亡。

铅污染尤其危险。铅被广泛用于制造玻璃镜子、出入房舍的输水管、盛装美酒的饮器，这些都是其时代的出色发明，但是日常生活中如此之多的铅意味着对罗马人身体的毒害。这些发明主要限于富人使用；他们的家园比起穷人家也受到更多该元素的污染。罗马为巨富们设计的独户住宅是帝国的荣耀，但是在其屋檐下铅的大量使用可能造成脑损伤。这笔分类账较为积极的一面是，帝国提供了大量净水，其中一部分通过铅管直接流入房舍之中。大量的水通过国家建造的巨型引水渠进入城市，同时，国家还在城市中建造了大型的人工下水道排走废水与人类的便溺。两相权衡，污染恶化，而卫生可能得到某种改善。

城市贫民经历着他们自己的一系列问题，包括由于过度拥挤和感染造成的疾病增多，这主要是帝国迷恋城市化的结果。除首都罗马之外（居民最多时达 100 万人），帝国囊括的大城市有位于埃及海滨的帕加马（Pergamum，到公元 2 世纪，总计有大约 20 万居民），安提阿（Antioch）、亚历山大港（Alexandria）、迦太基，它们分别位于土耳其、埃及、北非。[35] 所有这些地方都有大量城市贫民，他们中的很多人都罹患传染性疾病。

紧随土壤肥力耗尽这一罗马最严重的生态问题之后的，便是危险微生物的无处不在，造成大量疾病和传染病。然而，这些有机物是在其成为环绕地中海的帝国贸易的一部分之后，才变得如此具有威胁性。农夫们驯养的家畜有时与人同居一个屋檐之下，它们易于感染患病，再传播到那些与其共居的人身上。马、绵羊、猪、牛，还有鸡都携带痘疹。但是罗马人在不经意间将微生物的存在提高到人类历史上前所未见的水平上。他们在整个地中海开辟新航路，甚至延伸至印度洋和亚洲、非洲内陆，如此做的结果是，他们为曾经孤立的微生物创造了轻松直入罗马城市的新路径。微生物与小麦、香料、丝绸，以及其他进入城市市场的贸易物品一起，乘着将商人与军事领袖带至罗马的帆船到来。如同微型的、不可见的哥特人侵者，微生物在整个地中海大量繁殖，它们中的一部分来自热带，但是也有很多源自整个亚欧大陆。简而言之，罗马出现了一种新的人为生态，势将动摇整个帝国，促成它的衰落。

“如果在公元2世纪晚期有一种物质性力量在罗马的败运中发生作用，”历史学家约翰·布鲁克写道，“这种力量就是疾病——公元165—180年的安敦尼大瘟疫（Antonine Plague）、251—266年的塞浦路斯瘟疫（Cyprian's Plague），还有开始于542年的查士丁尼大瘟疫（Justinianic Plagues）。”[36] 布鲁克关于疾病的潜在力量的论述没有错，不过我们必须补充一点，流行病之所以比从前更易发生，原因在于大量人口对食物的需求，他们在许多类型的有机物之间编织了一张网，允许疾病更迅速、便利地传播。

关于这个微生物的悲剧故事的最好指南是凯尔·哈珀（Kyle Harper）的《罗马的命运》，此书应当能够改变我们理解所有国家与帝国的方式。哈珀将罗马帝国的第一个世纪形容为“最幸福的时代”。至少相对而言，那个时代是温和的、稳定的、繁荣的。在每一处，商品似乎都在增加，这主要应当归功于宜人的气候。农田、仓院、葡萄园、家中的摇篮，整个经济都运行良好。多亏有了如此增长，罗马可以支持30个兵团的士兵，统共50万人，并将他们纷纷送往边境线。其中一部分被送去捍卫生存空间，另一部分送去保护域外粮仓，人们相信仅需2个兵团便足以保障北非与埃及的安全，其他人则分布在战斗远为激烈的北境边疆。如此之多的军队之所以可能，是因为罗马的人口开始以每年1.5%的比率增长，仅需1个世纪，登记册上便可多出50%的人口。“如同从深处激起的浪潮，”哈珀写道，“罗马统治下的三个大洲的人口经历同一波巨大的增长，在安敦尼王朝［96—192年］时期达到顶点”。[37] 在凯撒·奥古斯都时期，罗马人口为 6 000 万，这个数字持续增长，到公元 96 年左右，添加了大约 3 000 万人口。他们中的最大部分集中于意大利和邻近岛屿，但是也有更多的帝国公民居住在高卢、日耳曼、小亚细亚，仅埃及一地就增加了 500 万人。埃及人口的增长是一个尤为重要的飞跃，因为他们几乎全部是挤满在尼罗河沿岸的农夫，使其成为帝国人口密度最高的地区。

更多人并不意味着更好的健康状况。他们出生时的预期寿命大约在 20—30 年，不比很久之前的采集狩猎时期的寿命更长，相反，或许更短。营养也没有跟上；结果是，意大利男男女女的身高开始下降，直至平均仅为 160 厘米。我们不得不说，虽然有着域外的小麦补给，但是很大一部分罗马人吃得既不多也不好。更矮、更瘦、营养更糟，这些人开始精力不济，虽然他们仍然能够生育足够的孩子，事实上，这也是他们一直坚持去做的。

国家努力促进这样的繁衍，用哈珀的话说，它“在其鼓励生育的政策中对高生育力提供了强有力的激励措施，惩罚无子者，奖励多产者”。生育了大量孩子的女性可以享有法律特权。避孕措施很不可靠，有时甚至很危险；它们也不被广泛使用，或者受到大众的青睐。事实上，节育在法律上受到严格限制。“自然生育力，”哈珀言道，“是罗马世界的现实”。女性无论其生命周期多么短暂，都平均孕育 6 个孩子，虽然一半之多的宝宝将无法活至成年。[38]

可能罗马国家最伟大的成就便是提供了更多的家园和工作，但过剩的劳动力没有带来增长。事实上，在整个世纪，工资大幅度上涨，超过小麦与土地的成本——即使它们同样也在升高。[39]

人们可以负担进口食物的昂贵花销，虽然他们经常在有毒的居所中享用着那些食物。他们成就斐然，但是疟疾、伤寒、痢疾、肺结核、腹泻变得远比从前常见，在城市邻里的上空蒙上了一层阴影。虽然在疾病暴发时，最富有的公民总是可以找到逃离城市、撤往他们乡间地产的渠道，但那些不是很富有的人却不行，他们无处可逃。要么获得对疾病的免疫力，要么死亡，但即便那些拥有免疫力的人也会感觉丧失了活力，同时耽误了很多工时，寻医问药无门。"罗马人无助地陷入他们伴随混乱生态影响的自身进步的邪恶掌控，"哈珀写道，"所有迹象都表明，这个帝国的人民在病原体异乎寻常的重负之下呻吟受罪，即使罗马帝国有着如许功绩，这些功绩本身在某些方面却是他们受罪的原因。"[40]

这是帝国初建时的一两个辉煌世纪的情形。后面的情形便更加糟糕了。公元165年，马可·奥勒留（Marcus Aurelius）这位伟大的斯多葛派哲人在位时期，可怕的瘟疫首先在埃及海岸暴发，随后向罗马传播。哈珀根据其症状将之判断为天花，或者重型天花（*variola major*），这在法老的土地上长期存在；3 000年前的木乃伊还展示着它留下的疤痕，虽然这一次埃及人如何染上它尚且原因未明。天花是一种传染性极强的疾病，可能一直存在于非洲的野生啮齿类动物中间，特别是在萨赫勒，这是一片撒哈拉沙漠以南的干燥的稀树大草原，那里生活的牧人可能最早接触到天花，后来慢慢地传入罗马。

伴随帝国的扩张和通过海运航路进行的频繁活动，天花获得了轻松进入罗马的渠道。啮齿类动物身上携带的病毒可能感染了经过红海的帝国军队。那些军队带着病毒回到意大利，从那里开始向整个欧洲传播。它总共杀死了700万人，占整个欧洲人口的

10% ～ 20%。如果真实情形确乎如此的话，那个啮齿类的宿主可能是裸跖沙鼠（*Gerbilliscus kempi*），一种天花的特有本地宿主，曾经生活在远离罗马的地方，现在从其惯常的栖息地溢出。帝国与其船只使得一场流行病成为可能，它从公元 165 年到 180 年整整持续了 15 年。

在天花流行渐渐平息之后，帝国的生活似乎暂时恢复了某些昔日的荣光。征战重启，兵团再建勇力，角斗士重入竞技场，在欢呼的普罗大众之前屠杀倒霉的野兽，小麦也再一次从埃及乡间运往罗马消费者手中。帝国的人口也恢复了，弥补这场瘟疫带来的人口巨大损失用了大约 10 年时间。不论是其人民还是帝国的统治者都没有全然理解他们的生活与统治究竟发生了怎样的改变。他们跨入了一个流行病的新时代，然而他们对其危险尚未察觉，对其原因知之甚少。

统治者将新的脆弱性归咎为反复无常的神灵或者“报复心深重”的自然。但是那些藏身于遍布乱石、半干旱荒凉土地上的沙鼠只是在艰难的环境中挣扎求存，显然不是决意毁灭他们的敌人。罗马人甚至不知道这种小生物的存在。

安敦尼瘟疫结束 70 年后，另一场毁灭性的大流行病降临——塞浦路斯瘟疫，持续时间同样是 15 年。学者们仍然不清楚其原因。或许它来自起源于撒哈拉以南非洲的近似埃博拉的病毒，在它潜入罗马人的血液之前，首先感染了埃塞俄比亚人和埃及人。其可怕的症状包括呕吐、血性排出物、高烧。造成这场世界历史上第二次的规模巨大的流行病——塞浦路斯瘟疫的，是另一种在整个帝国传播死亡与失序的非洲病毒。沿着遥远的北境边界线，士兵纷纷患病，罗马的防线崩溃。这场瘟疫的受害者包括皇帝克劳狄乌斯二世（Claudius II），如同数以百万计的普通人，他也在这场瘟疫中丢掉了性命。

第二场大流行病带来的意料之外的一个后果是，一种新宗教开始在整个小亚细亚与欧洲流行起来——基督教。信仰着死于一个多世纪之前的耶稣基督的人们将大流行病归咎于罗马“异端”神祇的无能或者冷漠，他们似乎没有为其信徒提供任何保护。基督徒警告说，唯一真神扫清所有与之相竞争的小神，而后对人类进行末日审判的一天正在来临。公元 3 世纪见证了这一末世宗教的胜利，其先知对罗马的领袖、国家、国家宗教口诛笔伐。然而，几乎奇迹般地，帝国从塞浦路斯瘟疫中复原，虽然再次受到重创，帝国存续下来，甚至经历了又一次经济与人口的井喷式增长。

第二场复原不过昙花一现，因为那时，国内的土壤仍然地力耗尽，人们仍然受到对进口食物的需求的痛苦折磨，因此，在意大利与非洲和亚洲之间仍然有着船只的频繁往来，将微生物带入围墙守护的文明当中。在此后的一个半世纪中，罗马帝国踉跄而行，而后遭到罗马尼亚出生的西哥特国王阿拉里克（Alaric）的入侵、洗劫、屠戮，罗马再次崩溃。此时，在如此之多的敌人的连续重击下，一个破败腐朽的、焦虑的、人口过剩的帝国开始走向无可挽回的衰落。

远在它进入那个阶段之前，罗马国家迁至君士坦丁堡，希望在彼处复兴。一度，它看似签署了一个生命新契约，君士坦丁大帝（Emperor Constantine，306—337 年在位）为一颗严重开裂的蛋注入了新生命。他向基督徒屈服，让他们的宗教成为这个国家的官方信仰。不过转换神祇无济于事。公元 542 年，新的流行病横扫迁都后的帝国都城。这一次，杀手是鼠疫耶氏菌（*Yersinia pestis*），即腺鼠疫，它通过活跃于贸易网络中的跳蚤和老鼠传播，远抵欧亚大陆如青藏高原和今天的哈萨克斯坦。这就是查士丁尼瘟疫，它所杀死的人数超过人类历史上任何一次瘟疫。这是死亡系列的第三部，腺鼠疫杀死了罗马帝国作为矮胖蛋多次还魂的最后一条命。[41]

在近千年的时间中，环绕蓝色地中海的土地一直为人类早期历史中最富庶、技术上最先进、管理妥善的国家所统治，然而最终这个国家终结于彻底的崩溃。人类的高生育率是其终极原因，越来越多的人挤入环海的土地之上。拥挤带来了乡村的地理消耗、农夫的被迫迁徙、社会组织的解体。小麦产量的下跌迫使许多人出售自己的土地，从原有土地上运往罗马粮仓的小麦逐渐减少，直至罗马人跨越地中海，在北非找到了替代品。当粮食紧缺持续，国家便会持续要求从殖民地进口更多粮食，但是进口小麦的最初转向同样允许病原体轻松进入帝国的心脏。在这个古老政权上有着其他的裂缝与弱点，但是这些环境变化的影响力是最大的。它们在物质上削弱了这个国家，令它再也无法恢复。[42]

这当然不是罗马的当权者希望他们的人民对其统治做出的评判。他们希望其公民视之为人类对自然进步征服中的急先锋。对这一观点做出最佳阐释的是罗马政治中最雄辩的人物：马尔库斯·图利乌斯·西塞罗。他无视在此处讨论的所有环境问题，盛赞皇帝们的应变处事能力，阐发了将为后世很多国家与帝国一再响应的信条。国家，西塞罗宣称，应当得到罗马成就的很大一部分荣光，不仅仅是其在音乐与文学上的成就，也在“必需的技艺”（arts of necessity）包括农业、“食物的丰富种类和充裕”的生产，以及健康护理上的成就。西塞罗继续赞美国家在林业、住房、衣物、金属冶炼和交通上的其他成就。所有这些汇总，似乎将人类对自然世界的掌控带入了一个新层次。在激情澎湃的一刻，他展示了矮胖蛋凯旋的玫瑰色图景：

> 我们享用着平原与山峦的果实，河流与湖泊为我们所有，我们播种谷粒，我们种植树木，我们用灌溉使土壤肥沃，我们羁縻河流，让河道或直或曲，引水而出。总而言之，我们用我们的双手试图创造的好似自然世界中的第二个世界。[43]

西塞罗在此处所引入的是未来所有国家与帝国都将一再重复的叠句：欲满足人类的欲望，我们寻求再造自然。我们需要创造尽可能强大高效的国家来领导人类进入“第二自然”——人造的地球。如此帝国展望将会一直启迪未来的统治者，直至美国总统托马斯·杰弗逊（Thomas Jefferson）和约翰·亚当斯（John Adams）。这两位都是欧洲启蒙思想的仰慕者，分享着他们以国家为基础的理性时代的梦想，而其宏大者无过于罗马。这一梦想将持续盘桓，直至最近的寻求管理今日世界的技治官僚与社会规划者。西塞罗与其他国家辩护者没有预见到的是，他们所称的“第二自然”将是多么的易碎与短寿。

地球的历史仍然继续为超越农业、人口数量与技术英雄行径的力量所形塑，这是一种超越了人类控制，甚至理解的力量。这一力量通过微生物的自主性、气候变化、洪水与干旱，一再扰乱帝国的计划与蓝图。即使在今日，人类对自然的控制仍然主要局限于我们在地景上所制造的肤浅变化，如改变河流的流向或者操控若干动植物物种。然而，板块构造与其他地质力量仍在继续，让地球始终处于不定与莫测的状态。国家与帝国可以宣告它们赢得了对如此不安的力量的控制，但是它们自身地位的起伏兴衰宣告着一个更为卑微、复杂的事实。国家或许会暂时在扩大粮食生产、喂养人民上取得成功，但是国家与帝国一直是，而且总将是一连串薄壳蛋，任何比它们更强大的物质力量都可轻易地打碎它们。

最终，只有"第一自然"的存在，没有第二、第三、第四自然，只有我们起源于深层时间的行星，一个无可替代的行星，一个我们今日尚且未能全然认识的行星。这个行星包含着我们，但是它并非全然屈从于我们的权力。它仍在演化着新的美丽形式，为万物生灵提供养分，时不时地让人为的矮胖蛋跌下墙头，摔成碎片。

注释：

1 本章受到詹姆斯·斯科特（James Scott）著作的很大启发，特别是其书 *Against the Grain: A Deep History of the Earliest States*（New Haven CT: Yale Univ. Press, 2017）。斯科特挑战了进步主义叙事中，将国家形成视为人类显而易见的进步的观点。但是他认为精英发明国家以实现对普通人剥削的观点，过度轻视了人类对繁衍的基本欲望在国家与帝国崛起中所扮演的角色。

2 关于为何有组织的社会会崩溃的讨论，参见：Jared Diamond, *Collapse: How Societies Choose to Fail or Succeed*（New York: Viking, 2005），绪论。戴蒙德用人口水平衡量一个社会的成功或崩溃。

3 Robert L. Carneiro, "A Theory of the Origin of the State," *Science* 169（21 Aug. 1970）, 733.

4 Thorkild Jacobsen and Robert M. Adams, "Salt and Silt in Ancient Mesopotamian Agriculture," *Science* 128（21 Nov. 1958）: 1251–1258.

5 United Nations Convention to Combat Desertification, https://www.unccd.int.

6 参见：Donald Worster, *Rivers of Empire: Water, Aridity, and the Growth*

of the American West（New York: Oxford Univ. Press, 1985）, 22–29。关于魏特夫对阐释中国历史的讨论，参见：Karl Wittfogel, *Oriental Despotism: A Comparative Study of Total Power*（1957）。

7 Mark Elvin, "Three-Thousand Years of Unsustainable Development," *East Asian History* 6（Dec. 1993）: 7–46.

8 相关介绍，参见 "Nile Basin Water Resources Atlas," https://atlas.nilebasin.org，特别是第五章。

9 Carneiro, "A Theory of the Origin of the State," 733–738. 另可参见：Carneiro, "The Circumscription Theory: A Clarification, Amplification, and Reformulation," *Social Evolution & History*（Sept. 2012）: 5–29；以及 *The Muse of History and the Science of Culture*（New York: Kluwer Academic/Plenum, 2000）, 156–158, 177–178, 185–186。

10 参见：James C. Scott, *Weapons of the Weak: Everyday Forms of Peasant Resistance*（New Haven CT: Yale Univ. Press, 1987）。

11 Mark W. Allen, et al., "Resource Scarcity Drives Lethal Aggression among Prehistoric Hunter-Gatherers in Central California," *Proceedings of the National Academy of Sciences* 113（Oct. 2016）: 12120.

12 关于历史上暴力下降理论的主要支持者是 Ian Morris, *War! What Is It Good For?*（2015）；以及 Steven Pinker, *The Better Angels of Our Nature: Why Violence Has Declined*（2011）。他们都是人类进步的古老梦想的拥护者。关于其他的观点，参见两位人类学家通过比较跨物种数据得出的结论："与黑猩猩相比，人类演化成为更加暴力的物种，无国家的人与有国家的人相比，既不更多也不更少暴力。"参见：Dean Falk and Charles Hildebolt, "Annual War Deaths in Small-Scale versus State Societies Scale with Population Size Rather than Violence," *Current Anthropology* 58:6（Dec. 2017）: 805。

13 加勒特·哈丁（Garrett Hardin）以一个简单的短语协调了这一明显的冲突："相互强制（mutual coercion）：绝大部分受影响的人相互达成一致"，参见：Hardin, "The Tragedy of the Commons," *Science* 162（Dec. 13, 1968）: 1247。这一方案似乎是对早期国家的良好总结，虽然人们可能会疑惑在罗马帝国中，是否清晰地了解、征询过绝大部分人的观点。

14 Carneiro, “A Theory of the Origin of the State,” 735–736.

15 关于前哥伦布时代巴西聚居地的有用概览，参见：Justin Buccifero's “Neither Counterfeit nor Paradise,” *Economic Anthropology* 3:1（Jan. 2016）: 12–30。除本书所引的卡内罗著作之外，参见：Jeremy Mumford, *Vertical Empire*（Durham NC: Duke University Press, 2012）；以及 Gordon F. McEwan, *The Incas: New Perspectives*（New York: W.W. Norton, 2008）。

16 Henri J. M. Claessen, “On Early States—Structure, Development, and Fall,” *Social Evolution & History* 9（March 2010）: 3–51；“Was the State Inevitable?” ibid. 1（July 2002）: 101–117；以及 Claessen, “The Early State,” in Claessen and P. Skalnik, eds., *The Early State: A Structural Approach*（The Hague: Mouton, 1978）, 533–596.

17 该短语来自 *Immoderate Greatness: Why Civilizations Fail*, by William Ophuls（Scotts Valley, CA: CreateSpace, 2012）。

18 转引自 Peter Davidson, *Atlas of Empires: The World's Great Powers from Ancient Times to Today*（Mount Joy PA: CompanionHouse Books, 2018）, 7。

19 参见爱德华·吉本的经典六卷本：*The History of the Decline and Fall of the Roman Empire*, 1776–1789。

20 Tim Flannery, *Europe: A Natural History*（Kindle ed., New York: Atlantic Monthly Press, 2018）, 1189, 1215–1219, 1606.

21 科学家业已发现马略卡岛（island of Mallorca）海平面的剧烈起伏，在高于现海平面 6 米到低于 5 米之间波动。参见：https://news.climate.columbia.edu/ 2021/01/21/reconstructing-6-5-million-years-western-mediterranean-sea-levels/。

22 J. Donald Hughes, *Pan's Travail: Environmental Problems of the Ancient Greeks and Romans*（Baltimore MD: Johns Hopkins Univ. Press, 1994）, 14.

23 关于历史上土壤肥力耗尽问题的概览，参见：J.R. McNeill, *The Mountains of the Mediterranean World*（New York: Cambridge Univ. Press, 1992）,

311–325。

24 J. Donald Hughes, *Pan's Travail,* 130–148.

25 关于地中海环境史概述，参见：David Attenborough, *The First Eden*（1987）; A. T. Grove and Oliver Rackham, *The Nature of Mediterranean Europe*（2001）; 以及 Peregrine Horden and Nicholas Purcell, *The Corrupting Sea*（2000）。

26 Vladimir G. Simkhovitch, "Rome's Fall Reconsidered," *Political Science Quarterly* 31（June 1916）: 209. 西姆霍维奇是一位俄国的流亡人士，他从德国大学中获得博士学位，是一位马克思主义的社会主义批判者。

27 Simkhovitch, 209.

28 关于罗马的土壤肥力耗尽，参见：J. Donald Hughes, *Pan's Travail*, 138–139；以及 J.R. McNeill, *The Mountains of the Mediterranean World*（New York: Cambridge Univ. Press, 1992）, 311–325。

29 参见：Marc Bloch, *Feudal Society,* trans. L. A. Manyon.（Chicago: Univ. of Chicago Press, 1961）；以及 Jerome Blum, *The End of the Old Order in Rural Europe*（Princeton NJ: Princeton Univ. Press,1978）。

30 关于大地产（latifundia），参见：Simkhovitch, 203–205。他写道："即使在老加图时代［公元前 234—公元前 149 年］，意大利大多数地方的农业也已经开始衰败。老加图的《农业志》是流传下来的最早的罗马农书，几乎无视谷物庄稼。他的注意力集中于葡萄与橄榄的种植。"（p. 212）。

31 这一普遍的罗马观点引自：Peter Garnsey, *Famine and Food Supply in the Graeco-Roman World*（Cambridge UK: Cambridge Univ. Press, 1989）, 255。

32 John Perlin, *A Forest Journey: The Role of Wood in the Development of Civilization*（Cambridge MA: Harvard Univ. Press, 1993）, 128.

33 参见：John L. Brooke, *Climate Change and the Course of Global History*（New York: Cambridge Univ. Press, 2014）, 339–347。

34 Kyle Harper, *The Fate of Rome: Climate, Disease, and the End of an Empire*（Princeton NJ: Princeton Univ. Press, 2017）, 15, 159–198.

35 Sing C. Chew, *World Ecological Degradation: Accumulation, Urbanization,*

and Deforestation 3000 B.C.-A.D. 2000(Walnut Creek CA: Altamira Press, 2001), 86.

36 John L. Brooke, “Malthus and the North Atlantic Oscillation,” *Journal of Interdisciplinary History* 46: 4 (Spring 2016) : 569.

37 Harper, *Fate of Rome,* 31.

38 Harper, *Fate of Rome,* 76–78.

39 Harper, *Fate of Rome*, 35.

40 Harper, *Fate of Rome*, 80.

41 远在其都城遭到劫掠之前，罗马国家已经向君士坦丁堡迁移。新皇君士坦丁（306—337 年在位）一度为其政权注入新生命，虽然他为人们记住的主要功绩是令基督教成为官方宗教。腺鼠疫通过远达东亚的贸易网络中的跳蚤和老鼠传播。那场大流行的死亡人数为历史之最，它带来了另一个矮胖蛋的彻底终结。

42 关于罗马帝国败亡的更为经济学的解释来自约瑟夫·泰恩特（Joseph Tainter），他认为当一个社会寻求解决其社会与物质困境的时候，它倾向于增加其组织的复杂性与维护的费用，直至它抵达收益递减的节点。复杂性随之变得过于繁重，国家四分五裂，允许更为简单的、地方性的制度重现，一如罗马帝国崩溃后欧洲的情形。参见其书：*The Collapse of Complex Societies* (New York: Cambridge Univ. Press, 1988), 128–151。

43 Cicero, *De Natura Deorum,* trans. H. Rackham, Loeb Classical Library (Cambridge MA: Harvard Univ. Press, 1933), Ⅱ, 271. “第二自然”的概念延续至今，仍然表达着一种将许诺安全、充裕与健康的人为逻辑与设计强加于土地之上的帝国式野心。例如，参见：Michael Pollan, *Second Nature: A Gardener's Education* (Boston: Atlantic Monthly Press, 1991)。

第六章

第二地球的发现

在大约公元1500年，当诸多微小变化骤然变成一个巨大的变化时，行星地球抵达另一个临界点。这个变化究竟有多大，有多重要？与大约30亿年前光合作用的到来，或者同20亿年前大气的含氧量转高相比，这个新的临界点可能看似并不那么重要。但是，公元1500年，如其他重大事件那样，标志着行星大气圈和生物圈的灾难性转型，直接将我们带入今日的全球气候变化与生物多样性危机。它也同样带来了人类经济、知识、权力与文化的非凡成就。无论是从一种生态中心论的视角，还是一种人类中心论的观点，这个时间都标识着地球的重大转向之一。自此以后，这个行星将变成一个单一的整体，它的两个半球将结合而成一个共同的栖息地，有些人将之称为“人新世”（Anthropocene），即人类的时代[1]。

历史学者早已认识到这个临界点的重要性，或者至少他们对这场转型的某一个维度有深刻的认识，看到了那些对人类产生影响的变化。但是，他们大多没有看到，也没有将所有步步相随的新发展联结起来。而且，如同他们对罗马帝国衰落的讨论，历史学者在这个议题上遭受着同样的诅咒，在他们的解读中，过多原因争相竞驰；与此同时，他们往往倾向于将涉及该事件的人类行为主体过度道德化，或者做出过度的价值判断。更糟的是，他们没有完全理解公元 1500 年转型背后最为重要的驱动力：将这个物种带向高生育力的深层欲望，开始挤压亚欧大陆的土地，驱动大量人口迁移寻找新的资源。一种行星地球的观点可以帮助我们修正这些缺陷。

与历史学者相比，科学家或可更加从容地把握这些变化的复杂性。从达尔文开始，他们便在学习如何在看到所有变化都有着多重原因的同时，不迷失于各种细节的大杂烩当中。地球科学家知晓人类历史必然根植于地球历史之上，其结果可能需要数百年或者数千年方能得以展示。而传统历史学者倾向于在短时段中思考——一个个体的生命周期，仅仅百年或者十年——他们假设贸易数据、王朝更迭，或者艺术潮流便是所有要紧的事物。我们需要一种远为宽广的生态视角来真正理解“1500 年事件”的完整影响。

让我们以亚欧大陆的辽阔物质现实为起点，这个超级大陆从东到西跨越 10 000 公里，覆盖地球土地面积的 36%。如前文所述，这个大陆直至人类历史的下半叶方被发现，此后，那里开启了漫长的定居、开发过程，彰显着以动植物驯化为基础的农业的发明，城市、国家、帝国的崛起，以及书写、记录、哲学与宗教的创造。亚欧大陆很快成为人类生活的主要中心，而非洲变为被遗忘的出生地。

千年的岁月过去，亚欧大陆也变得越来越拥挤，越来越紧缩。当然，那并非今日意义的拥挤，但是在它的某些区域，人口开始逼近其土地的承载力。土地承载力部分决定于自然，部分则决定于人类的知识，特别是如何生产食物的知识。至1500年，超级大陆的东边，或者“亚洲”子区域已成为2.4亿～2.8亿人的家园，同时，在小得多的“欧洲”，那块亚欧大陆的附属，由各种碎片簇拥而成的地质拼图，又为大陆增添了7 000万～8 000万人口，令这个超级大陆的总人口超过3亿，而整个世界当时也不过5亿人口。彼时，非洲的总人口大约只占智人人数的10%～20%。不过，无论他们在何处生存，绝大部分人类都向文明迈出了巨大的一步，虽然当时很少人能够完全理解这一事实的意义。没有任何一个大型动物物种在如此短暂的时间中，在亚欧大陆上，如人类那样繁衍兴旺。如此巨大的增益究竟带来怎样的后果？在彼处生活的3.6亿人究竟如何改变了地球以及他们自身？

亚欧大陆人口的年增长率以更为晚近的标准衡量可能并不惊人，大约只是1%的很小部分，但是，它在5万到6万年间持续增长。到1500年，超过30人居住在1万年前只有一人居住的地方，大约10万年前，则完全无人居住。因此，让我们暂且将不起眼的年增长率搁置，而将焦点集中于长期的结果。回顾之下，我们清晰地看到人类在其发展中，将自身推向了一个临界点。

在自然中，冰川移动般缓慢的变化可能在骤然间终结，旧有的秩序突然崩溃，一些新事物开始浮现。例如，一个融化中的冰川可能以微不可察的日常速度逐渐减少，直至它出人意料地裂成两半，一半冰山漂移而去。或者让我们想想浮现在今日地平线上的临界点，据最近的气候学家所言，北极的永久冻土可能融化到足以令在漫长的地质时代中埋藏的甲烷逃逸进入大气，激发温室气体猛增的地步。科学家无法预知这个临界点何时到来，但是他们深知5亿人类的缓慢累积可能抵达一个阈值。毫无疑问，我们必须允许思想观念、意识形态、个人性格在历史中扮演它们的角色，但是生成这些思想与转型的，是表层之下，几乎不可见的物质力量，而非反向的生成。临界点在人类社会中的发生正如同它们在自然界的发生，而且事实上，它们彼此之间紧密联系。

在1500年的直接预备期，欧洲人口第一次下降了15%，其原因在于从1347—1353年之间横扫亚欧大陆的腺鼠疫造成的高死亡率。但是，这个数字迅速恢复。回顾这个时期，他们好像乘坐过山车般，呼啸而上，呼啸而下，但是总体而言，其人口的发展清晰可见。到1600年，仅在欧洲自身，又增添了2 000万人口，下一个世纪再加2 000万，直至1800年，这个地区的人口达到1.2亿。这是在乌拉尔山以西生活的人，在他们之外亚欧大陆的其余地方还增加了6.25亿人口。至1820年，地球上的总人口为10亿，其中许多欧洲人生活在澳大利亚和南北美洲。这些更高的数字意味着什么？毫无疑问，它们正是我们所称的“现代性”背后的强大驱动力，这个转折始于人口，终于广阔的文化变迁。[2]

我所见的由于人口增长导致环境变迁的最早记录来自英国1086年的《末日审判书》❶，该书是关于英国和威尔士土地财产的调查清册。它揭示出，当时是，就整体而言，85%的土地上森林已被清除，在海拔低于1 000米、土壤更适合农业生产的地区则是90%。这样大规模的森林砍伐在整个亚欧大陆都很普遍，对地球的大气气体和气候有着显著的影响。[3] 至1400年，树木覆盖面积有所回升，主要原因在于鼠疫导致的人口下降，但是随后，森

❶ *Domesday Book*，国王征服者威廉颁布的土地调查清册，时人称之为“英格兰描述”（“the description of England”），《末日审判书》一名在12世纪开始使用，指其所作裁定为最终裁决，不能申诉。——译者注

林面积开始再次萎缩，在1850年时，占土地面积不足2%。这个指标相当具有说服力，它显示出自何时起人们如何对自然生态系统施以重压。[4]

在伊比利亚（Iberia）也上演着同样的模式，彼处是欧洲半岛的突出部分，为咸水所紧密包围。比起英格兰，那里生长着更多的森林，但是伊比利亚的森林既不苍翠也不丰茂，因为其气候相对比较干燥，土壤无法支撑茂密的森林。自罗马时代开始，人们就开始清除伊比利亚半岛上的森林，用于采矿、制炭、造船和农业，以及家畜的广泛放牧。在整个西班牙宽广的高地，庄稼种植无甚前景可言，因此放牧着大量绵羊。那里再次演绎着人类对土地施压，最终走向崩溃的古老故事。其灾难性后果之一是西班牙与葡萄牙同时感到土地根基的衰退，因而开始驱逐穆斯林与犹太人。任何可以生长食物的土地都应该被用于喂养基督的好子民。[5]

亚欧大陆的其余部分可能情况相对好一些。彼处农业经济的财富与人口仍在持续增长。然而，社会不平等越来越严重，直至在整个超级大洲，从法兰西、斯堪的纳维亚半岛到印度、中国，都达到了相当的高度。此外，所有人还将看到其他严峻的警示。亚欧大陆上曾经的领先地区——中东与地中海沿海地区——不再为人们提供很多机遇。在这片大陆被过度消耗的土地上，很难找到更多希望。虽然在那里仍然有很多地方的人口密度并不高，但是那些地方主要是沙漠、草原或者严寒的北部。在其余地方，到1500年，农夫们的扩张空间已经变得十分有限，特别是超级大陆的西侧边缘。

现代观察者往往忽视了这些物质极限，可能是因为他们习惯于无中生有，救人民于水火的技术奇迹。不论怎样，一场危机正在累积。当人类宝宝们源源到来，不断地为土地加压，农民们从根基处破坏着他们孩子未来的生存机会。他们可能希望找到同自然之间的快乐平衡，但是，成功不在他们的手中，各种革新发明鲜少作用长久。

一位颇具影响的经济史家安东尼·里格利将前现代欧洲标记为一种“有机经济……一种同土地生产力紧密联结的传统经济”[6]。这些字眼闪烁着怀旧的色泽，描绘着一种同土地和谐共处的生活，但是，这一解读带有高度的误导性。所有的农业，无论是现代的还是传统的，都是“有机的”，因为它总是依赖于在收获之前对有机物的不断培植。即使今日先进的农业体系在这个层面上也是有机的，它们同样仰仗撒入土壤中的种子，农夫们的能源仍然来自于太阳（虽然它可能以化石能源的方式储存了很久）。现代农场主的水源也如同传统农夫那样，仍然来自同样的水文循环，即使雨水可能在水库中存放了一段时间。当下，我们并没有一个对“有机”生活的替代选择。自其诞生伊始，所有的农业都是对自然的战争，一场伴随着人口增长而日益激烈的战争。

对前现代欧洲来说，一个远比“有机的”更合适的词是“农业的”（agrarian），如“农业经济”或者“农业生活方式”，这个词意味着主要致力于农耕的前工业时代，虽然它同样能够成就文明和城市，并且制造了人口的大量增长。到 1500 年，已有将近 10 000 年之久的农业经济在整个亚欧大陆都陷入巨大的麻烦当中，特别是其最西端的部分，那里的人们对土壤、水和生物圈所施加的压力令彼处的农业尤其不可持续。

如此情形在面对大西洋的沿海土地上表现得最为真实。伊比利亚半岛是农业造成压力最严重的地区，彼处的土壤由于自然因素而干酥皴裂，不断增多的待哺之口令其不堪重负。此外，在大西洋海水中凸起的不列颠群岛也在生态上承受过度的压力，虽然与伊比利亚半岛相比，其人类占有史要短得多，而且土壤的总体状况相对好一些。法兰西和低地国家的情形强出些许，但是即使在那里，食物供应仍然是无休止的烦恼。饥荒一再对所有这些国家造成重击，甚至遮蔽了微生物与传染病带来的持续威胁。气候模式的转型和土壤肥力的消耗令饥荒经常性地发生，而一旦气候变化和地力耗尽同时到来，其打击最具毁灭性。庄稼的年产量愈来愈低，经常下降到不足果腹的程度。农夫们及其家庭往往没有摄入足够的卡路里。灾难总是近在咫尺。

在1500年，不列颠群岛的人口达到500万，比仅仅500年前增加两倍有余。到1800年，其人口将达到1 600万，增长迅猛，人口是1500年的300%。在同一片土地基础上，有了如此之多的人口需要喂养。伴随罗马帝国的衰落，远距离粮食进口随之崩溃。在伊比利亚半岛，其人口从800万上升为1 400万，人口数量几乎翻番。如何支撑这些激增的数字变为每个家庭的主要顾虑。他们尝试了一些农业上的变化，其中一些的确获得了一定的成功。但是任何规模的变化都要求时间与资本的投入方能见效。在这段时间中应当去往何处？可以做些什么？

伴随问题的出现，答案也在累积，而所有的答案都指向发现可以被征服的新土地的必要性。而后，一部分人开始意识到他们还有着整个海洋，但其潜力却被长期忽视，对之所知寥寥。海洋环境一直将西端国家与其余的已知世界相隔离，令它们处于贫穷、边缘化的状态。几乎在突然之间，他们的海洋成为一项优势，为西方打开了一个新的边疆。当这种想法开始散布时，欧洲的沿海地区将发现自己并非身处亚欧大陆的赤贫一侧，而是位于其最前沿。他们所要发现的事物不亚于一个坐落于其西方的，全新的、完整的第二地球。当非洲与亚欧大陆到达其极限时，他们也将成为征服那片辽阔土地的人类先锋。随后而来的一系列深刻变化对地球上的每个人都将产生深远的影响。

在 1451 年的晚夏或者初秋，克里斯托弗·哥伦布诞生于意大利热那亚一个名不见经传的贫穷家庭。他的祖先曾经是农民，但是穷困潦倒，其父母移居城市，在毛纺织厂中找了份收入微薄的工作。热那亚位于蓝色地中海之上，凭借如肉豆蔻、丁香、肉桂等昂贵香料的贸易而一度繁荣；这些商品在印度种植，陆运至黑海，热那亚人在那里将它们装船，运回家乡消费。可惜的是，哥伦布的家庭不擅长这样的商业生活。可能是他们认为无论热那亚从中获得了多少利益，那份职业对他们而言太过不稳定。他们的儿子长大之后也不希望过小商人的生活。他鄙视香料贸易，因为香料在传统农业经济中不具有什么价值，仅仅对富有消费者的小圈子有意义。

在 1453 年，奥斯曼对君士坦丁堡的征服令香料贸易的不可靠性更加明显，因为这场征服切断了通往印度和中国的路线。热那亚古老而繁忙的港口，在凋零的农业腹地和受阻的海外奢侈品市场的环绕下，陷入了危机。如此状况下，像克里斯托弗这样的小伙子该怎样找到生计？出海似乎是正确的答案，但是在地中海上遨游的黄金时代已经彻底终结。

男孩在对父母的卑微与穷困的怨怼中渐渐长大，这样的愤懑夹杂着野心将他推上了向西而去的漫长征途。25 岁那年，他离开了意大利，来到葡萄牙位于大西洋之上的主要港口——里斯本，那片巨大的水体将定义他的未来。他在里斯本整整待了8年，在此期间，他梦想着各种可能性，但是没有得到什么支持。葡萄牙的国家首脑一门心思都在另外一条通往远东的路线上，即向南沿非洲西海岸，绕过好望角，直接穿越印度洋抵达印度的马拉巴尔（Malabar）海岸——世界香料市场的中心。与之相反，哥伦布梦想着向西航行穿越广阔的大西洋。他在葡萄牙受到的冷遇让他颇为沮丧，但是他并没有就此罢休，而是再次移民，前往西班牙的大西洋港口，在那里继续寻找愿意支持其不切实际的想象的投资者。

哥伦布的计划是向预期的西方航行抵达"印度地方"（其时对亚欧大陆另一端的通称）。维京人在很早之前便从北部横越大西洋，但是他们在500年前企图建立欧洲之外的早期殖民地的努力或不为人知，或已被遗忘。这位来自热那亚的野心勃勃的年轻人热切地渴望成为穿越那片水体的第一人，好名利双收。

早在此之前，克劳狄乌斯·托勒密（Claudius Ptolemy）便已绘制过一幅行星地图，那是现存最古老的世界地图，当时仍被广泛使用。托勒密是一位天文学家、地理学家，生活在公元2世纪的埃及亚历山大港，身份是罗马帝国的公民。托勒密地图凸显的是他所称的"人类世界"（*Ecumene*），或者是已知世界，描绘的仅是亚欧大陆和非洲的北端；即使在那些地方，很多细节也只是纯粹的揣测。在哥伦布成长的时代，托勒密地图仍然在整个欧洲不断再版，其语言也从希腊语被译成拉丁语，成为当时西方对行星面积与形状的地理理解的权威标准。

托勒密的大西洋是西边的一条狭窄的蓝色彩带，在地图的左手边奔流，更似一条河流而非一片海洋。时人的制图知识仅到此处而已。哥伦布仔细研究了托勒密的世界地理，但是他的注意力为另一幅图景所吸引，后者在1474年从佛罗伦萨的医生、宇宙地理学家保罗·达尔·波佐·托斯卡内利（Paolo Dal Pozzo Toscanelli）的笔下来到里斯本。托斯卡内利曾经遇到过一队充满异域风情的中国访客，他们关于“中国”的精彩描述让他兴奋不已，因此，他建议人们向西航行穿越大西洋，抵达世界文明的真正中心，他称为“Cathay”的地方。他给里斯本一位天主教会人士的信中，这样写道：

> （中国）值得为拉丁人所追寻，不仅因其巨大的财富：金银、各种类型的宝石、我们见所未见的香料；还因其饱学之士、颖悟的哲人、占星术士而为我们所向往，正是这些人以他们的天才与艺术治理着那些强大而壮丽的省份，甚至发动着战争。[7]

在其枚举的渴望进口之物的清单中，他没有提及可能的食物；但是同样，托斯卡内利也并非仅仅渴望赚钱的头脑简单之人。

抵达那片遥远的土地成为哥伦布的万丈雄心，他的炽热渴望。他希望开阔其欧洲同胞的眼界，首先，看到西部海洋的宏伟与经济潜力；其次，让自己也看看另一侧静候他们到来的中国天堂。最重要的是，他梦想着实现个人的荣耀，功成名就，财源滚滚，脱离贫困，在精英群中站稳脚跟。他并非邪恶、贪婪、残忍的魔鬼，但他野心勃勃、甘冒大险，这是一种人们即将非常熟悉的性格类型。

1492年8月3日，哥伦布出发跨越大西洋，胸怀抵达亚洲的壮志。他从一个西班牙港口启航，是因为当他自说服葡萄牙君主铩羽而归之后，他终于从西班牙女王和国王那里获得财政支持，后者赐给他三艘小木舰，另加堂皇封号"海洋舰队司令"。仅此封号便足以了却哥伦布平生宏愿，在其未来的 14 年生命中，他将坚守其所赢得的新地位。

根据很有可能从未见过大西洋的托斯卡内利所言，前往中国的航行距离甚短，大约比其真正距离短出 8 000 公里。哥伦布自己也做了计算，但他同样低估了那段距离，大概比实际情况短出 10 000 公里左右。两种估算都显示出时人对地球行星辽阔尺度的普遍无知。当时的学者已经可以测量纬度，但是尚不能测量经度，也无法精确地计算地球的周长。但是即使计算错误，哥伦布仍然成功地横跨大西洋。在强大而稳定的信风的推动下，他和他的伙计们经过了三个月的海上生活后，于 1492 年 10 月 12 日到达彼岸。他们在一个平凡无奇的小岛登岸，但是哥伦布船长认为他们到达了中国，一个他相信即将出现于其视野之内的国家。然而事实上他连一半的距离都没有走到；反之，他在无意中闯入了一个亚欧人全然不知晓的半球——**第二地球**。如同那个旧世界——第一地球——那样，第二地球上遍布大陆、岛屿与海洋。

此后，他又进行了三次航行，在最后一次，他的船队沿中美洲葱郁的热带海岸而行，那里生活着大量土著居民，哥伦布差点命丧彼处。他返回家乡，至死坚信他抵达了亚欧大陆的另一端，对其追求的目的地而言，这是一个苦涩而令人郁卒的终点。但是，在另一方面，如他所愿，财富、荣誉、声望与地位纷纷而至；不过，就好像他青年时代意大利渐趋衰败的农业经济与香料贸易那样，他所获得的一切都将是不尽如人意且不可仰赖的。[8]

与其所移居社会的任何不公相比，最终击败哥伦布的是这个地球行星的巨大面积。对任何当时生活在另一个半球上的人而言，他们全然不知地球还有另外一半，一个在漫长的地质时间中一直矗立于西欧和东方中国之间的土地与水体的组合：首先，那里有两个将被命名为“美洲”的大洲，与之相伴的是两片宽广的大洋——大西洋与远大于前者的太平洋，其最宽处铺陈25 000公里。[9]在数百万年间，西半球一直坐落于彼端。在其较晚近的历史中，从亚洲走来一群群探险移民，但是他们并没有真正意识到自己身处何地——他们对行星的了解甚至不及哥伦布。此前不为任何人所知的是，在弧形的亚欧大陆两端之间坐落着这个行星的一部分，满溢着自然的丰裕。第二地球将证明它为一个不堪重负的亚欧大陆所提供的，无异于再来一次的机会。

对于中国人或者那些真正的印度的“印度人”，以及美洲土著或者欧洲人而言，这个行星囊括着一个如此巨大的未知新领地是不可想象的。在哥伦布去世二三十年后，人们才开始捕捉这个事件的重要意义，而人们需要三四个世纪，方能感受到其全部影响。最早发现其完整的范围与位置的是斐迪南·麦哲伦（Ferdinand Magellan），一个卓越但是暴躁而固执的人，和哥伦布一样，他同样航行于西班牙的旗帜之下。麦哲伦启动了第一次成功的环球航行，他的船队从伊比利亚半岛出发穿越大西洋，横跨太平洋，最终返回家乡。

麦哲伦于1480年出生在葡萄牙北部的一个遥远乡村萨布罗萨（Sabrosa）。他的家庭背景略好于哥伦布，多少属于没落的葡萄牙贵族。在他的时代，他的受教育程度相对不错，在葡萄牙宫廷中一度获得了享有一定特权的位置。但与此同时，如同哥伦布，他深谙失败之苦，无权无财，这令他考虑通过远洋探险一途提高自己的社会地位。另一位坐拥西班牙王位的当权者——国王查理五世——赐给他一个良机，前者从德意志的银行巨头福格（the House of Fugger）那里获得了帮助，因而可以落实财政支持，给予探险者足够的资金配备五条帆船，号称“摩鹿加舰队”（Armada de Molucca）❶，向西航行，为西班牙寻找新的领地。

在哥伦布第一次航行约30年后，麦哲伦的船队于1519年8月上旬离港。麦哲伦远航寻找到了一个绕南美南端的可航行的开放通道，此后被命名为麦哲伦海峡，虽然人们发现这里迂回曲折，帆船不易通行，但是与更南方风大浪劲的好望角相比，还是要强出许多。从那里启航，舰队径直驶入通往亚洲的那片巨大而未知的大洋。最终，在三年的航行之后，只有一艘船将回归故乡，而船上已无麦哲伦，他被菲律宾麦克坦岛（Mactan Island）上愤怒的岛民所杀，尸骨无存：在岛民们拒绝受洗成为天主教徒后，麦哲伦贸然纵火焚烧了当地人的村落；随后，为了惩戒他们，他又侵袭了他们的家园。他和船员们全身披挂，穿着沉重的板甲，挥舞着刀剑，磕磕绊绊地涉水登岸，撞上了一支愤怒的裸体军队掷出的毒矛枪雨。一支长矛插入麦哲伦的大腿。他灰溜溜地倒下、鲜血四溅、横尸沙滩，仍然裹着那身可笑的盔甲，一套想当然的上帝之器，却成为他自身狂热信仰的祭品。逃过屠杀的船员们找到了去往东印度群岛的航路，当山侧的香料树映入眼帘时，他们轻松地驶入回家之旅。[10]

麦哲伦的船队带回的行星知识对西班牙所面对的国内难题无

---

❶ Molucca在印尼语中意指香料群岛。——译者注

甚帮助，但是此时，该国的当权者开始迫切地寻找更多的海外殖民地，追求金山银矿，积极参与奴隶贸易，同时进行一些宗教传播，虽然他们对如何挽救其衰落的农业基础仍然束手无策。很久之后，在西班牙挖掘了大量新大陆的稀有金属、对土著人群犯下更多的弥天大错之后，这个国家失去了其西方殖民地，重返大西洋沿岸的次要地位。

但是不论怎样，这是历史上第一次太平洋为亚欧人所知晓，并被标识在其地图之上。即使麦哲伦及其船队一路上损失惨重、灾难重重，他们仍然标志着一个转折点，因为正是他们，至少粗略地为欧洲沿海国家开启了一个未来，若非如此，这些国家面对的是一个可能很快便将关闭的未来。

不过，在所谓的发现时代中对后世产生最大影响的人物可能既不是哥伦布也不是麦哲伦，而是同样一穷二白，但是野心勃勃的弗朗西斯·德里克（Francis Drake）。作为英国的海员和船长，德里克和他的手下成为第二支环球航行的船队，他也帮助他的国家获得了远比西班牙大得多的成功。他在英吉利的君主眼前展现了第二地球的前景，鼓动他们追逐一个世界性帝国，一个在未来将超越古代罗马或者美索不达米亚所创造的帝国，远比它们更加宏伟，也更加持久。在哥伦布航行的 100 年后，掌控第二地球最富裕部分的国家不是西班牙或者葡萄牙，而是不列颠群岛。不列颠的农夫将漂洋过海，移民北美与加勒比海地区，攫取那里的土壤，生产大量的蔗糖与棉花，也是这些人将发现一条通往后农业时代的新经济道路。德里克是这场成功的关键人物，虽然除他之外，还有很多人，包括约翰·卡伯特（John Cabot）、沃尔特·雷利爵士（Sir Walter Raleigh）、巴塞洛缪·戈斯诺德（Bartholomew

Gosnold）、詹姆斯·库克船长（Captain James Cook），以及他们的船员，所有这些人背后都有着强大的君主与新兴的资产阶级，有着利润的追求者与殖民地的谋划者，还有成千上万的普通人，他们合力将一个原始而落后的岛国转变为一个**世界**帝国。此外，还有着令一切成为可能的第二地球的生态现实。没有第二地球的前提条件及其自然资源，人类角色将一无所成。

在环游世界的航程中，德里克一再惊诧于他所遭遇的物质丰裕。它远远超出了他孩提时代在英国田庄上的所知所见。当他的舰队在1577年穿过佛得角群岛（the Cape Verde Islands）来到巴西海岸时，他在笔记中议论说，古人是错误的，他们误以为大西洋是“炎热地带”（“torrid zone”），将比地狱还糟糕。根本不是这样，德里克报告道，它是如此惬意，如此资源充裕，必须称之为“凡间天堂”。德里克对海洋所提供的“东西”（“things”）的数量以及悠游彼间的“所有上帝生灵的卓越”咋舌不已。那里的热度绝不会令人不适、虚弱，事实上，它令人感觉健康且精力充沛，因此上帝为了他最心爱的物种，用凉爽的微风为它降温。频繁的降雨带来足够的淡水，那里的大海满载着美味的食物，“都是品质最高的好东西”，“就好像我们身处为主赐福的仓廪，（享受着一切）王侯所能渴望的”：

> 仁慈天父苍穹中的大海的确为我们同时提供了变化与花样，每天我们都享用像海豚、鲣鱼、飞鱼等等对全世界的君主来说都不寻常的最有营养、最珍稀的鱼类，我们也完全不缺上帝源源不断地送来直接落在我们船上的鲜肉，这超出了

任何人的期待与理性认知；因为距离任何陆地都有500里格[1]（据揣测）之远，那些天生在陆地上暂栖交配的水鸟会无穷尽地来到我们远在海中的船只上，它们也是最稀有的东西，我们的劳动和每日的锻炼就是屠宰、食用，将剩余的储存起来，它们好极了，而且可能还有更多。[11]

和他的同乡们一样，德里克在如此的自然财富之前瞠目结舌。虽然对征服自然有着那般虎视眈眈的冲动，但他也是一位基督徒，对新世界拥有如此远远超出乡村英格兰所能给予的丰裕深怀感恩之心。他发现了一个新的伊甸园，那是上帝为其坚韧而受之无愧的孩子所准备的。

像麦哲伦一样，弗朗西斯·德里克也客死他乡之水，他在巴拿马加勒比海岸一个名叫波多贝罗（Porto Bello）的小小海港中，染上了痞疾这种因为吞食被污染的食物或水而造成肠道感染的恶疾，以致一命呜呼。

德里克是英格兰德文郡（Devonshire）一个佃农家庭中12个孩子里的长子（生于1540年），在阴冷的达特穆尔（Dartmoor）荒原上，他生活在一片贫瘠的租种土地上。他很早便离开家乡的农业生活，寻找一种海上生涯。这是一个良好的选择；去往海洋令他成为一位白手起家的成功人士，他从一次次航行的掠夺中发家致富，受人尊重并被女王封为爵士，而且让世界各处战栗于他的海盗行径。最初，他遵循麦哲伦的航线绕行南美南端，而后沿南北美洲西海岸北上，直至俄勒冈，进而横穿太平洋，通过印度

[1] 1里格约等于4千米。——编者注

洋回到家乡。同样如麦哲伦那样，德里克对他在航行中所遇到的原住民知之甚少，但是他的确真正认识到他所找到的自然丰裕。为了掠夺那样的丰裕，他一再以身涉险，直至最终死于肉眼不可见的微生有机物。[12]

虽然在今天，此三人被广泛批判为西方帝国主义的代理，但是同时，他们也是聪慧、勇敢而富进取精神的。他们是自身同类、自身种族、自身国家的救星，而这些当然不是其他人所应景仰的特质。哥伦布与德里克在为其国人开辟新边疆的同时也为自身带来大量财富，不过若干世纪之后，他们将被抨击为种族主义者、帝国主义者和暴徒恶棍。麦哲伦同样变得声名狼藉，虽然在三人中间，他是唯一一位不曾带回分文以奖励自己事业的探险者。他们三人中没有任何一位，如有些人所认为的那样，代表着邪恶的西方精神，侵略摧毁了一个纯洁而高贵，既无缺陷亦无暴力的半球。无论在他们之前还是之后，那里都有着来自所有种族与国度的一波波男男女女，激励他们的是其自身对部落的忠诚与自我利益。第二地球的所有发现者，包括此后随之而来的成群结队的移民都为共同的内在自然所驱动，它不仅存在于欧洲乡间的百姓当中，事实上，也存在于整个人类物种之间。他们中几乎无人是开明的或者有远见的，而那些被他们所攻击的人，包括麦克坦岛挥舞着原始武器杀死麦哲伦的原住民也是如此。

公元1500年这个临界点并非代表着从正直到邪恶，从纯真到狡诈，从良善到不公的全球转向。它只是开启了一场争夺对第二地球控制权的达尔文式竞赛。明晓于此应当能够帮助我们对自身有更好的理解，明晓我们曾经是什么，一路走来又变成了什么。

在更新世之后，大不列颠变成无冰的冻土地带，但是依旧干冷、多风而荒凉，不过同时，这是一片新土地，新的动植物、新的人群侵入彼处，都在寻找更多的食物。一度，所有的生命都可以轻松地抵达彼处，而始终令其双足保持干燥，直至不列颠再次变成岛屿。当海洋变得温暖，海平面上升，不列颠同亚欧大陆的其余部分被咸水海峡相隔绝，从而孤悬海外。更暖更湿的气候开始出现，冻土带开始被茂密的森林与草原覆盖。不过，在那里，并非每一处地方都能提供新的财富，因为那是一片坑坑洼洼，遍布不甚肥沃的沼泽与山峦的土地。

在达尔文式的选择中，物理隔绝保护着动植物的变异性，带来迅速的物种形成。在演化论知识出现之前的纯真时代中写作的英国游吟诗人们，赞美其岛屿的孤绝及其成就的生态多样性，然而他们具有如此念头主要出于文化原因。例如，威廉·莎士比亚歌咏着在他看来是英国所独具的美丽、壮伟、和平与自由[1]：

> ……这一个统于一尊的岛屿，
> 这一片庄严的大地，
> 这一个战神的别邸，
> 这一个新的伊甸——地上的天堂，
> 这一个造化女神为了防御毒害和战祸的侵入而为她自己造下的堡垒[2]，

---

[1] 《理查二世》第二幕第一场，译文采用朱生豪先生译本。莎士比亚：《莎士比亚全集》，朱生豪等译，第三卷，北京：人民文学出版社，1994年，第28页。——译者注

[2] 此处“造化女神”原文为Nature，自然。以阴性指代自然，以阳性指代人（男性），系西方自亚里士多德以降的思想传统。——译者注

这一个英雄豪杰的诞生之地[1]，

这一个小小的世界，

这一个镶嵌在银色的海水之中的宝石

（那海水就像是一度围墙，

或是一道沿屋的壕沟，

杜绝了宵小的觊觎），

这一个幸福的国土，

这一个英格兰……[13]

对诗人而言，不列颠似乎是庇护与满足之地，虽然当其“幸福人种”变得越来越拥挤时，他们也变得越来越不幸福。他们强烈地感受到其环境的极限，他们最渴望的土地成为竞争与暴力之所。那片不断升高最终将英国同亚欧大陆相分隔的大海或许给予其定居者某些免于侵略的自由，但是它并不能隔绝所有的外来者。在冰川消退后到来的第一批人是觅食者，但是很快他们被农夫们所倾轧，被迫撤往高地。绝大部分较好的土壤都为农夫占据、所有，他们继而榨取那些土壤，直至庄稼的产量开始下滑。随后，与罗马的情况相仿，一小部分所有者开始获取更多的土地所有权，使自己成为特权阶层。

现代学者通过数量有限的文字记录对不列颠土地根基的长期萎缩进行了描述。在这些记录中，最突出的一份仍是《末日审判书》，据其所载，在1086年前，英格兰和威尔士已经成为大约

---

[1] 此处“英雄豪杰诞生之地”，原文为”that happy breed of men”，似译为“这一个幸福人种的诞生之地”更符合原意。——译者注

100 万人的家园。这个数字代表了数千年间发生的巨大增长。在此后数个世纪中，该国即使经历了黑死病的高死亡率，仍然增添了更多人口。到 1550 年，仰赖这同一个古老的岛屿生产的食物，大不列颠的人口上升至 300 万。至彼时，土地所受的压力已经很大。到 17 世纪进入所谓的“小冰期”，当寒冷的天气重返，破坏了大量收成时，人口呈稳定状态。但随后，当气候稍微转暖，人类的繁殖力便开始再次上升。村庄试图通过不断提高结婚年龄来控制人口增长，但是徒劳无功——新生儿源源不断地到来。

到 1750 年，共计 600 万人居住在英格兰和威尔士，此外，通过兼并苏格兰增加了更多人口。几乎所有人都是自给自足的农夫。就大陆标准而言，600 万人似乎不是很多；在整个亚欧大陆的西端，彼时有近 3 000 万人。但是，人口学家马西莫·利维–巴奇（Massimo Livi–Bacci）关于欧洲的讨论同样使用于英国：一个新时代开始了，“当瘟疫从大陆消失，工业化创造了新的能量来源和更多的生态资源的方式，种种新开端被制造出来——并非仅对西方的美洲，也对乌拉尔及其以东地区——它允许人力资源的启程和物质资源的到来”[14]。在其自身高生育力的驱动下和少数豪强的挤压下，英国人同欧洲沿海地区的其他人一样，开始超出了其农业经济的限度。

英国人开始如人类最早走出非洲那样作为：在他处寻找土地。最终，大约有 8 000 万到 1 亿人从欧洲移民第二地球，主要是迁往南北美洲。走在最前列的便是来自不列颠群岛的移民，随之而往的是日耳曼人以及其他民族。同在 1 万到 2 万年前从亚洲前往西半球的人类小分队相比，这场新的移民运动是一股真正的饥饿人群的洪流。[15]

在对第二地球宣示权力的问题上，英国人比其他民族更加成功，这一事实不仅改变了那些移民最终定居的地方，也同样改变了他们留在身后的世界，莎士比亚的“另一个伊甸”。英国的成功带来了欧洲与亚欧大陆权力平衡的转移；那片大陆以及此后整个星球都变得更为英国人所主导。曾经，意大利人有英国人 3 倍之多，到 1850 年，两个民族的人口数量旗鼓相当。意大利的文化影响力继而开始消退，英国则开始上升，直至后者变成欧洲的主导中心以及一个行星帝国的核心。英语语言同样开始扩张，与希腊语、拉丁语、意大利语、法语相竞驰，直至它变为地球上最普遍使用的语言，西班牙语紧随其后。如此结果只能以第二地球的发现与占有来解释。[16]

当英语人群开枝散叶之时，其家畜，如马、奶牛、绵羊、猪、鸡的数量也在激增。它们就像在其家乡那样成群结队，而后漂洋过海，移民第二地球。当哥伦布向新世界航行之际，绵羊开始占据英国景观的相当部分。至 1500 年，人均有 3 只羊——总计大约 800 万只“毛茸球儿”——它们的数量会持续增长，极大地消耗英国乡村的牧场。从羊身上薅下的羊毛温暖了那些苦度英格兰阴冷潮湿冬季的农夫，但是羊毛产量在全岛的提高建立在急剧增长的环境代价之上。加上所有其他家畜带来的环境影响，英格兰与欧洲其余部分所经历的生态变迁大规模膨胀。[17]

据 17 世纪的统计员格里高利·金（Gregory King）的统计，在他的时代，英国的可耕地不到 900 万英亩，其中总计一半的土地都种植了行间作物。金将大约 1 000 万英亩的土地贬入“废地”类别，例如贫瘠的荒原、沼泽，以及土壤稀薄、岩石裸露，让农人之犁无用武之地的山峦。另外，还有 300 万英亩的土地仍然生长着本土的森林和矮树丛，提供燃料与建筑材料。在近代早期，部分耕地开始被“圈”，这场私有化过程令许多老百姓无地可耕，甚至无法种植养活他们自己的粮食。到1730年为止，圈地运动主要在地方层面的私人土地所有者之间协议进行。此后，议会接手，几乎终结了所有集体共同管理的开放田地。英国景观上的大块田亩成为富人的财产，他们建造了石墙、树篱，以及市场道路网络切割其景观，其上的农场数量减少了，但是面积变大了，与此同时，土地的主人比以往更加集约地管理土壤以实现增产。这里运作的是一种博赛拉普式思维方式，但是在规则制定上全无任何社区参与。弥漫在新的土地所有者阶层中的渴望是从此前表现不佳的资源中，不受任何传统束缚而获取更多财富。[18]

在大西洋彼岸，同样可见类似的社会——农业思潮羽翼渐丰。南北美洲上一些最好的地带逐渐为少数精英所有，这也正是经济集约化的普遍结果。到1900年，西半球以及澳大利亚、新西兰的大量土地都被转化进入一种更加高效的新型农业经济。那些曾经在第二地球上耕耘5 000年之久的土著居民败下阵来。那些较早转向农业实践的“印第安人”比他们的邻近部落繁衍得更快，通过武力与威压，他们创造了自己的国家与帝国。远在外来者迫不及待地取他们而代之之前，土著们一直经历着一场又一场暴力竞争。

我们永远无法确切地知道在第一次接触之前，究竟有多少美洲土著。一些专家认为在哥伦布登岸之际，美洲生活着1 400万人；另一些人则认为实际数量有这个数字的2倍之多，甚至更多。据保守估计，今日的墨西哥国在1500年左右可能是500万人的家园；另一个古老地区，印加帝国，可能支撑着约200万人口。

另有大约 1 000 万到 1 200 万人散居于自阿拉斯加至火地岛的广阔区域，整个半球人口总计 3 000 万。在太平洋群岛的其他地方，包括新几内亚和澳大利亚，1500 年左右的人口数量可能是 200 万。无论其确切数字如何，每个人都会同意，自第一批人类从亚欧大陆东部迁移来到美洲之后，人口有了极大的增长。第二地球是整个地球约 1/10 人口的家园，其人口数量是欧洲的一半。非洲与亚欧人口加在一起远远多出西半球人口。人口上的不同本身令前者更具竞争力，更先进的冶金术、农业、经济制度与军事力量则令他们如虎添翼。这些旧大陆的居民必须造船筑舰，穿越广阔而危险的海洋，方能抵达他们所希望拥有的新土地。如同此前的移民，他们的步伐同样不可阻挡。

但是，到 1800 年，南北美洲的总人口显著下降，土著与新移民加在一起总计不到 2 000 万，反过来在大洋洲，却增长了大约 50 万人口。这场人口衰落的大部分原因在于美洲土著对欧洲人无意中带来的疾病几乎毫无抵抗力。澳大利亚的土著同样死于舶来的病菌，但是，他们人口损失的缺位暂时被涌入的白人定居者所填补。可悲的事实是肉眼难见的病菌将土著人如瓶中之蝇般屠戮，虽然这场屠戮并非发生在每一个地方，严重程度也有所不同。当时的任何医生都无法理解这个悲剧故事背后的生物学；因此，无论是医生、入侵者，还是被入侵者，都以超自然的方式对之加以解释。他们将欧洲人与非欧洲人不均等的死亡率看作上帝的意志，或者失宠于异端神灵，后者不知为何决定站在欧洲人，而非土著的一边。而事实上，土著所遭遇的危险来自入侵者血液中携带的抗体。但是，新到者也并非安然无恙。致德里克于死地的疟疾同样源自欧洲，被西班牙水手、神父、海盗与黄金交易者带来的隐形微生物传播。如许多欧洲旅行者、探险者和定居者那样，德里克由于缺乏免疫力而一病不起，虽然欧洲人的病死数量要小于土著死亡人口。

在那些被带往南北美洲的致命病毒与细菌中，有疟疾、黄热病、麻疹、霍乱、斑疹伤寒、鼠疫、天花，土著人对之几乎全无抵抗力。去往新西兰与澳大利亚的除了上述各种疾病，还有白喉、梅毒、肺结核。非洲大陆在这场同外来者的遭遇中独活，因为那里本是很多上述疾病的源生地，因此其人口对疾病更有“经验”。奴隶贩子们抓捕非洲人，将他们戴上镣铐跨越大西洋的一个主要原因便在于，他们认为非洲人能够更好地适应温暖潮湿、疾病丛生的纬度，从而为蔗糖种植园和银矿供应相对健康、持久的劳动力。[19]

欧洲人、非洲人与微生物并非纵横于大西洋与太平洋之上的唯一有机物。植物也在此列，其中包括从旧大陆运来，成为新大陆重要农业产物的蔗糖与咖啡，而另一些原本在新大陆种植的食物与药材物种如玉米、土豆与红薯、西红柿、烟草、木薯，都前往旧大陆，成为彼处的主要作物。在阿尔弗雷德·克罗斯比（Alfred Crosby）所称的“哥伦布大交换”中，还有许多动物物种被引入，或者重新引入西半球，包括马、牛、骆驼、绵羊、山羊、猪和各种鸟类、啮齿类动物，以及形状大小各异的昆虫。在接触之前，土著美洲人仅仅驯化了美洲驼（llama）和羊驼（alpaca）两种驮兽，以及辅助捕猎的狗。但凡欧洲人消灭了本地物种的地方，舶来的动物便迅速嵌入，填满空出的生态位。

没有人能够完全把握这些变化的至关重要性，它不啻于一场对长期分裂的大陆的缝合。亿万年前，南北美洲从亚欧大陆与非洲大陆漂移而去；而今，欧洲人将它们再次推回，发起了一波波生物变化，在自然中重复着伴随迁徙而来的古老战争。但是，现在这场长期分裂的生态系统的结合同样影响了曾经孤立的人类群体，包括美洲土著、澳大利亚原住民与太平洋岛民。如此时刻必然会在某个节点发生，但当此节点到来时，它将为那些受其影响的人群，那些注定在这场交换中相形见绌的人，带来怎样的苦难。新近被引入的疾病在土著中造成的死亡率攀升至90%，远高于黑死病对14世纪欧洲的打击。高生育率应当可以很快恢复那些数字，但是这仅仅发生在幸存下来，可以继续生育的健康人群当中，也仅发生在他们对土地的所有权与居住权保持完整的地方。

性关系与疾病的传播都是东西半球遭遇的一部分，但是，我们永远无法充分计算其频率；我们只能说，新的基因混合的确发生了，创造了许多模糊性。谁是土著，谁又不是？一项基于现代DNA采样的研究发现，今天有6 000万巴西人（其总人口为2亿）拥有至少1位土著祖先。据美国官方人口普查调查员统计，现在在美国仍然生活着300万“印第安人”，但是，土著、欧洲人与非洲人的基因混合至此，已经很难说谁属于或者不属于第二地球。[20]

我们可以确定地知道，21世纪，西半球已经成为10亿人的家园。他们的起源遍布世界，不仅仅在那些沿海国家，也在亚欧大陆与非洲大陆的其余部分以及无数海洋岛屿当中。没有哥伦布以及那些后来的探险者，现在的西半球人口，无论他们的基因组合如何，鲜少在今天存在，他们甚至不会诞生。没有第二地球，也没有足够的土地生产足够的粮食支撑他们的存活，也不会有在新旧大陆之间往来的如此之多的营养丰富的食物。

西半球上的被入侵者更早抵达了那里，但是数千年过后，他们始终并不知晓他们生活在一个由两个半球构成的行星之上，他们的先祖来自另一个半球，同样不知道他们在其所生活的时代中占据了整个南北美洲大陆。伴随时间的演化，本地知识变得越来越深入细化，但是原住民没有地图告诉他们，在其自身的栖息地之外，他们究竟位于地球何处。在此层面上，哥伦布、麦哲伦、德里克的确发现了一个新世界，一个可以在地图上标识的世界，一个在行星意义上，旧世界人群比南北美洲土著更加了解的世界。因为这些探险者，欧洲人与亚洲人开始认识到地球究竟有多大。他们看到了这种巨大，他们到来，他们征服。

欧洲人，特别是英国人赢得了这场拥有同第一地球（亚欧与非洲大陆）大小相当的第二地球的博彩。他们浑似登陆另一个行星，然而就沃土、净水、丰富的动植物与微生物而言，第二地球提供了每一种支撑其庞大地球人口扩张的物事。

因此，第一地球制造了地图与知识，无论其上笼罩着怎样的关乎天堂与丰裕的理想化神话。[21] 他们拥有从土著手中夺取控制权的武器，他们拥有开发新资源的贸易网络，他们也拥有大量随时可以迁徙的人口。第二地球的发现遵循着早先非洲人发现的模式，但是这一次，发现来自更加先进的农耕文明；这一次，他们将书写其所见所闻，并将其所发现的一切绘成地图。人类历史上，没有任何一个时刻比此刻更加深刻复杂。

注释：

1　参见：Will Steffen, et al., “The Anthropocene: Conceptual and Historical Perspectives,” *Philosophical Transactions of the Royal Society* 369（2011）：842–

867； 以及 Will Steffen, et al., "The Anthropocene: Are Humans Now Overwhelming the Great Forces of Nature?" *Ambio* 36:8（Dec. 2007）: 614–621。

2 Colin McEvedy and Richard Jones, *Atlas of World Population History*（New York: Facts on File, 1978）, *passim*. 亦可参见：Massimo Livi–Bacci, *A Concise History of World Population,* trans. Carl Ipsen（Cambridge MA: Blackwell, 1992）；以及 Organization for Economic Co–operation and Development, "Appendix B: World Population, GDP and GDP Per Capita Before 1820," in *The World Economy,* Volume 1: A Millennial Perspective and Volume 2: Historical Statistics（Paris: OECD Publishing, 2006）。

3 Warren Ruddiman, *Plows, Plagues, and Petroleum: How Humans Took Control of Climate*（Princeton NJ: Princeton Univ. Press, 2005）, Part Three.

4 I.G. Simmons, *An Environmental History of Great Britain*（Edinburgh: Edinburgh Univ. Press, 2001）, 92–100；亦可参见 B. A. Holderness, *Pre-Industrial England*（London: Dent, 1976）。

5 María Valbuena–Carabaña, et al., "Historical and Recent Changes in the Spanish Forests," *Review of Palaeobotany and Palynology* 162:3（Oct. 2010）: 492–506. 该期文章全部是关于伊比利亚植被变化的讨论。

6 Anthony Wrigley, *Continuity, Chance and Change: The Character of the Industrial Revolution in England*（Cambridge UK: Cambridge Univ. Press, 1988）, 5–6.

7 "Toscanelli's Letter to Canon Martins"（1474）, *Journals and Other Documents on the Life and Voyages of Christopher Columbus,* trans. and ed., Samuel Eliot Morison（New York: Horizon Press, 1963）, 13–14. 哥伦布还收到了托斯卡内利的私人便签，这坚定了其决心。

8 参见：Samuel Eliot Morison, *Admiral of the Ocean Sea*（Boston: Little, Brown, 1942）; Gianni Granzotto, *Christopher Columbus*（Garden City NY: Doubleday,1985）; William D. Phillips, Jr. and Carla Phillips, *The Worlds of Christopher Columbus*（Cambridge UK: Cambridge Univ. Press, 1992）;

以及菲利普·费尔南德斯–阿梅斯托（Felipe Fernández –Amesto）关于地理大发现的众多著作。

9 意识到哥伦布所发现的土地实际上是一对相连的大陆主要应归功于意大利商人、探险者亚美利哥·韦斯普奇（Amerigo Vespucci，1451—1512 年）。马丁·瓦尔德泽米勒（Martin Waldseemüller）在 1507 年绘制的地图中，第一次把新土地称为“亚美力佳”（America），“亚美利哥”（Amerigo）的拉丁版。直至 250 万年前，南北美洲都处于分裂状态，现在则为一个狭窄的地峡所连接。如果将南北美洲视为同一片大陆，其面积为 4 000 万平方公里，大于非洲，但是小于亚欧大陆。在某种程度上，可以说地球上有三片大陆——亚欧大陆、美洲大陆与非洲大陆，人类从一片大陆向另一片的迁移构成了人类时代的最重要主题。

10 Antonio Pigafetta, *Magellan's Voyage*, 2 vols.（New Haven CT: Yale Univ. Press, 1969）; John Delaney, *Strait Through: Magellan to Cook and the Pacific*（Princeton NJ: Princeton Univ. Library, 2010）; 以及 Joyce Chaplin, *Round About the Earth: Circumnavigation from Magellan to Orbit*（New York: Simon & Schuster, 2013）。

11 Francis Drake, *The World Encompassed*（London: Nicholas Bourne, 1628）, 12. 这些记录是德里克的一位子侄根据其在 1577—1580 年间的旅行日志编辑而成的，包括一幅他绘制的航行地图。拼写已被现代化。

12 Kenneth Andrews, *Drake's Voyages*（New York: Scribner, 1967）; Henry Kelsey, *Sir Francis Drake*（New Haven CT: Yale Univ. Press, 2000）; 以及 Laurence Bergreen, *In Search of a Kingdom*（New York: Custom House, 2021）。

13 此段出自莎士比亚戏剧《理查二世》（第二幕第一场），角色约翰·刚特（John Gaunt）所言，后文中刚特添加了更为尖锐但是常为人所遗忘的批判：“那一向征服别人的英格兰 / 现在已经可耻地征服了它自己。”（朱生豪译）

14 Massimo Livi–Bacci, *The Population of Europe: A History*, trans. Cynthia De Nardi Ipsen and Carl Ipsen（Oxford UK: Blackwell, 2000）, 6–7.

15 参见：Alfred Crosby, *Ecological Imperialism*（2nd ed., New York: Cambridge Univ. Press, 2004）；以及 Dan Flores, *Wild New World: The Epic Story of Animals and People in America*（New York: W.W. Norton, 2022）。

16 Massimo Livi–Bacci, *Concise History of World Population*, 8–9, 69.

17 W. G. Hoskins, *The Making of the English Landscape*（London: Hodder and Stoughton, 1988）, 117.

18 William H. Hoskins, *Making of the English Landscape*, 118, 121–169.

19 现实最终变得非常不同。非洲人罹受严重的营养不良，也被他们在西印度群岛种植园中做奴隶时遭遇的病原体所折磨。参见：Kenneth Kiple, *The Caribbean Slave*（New York: Cambridge Univ. Press, 1984）。

20 Juliana *Alves-Silva, et al.,* "The Ancestry of Brazilian mtDNA Lineages, " *American Journal of Human Genetics* 67（August 2000）: 444–461.

21 参见：Donald Worster, *Shrinking the Earth: The Rise and Decline of American Abundance*（New York: Oxford Univ. Press, 2016）, Part I，特别是 pp. 11–15，彼处有对第二地球概念更细致的讨论。

第七章

无尽财富之梦

伦敦，1848。一位长着一头雄狮般乱发、胡须灰白的男人刚刚发表了历史上最伟大的政论之一：《共产党宣言》。他就是卡尔·马克思，一位记者出身的德国移民，精力旺盛、干劲十足，饱受创作障碍与臀部脓疮之苦。在其政论中，他毫无保留地倾泻着他的愤怒、怨怼、才华与能量，其字句如灼热的火红岩浆一般流淌，试图烧焦新生的资产阶级精英。马克思热切地希望见证他们的垮台，但是他的文字中仍然流露出几分嫉羡，因为他分享着许多后者的逻辑与欲望。

资本主义至今尚未没落，甚至尚未成为濒危物种。实践表明它比马克思或其追随者所允许的更具适应性。资本家们持续扩散，直至他们宣称几乎整个行星地球都成为其领地。他们的成功是发现第二地球造成的最为持久的后果之一，虽然从演化过程的角度看，如此成功不可能永远维持。意识形态便如同物种，伴随时间而变化，最终它们在本质上变成不同的物种。无疑，资本主义也将如此。

资本主义教导各处的人们如何以新的、更强烈的方式成功地开发地球。尤为重要的是，它教导个人与国家去追求无止境的经济增长，虽然在当下，如此追求可能已经难以为继，但这是掌控过去几个世纪的核心理念。它的梦想是允许尽可能多的个人实现经济丰裕。这一梦想如此强大，以至于马克思及其追随者同样梦想于此，虽然他们希望由劳动阶级掌握财富的分配。换言之，他们并不想毁灭资本主义所创造的财富，而仅是希望接管其无限充裕的梦想。当自己势均力敌的竞争对手成功地形塑了自己的梦想时，对方便赢得了深刻而持久的成功。

在《共产党宣言》刊行后不久，马克思认识到伦敦是唯一能让他自由发展其事业，同时又可生活无虞的地方。那个地方不在德国、法国，或者比利时，他必须留在英国，这个他意图驯化的野兽的家园。20 年间，他在大英博物馆图书馆中勤读不辍。该图书馆的藏书大多来自资本利润，但是仍然向所有人，包括他这样邋遢的外国人开放。正是这个图书馆令马克思的主要理论著作——首卷出版于 1867 年的《资本论》——成为可能。此后，他继续在伦敦生活，直至 1883 年逝世。他的密友、合著者与财政支持者，弗里德里希·恩格斯同样是一位德国移民，定居于曼彻斯特附近，其父在彼处投资了一家棉纺织工场，因此儿子得以在资本工业经济中站稳脚跟。在很大程度上，两位革命者欣然接受英国资本主义及其工厂、外币存款和专业知识。他们是革命战友，同时也共同一心一意地享受着资产阶级的富裕、生理上的舒适、智性层面的机会与个人自由。

为何莎士比亚的“权杖之岛”得以成为一个新经济体系的世界中心，成为自农业兴起之后最激进的变化的家园？马克思在《共产党宣言》的开篇段落中为此提供了简明扼要的解释。“美洲的发现，”他写道，“绕过非洲的航行，为新兴资产阶级开辟了新天地。东印度与中国的市场、美洲的殖民化、同殖民地的贸易、交换资料与一般商品的增加，为商业、航海业和工业带来了前所未有的动力，因此，为摇摇欲坠的封建社会内部的革命因素带来了迅猛发展”。他认识到，资本主义的发明在很大程度上是对第二地球的探索，对那些新的大洲与海洋自然丰裕的发现的回应。

然而，当马克思开始著述其不朽之作《资本论》时，这场发现的重要性被他奇怪地遗忘了。当是时，他全心致力于对新的经济秩序的批判，而忽视了历史上“新鲜土地”所扮演的角色。他受到19世纪哲学家格奥尔格·弗里德里希·黑格尔的影响，提出了“辩证唯物主义”的理论。与黑格尔不同之处在于，马克思认为所有的变化必须来自于物质条件，而非抽象观念，这一论点令他与黑格尔学派彻底决裂。不过马克思所言的物质条件并非意味着行星地球的物质性（materiality）。他的思想现在局限于经济关系与社会阶级之间的长期冲突。他想象着一种相互竞争的物质阶级之间的斗争，但同时，这也是善恶之间的斗争。究其根本，马克思始终是一位道德主义者，同黑格尔一样，他成长于深厚的犹太–基督教传统当中。他在《资本论》中所提供的一则惠好消息是，阶级冲突会导向幸福的未来，因为正义终将战胜资本主义的不平等。他预言道，很快资本主义欧洲的工人们将从资本家手中夺取生产资料，实现“无产阶级专政”与社会变化的终结。

《资本论》中没有任何一处显示出马克思的同代人查尔斯·达尔文及其演化论的影响。倘若马克思吸收了该科学，他绝不会预言一种对古老社会斗争的终极解决方式，而将意识到没有任何阶级或者任何物种可以建立对他者的最终“专政”（dictatorship）。

狮子、老虎或可在演化中获取更多杀戮的力量，但是其猎物也在变化。捕食者永远无法主宰（dictate）其猎物；它与它们协同演化，从未曾获得绝对的权力。马克思也将看到，他的辩证唯物主义理论（dialectical materialism）并非源自科学，而是来自善恶之间最后一战的古老思想。自然从来不是二元辩证统一的（dialectical），而是多元辩证统一的（multilectical）。自然由相互竞争合作的物种多样性构成，与马克思的两个经济阶级的简单斗争大相径庭。所有的生命形式始终在彼此之间，并与它们的生物环境间相互作用，其结果总是复杂的、不可预知的，并且绝无可能是最终的。

简而言之，马克思的宏大理论过于抽象、简单、二元论、人类中心主义，以至于无法如自然科学业已开始做的那样，解释生命与人类社会的演化。达尔文在 1859 年出版了其煌煌大著，距离后来《资本论》的出版仅八年。马克思读到了这部书，并且对之表达了他的欣赏，但依然退回旧有的哲学当中，因此，他忽略了第二地球对其所处世界产生的决定性影响。马克思主义宣称依据一种普世的、科学的唯物主义，但事实上，那是一种非常有限的唯物主义形式，服膺于对正义的理想化追求，并没有意识到这个星球及其物种所经历的散乱纠葛的偶发性与复杂性。

马克思的 1848 年政论中关于“美洲的发现”等字句的本源却是著名的自由放任经济学家亚当·斯密。以下是斯密在 1776 年所写：“美洲的发现以及穿行好望角进入东印度的通道是人类历史上记录的两件最伟大、最重要的事件。”[1] 这些被斯密藏在《国富论》后半卷的文字指向了一种与无论斯密，抑或借鉴的马克思，所寻求的迥然不同的历史观。两人都说道，1500 年左右及其后所发生的一切是如此独特而强大，因此必须位列人类过往经历的所有重要时刻之上——新石器革命、耶稣道成肉身、文字的出现、文明的兴起。为何斯密认为发现西半球的巨大财富并将之带回欧洲如此意义深远？因为，无论他的表达多么简略，他都意识到现代资本主义的得势正是找到丰裕自然资源的结果，而且基于创新、贸易与制造业的新兴后农业秩序的形成也并非仅源自欧洲，它同样也来自西半球。

在这个简短的段落之外，斯密似乎也同马克思一样，对第二地球在历史上扮演的关键性角色态度冷淡。他的主要目的在于指出欧洲经济生产力的进步才是真正重要的，而此生产力源自进步的劳动分工以及效率的平缓提高。但是如果我们认真对待那段几乎被尘封的关于发现第二地球的字句，我们将比斯密或者马克思更好地认识到，行星地球的物质性，包括氧气、碳、蛋白质、土壤、森林、水、鱼类和人类，事实上，整个自然的“经济”，同人类社会协同演化。毫无疑问，生产力上的技术创新也很重要，宗教与哲学教诲的观念不可忽视。但是，自然的经济以及人类关于此种经济的知识是历史的支配性驱动力。自然的经济始终在创造与再造人类的经济与社会关系。

可惜的是，那两位现代经济学的创始巨人，仅仅对新世界的发现匆匆一瞥，而后将之抛诸脑后。他们在理论与政策上互为对手，却在欧洲中心主义上结成联盟。他们与众多后来的经济学家和历史学家一道，都退入对行星地球的形塑性力量和新土地丰裕的漠然当中。

不过，斯密与马克思关于此问题的论断都是另一位著述者的简短回响。此人是 18 世纪法国的哲学家——天主教神父纪尧姆－托马·雷纳尔（Guillaume-Thomas Raynal），启蒙运动的重要人物。1770 年，美国革命爆发与《国富论》发表仅仅六年前，雷纳尔出版了一部对欧洲征服美洲的灼热控诉。在很多方面，他都是一位传统的基督徒，视历史为一种道德故事，其功用在于解释为何当他看到欧洲人在征服第二地球的过程中，对美洲土著的不公与残忍时，会感到那般义愤填膺。雷纳尔的控诉对法国政府充满贬抑之辞，以致该书只能辗转在阿姆斯特丹出版，彼处的政治权威不像法国那样全副武装。

在历数欧洲殖民者的滔天罪行之前，雷纳尔在该书开篇首先概述了哥伦布以及其他人的伟大航行。以下是其开场白："对人类物种整体而言，特别是对欧洲人而言，没有任何一个事件比之新世界与经好望角前往印度群岛通道的发现更耐人寻味。此后开启了商业、国家力量、所有人的生活、工业和统治方式的革命。"[2] 这段话中的第二句（开启了……革命）之所以被斯密和马克思按下不发，正是因为他们无法看出行星地球自身如何可能迸发革命的关键性火花。他们不知道如何解释这场发现引发了一系列构成现代革命的文化、社会、经济与政治爆炸的事实。

第二地球的实现包含着物质与关乎物质的知识，二者所占比重相同。它犹如一场超级海啸，一列一浪高过一浪的"巨浪列车"，拍打远方的海岸，淹没遥远的内陆，摧毁沿途的一切。这趟巨浪列车首先席卷了欧洲的沿海国家，而后横扫亚欧大陆的其余部分。这一时刻可能曾经在人类冒险走出非洲时发生过一次，但是那场移民的后果在没有文字记录的情况下已经变得模糊不清。与之相比，同第二地球的遭遇带来了跨越广阔空间的航海、交流与视觉化的新力量。在资源紧缺不断加重的焦虑时代，这场海啸首先击中了滨海诸国。[3]

在从1492年到雷纳尔近乎三个世纪的时间中，巨浪列车不断地冲击着滨海诸国，特别是英格兰。在此后发生的一系列国内变化中，最先出现的是雷纳尔所称的“商业革命”。他应当称其为“资本主义革命”，因为货物贸易是一个非常古老的现象，远在采集狩猎时代便已出现，资本主义却是一整套新的领导者与意识形态，一种人类社会演化的新涌现。伴随着贸易迅速升级为行星体系，一种全心营利的文化和资本家及其批评者所共享的新科学世界观对地球资源的开采也变得愈发体系化。对婴儿、土地与安全的古老原生欲望仍然强大，但是现在它们开始扩张为对自由财富与行星统御的欲望。

我们可以说，资本主义在雷纳尔神父的巨浪列车影响清单上位列头名。它是第一波冲刷欧洲海岸的大浪。随后而来的是第二波，一场欧亚大陆权力由东向西的转移。这一波浪潮将西欧从封建制度与权力结构中解放出来。与之相反，在中国与日本，以农业为基础的传统社会所受影响较小，继续维持了数个世纪；那些地方直至19、20世纪才感受到巨浪的翻腾。

雷纳尔的第三波巨浪难以被轻易命名。他所写的是变化在“所有人的生活、工业和统治方式”中爆发，或许它应当包括民主、大众消费与工业化的崛起。“工业革命”总是被视为一个分水岭，对许多历史学者而言，它成为现代性的起点。但是，工业化仅是结果，而非原发驱动力。数千年间，人类一直在发明机器以提高劳动力。早期的工业包括矿石的开采或者谷物的研磨；人们很早就学会驾驭水或者风将谷粒磨成面粉。当英格兰与其他邻国获取前所未有的资本与专业知识时，工业化的进程在18世纪开始显著加速。由于第二地球的存在，资本变得更加充足，那些掌握资本的人变得更加热衷于在各处宣示领导权。他们攫取新的财富资助发明创新，其中便包括将小型的工业作坊转变成为由水力和燃煤运转的大型集中管理的工厂。正是在资本家从西半球挣得了大把银钞之后，工业化进程方赢得了新的契机。

资本家们开始迫不及待地开发第二地球，而后，他们转回英国、荷兰、比利时、法国，进行同样的开发。故乡的人们处境艰难，但是现在，他们似乎有了逃离匮乏的手段。野心勃勃的企业家在伦敦和阿姆斯特丹成立了新的国际贸易公司和银行，让它们管理海外殖民地，聚敛财富以减轻国内的困顿。他们在殖民地建立了全新的种植园，大批量生产蔗糖与棉花，驱使非洲奴隶承担主要的劳动。种植园在本质上是一种现代、进步的新农业，它将新近获取的土壤与气候转化为利润。如果没有那些热带的奴隶制种植园，英国的加速工业化是完全不可想象的。种植园生产着资本，后者被转而用于雇佣故国的城市无产阶级，催化了后农业的城市生活方式。[4]

通过他们在海外的投资，资本家们用形形色色的进口品填满了成千上万的船舱，蔗糖、棉花、河狸、鳕鱼、森林、谷物，当然还有他们铸成钱币的金银。这些生产针对的群体都是普通人，而非如1500年之前那样，为精英阶层而贩售的奢侈品如丝绸、香料或者奇珍异宝占据了当时的市场，民主是其在政治、价值观与消费中的结果。普通人需要的，或者其大脑所能想象的每一件物事都开始出现在英国的店铺当中，将数以百万计的人们转变为新的中产阶级消费者。没有第二地球，现代中产阶级不可能存在；也不可能存在任何大众消费的货物或者金属财富的开采帮助人们脱贫致富。

很快，大不列颠在进出口的规模上都将其他各国远远甩在身后。它甚至开始进口基本食物，特别是小麦与红肉。爱尔兰成为英国消费者食物的关键来源。在18世纪最后数年间，英国从该岛以及世界其余地方进口的小麦超过其出口量：其年进口量为251.3万夸特[❶]，远远多于19.8万夸特的年出口量。人们确切地知道进口供应与进口消费之间相互依赖的增长时间：根据威尔士经济学家布林利·托马斯（Brinley Thomas）的研究，在19世纪初，英国仍然生产其所消费的90%的小麦，但是在1867—1876年之间，该国一半的小麦供应依赖进口，其中三分之一来自美利坚合众国，一个在美洲刚刚建立百年的国家。[5]

南北美洲并非唯一助力新兴英帝国的资源基地。它还拥有印度殖民地，通过东印度公司的运营，后者为英国消费者生产茶叶和纺织品；此外，还有冈比亚、尼日利亚、埃及、苏丹、乌干达、南非等食物、矿物及其他商品的供应地。但是对英国人而言，同加拿大与美国所进行的北美贸易最为重要。[6]早在1797—1798年间，两个美洲大陆便已接收了57%的英国出口量，同时供应其32%的进口量。[7]如同古代罗马，英国变得必须依赖海外供给，否则无法保证国内的衣食需求。与此同时，它也不再只是一个同欧洲大陆毗邻的小岛，而成为世界出口商品的制造者与加工者。但是也如同罗马帝国，英帝国面临着许多新的脆弱性：远方的社会动荡、陌生的人群与气候、入侵的微生物、行星地球的各种喧嚣纷争，一如当日拖垮罗马帝国那样组合在一起。

从较为正面的角度看，那些长期在贫困与边缘化挣扎的英格

❶ 1夸特等于12.7公斤。——编者注

兰、威尔士、苏格兰人口现在享受着财富的无尽远景。资本主义许诺让英伦岛屿与其余各地的每个人都能衣食无忧，虽然许诺往往比现实丰满，但是它的说服力足以令其获得广泛的大众支持。有些人或许会告诫道新世界的财富不可能永远持续，也不足以让每一个男男女女都发家致富，但是，无论资本家，还是消费者，都无人留心这样的警告。此时，最重要的事情在于他们相信自己可以转变第二地球，令其小岛富足安乐。

如同时间所展现的那样，工业资本主义革命是现代革命的关键部分，但是它永远无法满足它所激发的过度希望。第二地球便如同亚欧大陆与非洲，无论在初遇时，其土地与资源看似怎样无穷无尽，都注定变得有限。河狸、松树、鱼类、可耕地、淡水与矿石财富都有其自然极限，一旦达到其极限，资本主义的命运将如何？当时没有人认真询问过这一问题，马克思及其追随者也没有，那样的将来过于遥远，以至于人们没有必要忧虑。资本主义权力的获取建立在其承诺着，它总能够找到并供应更多行星地球源源不断提供的东西。

早在英国工业化的最初阶段，棉花的进口便已出现了问题。这种仅可在热带地区生长的植物是早期工业化的关键性物质，是最初批量生产纺织品与廉价布料的工场所需的最重要原材料。棉花受限于其生物特性，人们很快意识到，来自印度与埃及的棉花在纺纱机与织布机上表现不佳，因为其纤维很容易断裂。印度敏感而灵巧的人类手指可以轻而易举地将那些纤维纺纱织布，英国的机器却不行。在多次失败后，资本家们转向了第二地球，奇妙的是，在那里，他们找到了生长在土壤中的自然替代品。

新世界提供了另一种棉花，其纤维比印度品种强韧得多，印第安人最早发现了这个种类，开始在他们的园圃中进行培育，而后英国的棉纺织业得到了拯救。现在，纺织业的机械化可以继续乐观地向前发展。很快，一件棉布衬衫或者工服降至几乎任何一个工人都能负担得起的价格。如果没有第二地球所提供的植物变种，英国的工业化可能很难发生或者将推后很多。不过工业家擅长将之转化为生产并营利。其结果并非仅止于为英国工人阶级提供廉价的商品，也意味着对在棉花种植园中劳作的非洲人更重的奴役，以及在加勒比海与巴西开垦更多的土地，造成更多的土壤流失。[8]

1 万年前，在不断增长的人口密度与饥饿的压力下，一种全新的农业经济与生活方式在地球上出现。工业资本主义的生活方式也同样率先在地球上数个孤立的角落中现身，渐渐四处蔓延，变成一种新的经济秩序。一场人类与自然关系之间的革命再次发生，它允许某些人生存并增长，其代价是另一些无法自卫的人与生态系统的牺牲。雷纳尔无法理解，甚至没有见证这场转变及其晦暗的后果，但是当我们回顾历史，可以清晰地看到它们的存在。

不过现在，驱动变化的不再只是古老的繁殖冲动。这种冲动仍然在运作，但同时加入了对财富的无极限欲求。这一欲求变得不可餍足，人们变得贪得无厌。同农业革命一样，工业资本主义革命源自对第二地球存在的认知。自此以后，虽然子孙后代的增长仍然是一种天然的渴望，但是现在为所有人谋求富裕的欲望驱策着越来越多的人。雷纳尔没有看到或者预见到这种欲望的扩张已经在其祖国——法国——开始，并且向西欧乃至整个世界传播。资本家们是这种渴望的代表，他们在其他人中间燃起相同的渴望，并且承诺对之予以满足。

马克思与恩格斯，这两位新的共产主义意识形态的建筑师，同样拥有无止境的欲望。他们梦想着一场发生在所有人中间的欲望革命，无论所有人将意味着多少人。他们些许意识到如此一场革命可能来自另一个半球的发现，而不仅仅源自新机器的发明。尽管他们对伴随追求现代欲望而来的浪费与残忍有诸多批评，他们仍然希望，人类对整个浑圆地球的控制将越来越强大，而工人阶级将牢牢掌握这场征服。

马克思是这对革命伙伴的主导一方，他十分推崇资本主义，褒扬之情混杂着其标志性的讥讽口吻，几乎在《共产党宣言》中每页可见。他欣赏资本家的勃勃野心，赞美挣脱了束手束脚的过去的资本主义自由，也敬佩资本主义对新财富百折不挠的追求。在这篇文献最著名的段落中，他写道：

> 资产阶级在它已经取得了统治的地方终结了一切封建的、宗法的和田园式的关系。它无情地斩断了把人们束缚于“天然尊长”的形形色色的封建羁绊，它使人和人之间除了赤裸裸的利害关系，除了漠然的“现金交易”，再无其他联系。它把宗教虔诚、骑士热忱、庸人伤感的最神圣的迷醉表达，淹没在利己主义算计的冰水之中。它将个人价值变成交换价值，它用一种毫无良知的自由——贸易自由，替换了无数世袭罔替的特许自由。总而言之，它用露骨的、无耻的、直接的、残酷的剥削代替了被宗教与政治假象掩饰的剥削……由于一切生产工具的迅速改进，由于交通方式的巨大便利，资产阶级将一切民族，甚至最野蛮的民族，都卷入文明当中。商品的低廉价格是它摧毁一切万里长城，征服一切野蛮民族

> 最顽强的仇外心理的重炮。它迫使一切民族——如果它们不想灭亡的话——采用资产阶级的生产方式；它迫使他们在自己那里推行其所称的文明，即变成资产阶级。一句话，它按照自己的面貌创造了一个世界。❶ [9]

马克思同样希望“到处落户、到处开发、到处建立联系”。他也同样希望如巨人般在大地上昂首阔步，期冀人类欲望大获全胜。

资产阶级投向传统束缚之“万里长城”的炮弹是增长的生产与降低的价格。没有人比那两位德国批评者更加理解这些武器的功效。但是，马克思并没有很好地理解到，许多人，包括工人阶级在内，同样做好准备迎接资本主义向那些束缚发射的密集火力。事实上，工人阶级同资产阶级一样因第二地球的发现而欢欣鼓舞，更加渴望这个经济体系所成就的满足感，而非接管它。每当看似可能无法获得那些丰裕的时候，他们就会变得焦躁不安。

英国的农夫与工人迅速地在他们的海岸线上集结起来，梦想着大洋彼岸充满安全感与满足感的新天堂。他们挤上轮船，急切地向南北美洲与澳大利亚移民。那些无法海外移民的人迁往新资本主义经济繁荣的城镇，渴望分得他们在新财富中的份额，即使不为了他们自己，也为了他们的孩子。无疑，他们中的很多人是被迫为之，别无选择。但是我们决不能就此低估资本主义革命所满足的饥渴范围的扩张。大多数普通人都向一种新的生活方式投出赞成票，而非向资本家宣战；他们所选择的方式并不仅是通过

---

❶ 译文基本参照中共中央马克思恩格斯列宁斯大林著作编译局译：《马克思恩格斯选集》第一卷，北京：人民出版社，2012，第402—404页，根据英文版本有调整。——译者注

移民海外，与从前任何时候相比，他们选择生育更多孩子，他们希望资本主义能够帮助解决孩子的温饱。

因此，工人阶级如同马克思本人——虽然他并非该阶级的一员，选择安居于资本家世界的中心，为其自身与家庭追寻更好的新生活。他本人最强烈的欲望之一是性与大家庭。他的德裔太太为他生养了六个孩子，再加上他同家庭女仆所生，一共有七个孩子，如此之多嗷嗷待哺的小嘴，他们的父亲却不屑于在新经济中打工。所幸，恩格斯这位挚友是成功的资本家，他不离不弃，支付着孩子们的舞蹈课、家庭开支与学费。马克思的孩子中有四位活到成年，另外三人则因为不同的疾病而夭折，但是，他们所有人，都同其父一样，渴望着享受更加富足的生活。

从 1815 年到 1915 年，大约有 3 000 万欧洲人移民美国。还有数百万计的移民抵达加拿大与拉美，此外，数百万黑人奴隶也被迫前往那些地方。自由移民最初来自滨海诸国，其后来自北欧与中欧，再后来，来自南欧与东欧的国家；从 1915 年至今，还有数以百万计的新移民从亚洲、非洲、太平洋诸岛迁往那些地方。这是人类历史上最大规模的移民，与此前移民不同的是，它被日记、报纸、人口普查数据的各种方式记录了下来。与其他任何地方相比，欲望革命似乎更集中于美国，那里的工人们加入资本家追求土地、食物、孩子，以及其他货物的大潮。彼处，所有的殖民地都成长于相对的充裕当中；人们更不受农业传统中固有的束缚的制约。在 1900 年，世界资本主义与现代性的总部转移到纽约，并将在那里持续下去，直至 21 世纪。

为何如此之多的旧世界民众如此迫不及待地拥抱新希望？其原因仍然在于渴望更多食物、后代、性与安全感的古老倾向，以及它们向新欲望的转化。更多对资本主义革命所作的复杂理论辩护随后而来。在许多博闻广识的论著中，在关于道德升华与自我救助的小说中，在政治经济学的新理论中，这些辩护比比皆是。不过这些作者与意识形态理论家站立于大众支持的高耸金字塔之上。

假如没有过多人口对不断萎缩的生态基础产生的压力，英国人很有可能不会寻求海外扩张或者构建帝国。假如没有西半球的存在，他们很有可能将经历革命前中国所遭遇的内卷化，在那里，小规模农业变得愈趋集约直至无法支撑自身而至崩溃。在欧洲内部，数个国家追随英国的步伐，开始了它们自己的资本主义革命，荷兰正是其中显例。所有这些国家都希望在其历史中保留某些独特的、传统的特质。因此，虽然资本主义散布于整个亚欧大陆之上，但是出现了若干地方性变体。不过，过去五百年清晰地显示出，不列颠-北美模式为其他国家提供了模板。资本主义向全球扩张的过程中，一种新的普遍语言随之出现，那是英语，而非拉丁文、俄语或者日语。这是行星演化的现代转向中的另一个部分，但是同农业生活方式一样，终有一日，英语霸权必将同资本主义一起凋零、死亡，为更新的变体与竞争者所取代。

在整个亚欧大陆上，到处是渴望土地的民众，急切地想在新世界拥有一个地方，虽然许多人仍旧不甘心去国离乡，定居海外。英国人属于那些最甘愿迁移改变的人。为何是他们前往西半球占据了那里最好的土地？又为何是他们最早在土著美洲人那里把握了巨大的潜力？他们如何并为何入侵，成为最早分享这笔财富的人群？

经济学家一直倾向于向内看，在欧洲传统与民情之中，寻找这些问题的答案。他们高估了伦理、观念、文化态度的角色，而忽视了地球在将不列颠与第二地球造就成为今日面貌时扮演的角色。例如，德国社会学家马克斯·韦伯试图通过指向新教文化，特别是其认为工作对所有个体而言都是神圣的理念，来解释资本主义的崛起。但是，韦伯从未更进一步询问其新教工作伦理如何可能因为生态条件的刺激而出现？还记得马丁·路德与约翰·加尔文这两位新教主义最伟大的领袖均成长于大发现的最初阶段。他们是否因为当时的人口特征、土壤状况，以及新伊甸园的前景而变得急于挑战根深叶茂的罗马天主教廷？

另一位韦伯式唯心主义者扬·德弗里斯（Jan DeVries）尝试将资本主义解释为一种“勤劳革命”，这意味着资本主义来自于荷兰与英国对勤奋工作的文化强调。然而，宗教教义与根深蒂固的价值观本身并无法解释为何几乎所有最早冒险西行的欧洲人都来自拥有大西洋港口的西欧，远早于源自东欧的后来者。为何在不列颠，天主教徒与新教徒共同努力创造了自罗马帝国之后的最伟大帝国；或者为何工业资本主义的生活方式在全岛如此成功地碾压各种地方性文化。某些较之宗教更深层次的事物带来了陈旧的农业统治、日薄西山的骑士制度、躬耕田亩之间的小农工作习俗的终结，这些事物此后也将终结幕府将军与武士制度、土王与沙皇，以及在如此漫长的历史时期统治着整个亚欧大陆的古老的土地贵族制度。[10]

通过寻找、发现、购买、贩卖来自第二地球的商品，英国人得以追随如弗朗西斯·德里克这般背井离乡之人的脚步，这些人成功地将一袋袋黄金财富带回家乡，投资房产、制造业、交通业、图书馆，以及其他文明装备。罗马人曾经有过类似的尝试，但是他们局促于地中海两侧的沙漠、森林，左支右绌。与之相比，英国人成为大洋的跨越者。在他们的外向运动中同样有着推拉之力。牵拉力来自地球可能性的极大扩张；推动力则源自家乡高度困窘的环境，源自不可持续的生活方式。

生物学家或可将那些咄咄逼人的新兴资本家比作草原中潜行觅食的捕食动物。他们箕踞新食物链顶端，座下以全球为基础。他们没有像传统小农那般仅仅适应本地的栖息地；反之，他们在地球的经纬线上纵横捕猎。在家乡，他们吞噬最近的敌手，而后继续潜行，热衷于攫取新的领地。他们占领了威尔士与苏格兰领土，消灭了所有的竞争者，随后侵略爱尔兰与南北美洲。这场捕猎进行得如此顺利，因之他们敢于愈行愈远，穿越危险的水域，直至用他们的气息标识整个行星。与其他类似的敌对捕猎者相比，英伦之狮的主要优势在于他们拥有更大的胃口。我们应当如何评判他们，或者我们应当对之全然不做道德评判，而仅将之看作社会演化的变种？

资本家们通常是狂妄而自信、工于心计、不可餍足，且又是还原论的，他们杀戮的往往多于他们可能食用的。但是他们并非残忍无情，道德沦丧，全无正义之感。亚当·斯密认为，资本家如同其他人一样都拥有道德情操，如正义感和合作精神。“如果（正义）被消除，”他在《道德情操论》一书中警告道，“人类社会杰出而巨大的结构……必在瞬间碎裂成原子”。不过，令人欣慰的是，他坚持认为资本主义不止是逐富营利的不安欲望；它同样寻求“那种扩大自身触及最底层民众的普遍富裕”[11]。这种富裕将为道德情操所缓和，它将至少通向一种在其物种内部实践的分享伦理。斯密并不认为资本主义将一切社会伦理视若无物。

让所有男女老少都去追求自己的利益，斯密在《国富论》中敦促道，而后伴随财富的成长超越地球上任何事物曾经有过的经历，社会的每一层级都将得到改进。这样的财富能够使所有人，除了那些最游手好闲或者懦弱无力之徒，免于贫穷。人类的天性一旦被解放，任由其创新、探索，必将带来新的丰裕。斯密如此乐观的来源是他对自然中运作的“看不见的手”的信仰，这只手是佩利牧师神圣钟表匠的世俗替代品，它将调和争相竞驰的私利，为所有人带来和平与富裕。他之所以相信这样的结果，是因为他相信人类在根本上是善的、开明的；他们不会允许贪婪凌驾于其本性之上。他相信他们不仅可以生产更多的财富，也可以生产一个更加仁慈的世界。

传统伦理已经存在了很长时间，它们往往强烈地批判贪婪以及对私利的追求。但是，数个世纪过去，没有任何一个秉持如此教诲的传统社会实现了正义。穷人总是越来越多。究竟是什么封锁了通向斯密式启蒙的路径？这位经济学家将道德上的失败归咎于古老的匮乏。他认为君主帝王自私自利，是因为他们生活在充满限制与贫穷的土地上。让人们为他们自己自由地思考、创新，这个物种就将获得道德与生产力的共同进步。政府必须停止对企业家的干涉，允许他们自行找到去除贫困的重负，带来普遍富裕的最佳方式。随后，更高道德将破茧而出。

然而对卡尔·马克思这样的批评者而言，斯密对一个受控于开明私利的未来的信仰是乌托邦式的；它太过仰赖对“人性”的宽厚态度，太过信任人们对正确事物的渴望。但是为何马克思转向那些在社会底层挣扎求存、艰难劳作的工人？他为何肯定他们既可以征服自然也可以征服他们本身的自私？在他看来，工人们是唯一不受贪婪玷污的群体，因此，他们独力便可推进全体的道德。

在整个现代进程中，关于究竟哪个群体——工人阶级、资本家，抑或人类全体——可以被信赖的冲突将一直持续。这并非如马克思所认为的那样，是一场在那些投身于社会正义的群体与青睐于非正义群体之间展开的争论。它更多是对可以信赖何人能够成功压制古老而邪恶的动物性冲动与欲望的理解的冲突，这场冲突实际上正是犹太-基督教中长期存在的根本性争论。

匈牙利学者、社会批评家卡尔·波兰尼（Karl Polanyi）属于认为新兴资产阶级是自私、悖德、无理性的一派。他指责他们破坏了人与土地之间的美好联系，驱使农场劳工迁入城镇，出售自己的劳动力以获得微薄的工资果腹求生。波兰尼认为，资本家将“自然”简单地还原为供市场买卖的“土地”，一种纯粹的商品，缺乏任何对人的道德意义。[12] 很多人也同样被贬入面目模糊、去人化的“劳动者”阶级。土地与劳动力一同仅仅以其现金价值而被衡量。一种全然不受道德约束的腐化的工具理性在行星地球上狂飙突进，带来毁灭。

我们不当陷入如波兰尼那般的想法，认为过去提供了某种与晦暗现代性相对的善与充裕的黄金土地。农业生活方式同样可能令人们生活困苦，土地罹受重负。战争与暴力在农业生活主导的漫长时间中从未曾稍歇。社会等级是所有以农业为基础的社会的固有存在；普罗大众被划分出三六九等，被买卖，被剥削。农业的漫长历史导致生态退化。去问问那些被农民们消灭的虎豹狼罴，或者那些被砍伐、烧毁的森林，或者被耗尽的土壤，旧有的农业生活方式对它们意味着什么。在另一方面，新的工业资本主义生活同样可能为原始、非理性的欲望所驱动，而非斯密的理性私利，因此环境破坏与社会不公仍将持续，而不会减轻。但是，资产阶级的确成功地维持更多婴儿的生存，让他们获得传统过去所不能给予的更好的温饱。

换言之，在新秩序中生存的人类并没有突然之间由圣人变成魔鬼；他们并没有沦丧所有的同情与善意。但是，他们确实学会比以往任何时候都更尊重理性，一种鼓励制图学、农学、科学、哲学、诗歌与艺术蓬勃发展的尊重，因为它们代表了对曾经贯穿于传统农业社会的非理性与迷信的超越。

正是由于旧有的农业生活方式存在重大的缺陷，包括对内在的亚理性驱动与欲望的过度服膺，资本主义的新意识形态得以逐步确立，获取主导权。许多人坚信旧有方式是虚妄而自毁的，因此，他们认为工作、生态与态度上的改变必须发生。要实现财富的无限增长，人们需要企业、改革、管理、投资的新技能，以及全面质疑与改进的意愿。它希望，这些新技能将顺带推动经济福祉与个人伦理的巨大发展。

到 21 世纪，很多国家都已超越资本主义的早期阶段，进入更有组织性的福利体系，寻求解除贫困，扩大教育，在科学与技术创新上有更大投入。即使如此，人类仍然没有抵达无论是马克思，还是斯密所预言的璀璨未来。理性事实上并没有支配激情，虽然各个国家做出许多努力，试图理性化其经济，并寻求经济发展、社会正义与环境保护之间的平衡。总之，人们并不允许所有第二地球的财富都流入富人手中。工人们赢得了他们在前现代社会中从未能获取的更多权力，甚至能够在某种程度上制衡最富有、最强大的精英阶层。“无限财富”的目标在现代极度扩大，“经济增长”成为所有社会的指导原则。现代社会学会了更好地管理它们的资源，更高效地使用土地，对其所做的一切进行更缜密的分析。而在分类账的另一侧，它们也造成了比此前更大的环境破坏。

那么我们究竟应当如何衡量这场我们可以称为现代工业资本主义的革命呢？人性并没有如斯密所期望的那样有太大的改变，但是理性力量与欲望力量的关系可能发生了某些转移。无论他们是原人、非人，抑或相对落后的部落，这个物种曾经会毫不犹豫地杀戮其竞争者，而今已经显而易见地变得更加和平、克制。有些人依然试图消灭任何挡路者，但是总会有另一些人检控这样的行为。

通过为人类增添了一片可供探索与开发的广袤领土，第二地球也改变了环境、全球联系，以及人类的智识生活。所有阶层的人都感到鼓舞，加入了这场全球财富捕猎，不仅仅在他们的家国岛屿之上，还跨越海洋。他们开始更加细致地考察附近的田地与森林、矿场与土壤，开始审视他们从前忽略的未曾开采的潜力。土壤可以被改进，从而带来更高的粮食产量，新形式的能源可以从地底挖掘。第二地球的很大一部分被工人们与资本家们共同转化，一如亚欧大陆的本土景观。一个人不需要漂洋过海便能看到这场转化。在乡间，这样的转化几乎随处可见，浓烟滚滚的工场，背后留下的矿坑，鼓风炉燃烧着煤炭、制造着钢铁。

早在公元前 3 世纪，中国北方便已使用矿物质煤供暖。但是，对煤远为广泛的使用发生在大发现之后。西半球提供着数量巨大的所有化石燃料；美国将成为历史上最大的煤与石油的生产者。在英国故乡，无论人们属于哪个社会阶级，煤炭在 18 世纪晚期都被普遍使用，使其成为核心的现代燃料。虽然这场煤转向毋庸置疑地改善了大部分民众的物质条件，这却是以被损害的肺部与被污染的天空为代价。但是，鲜有人反对煤的挖掘与燃烧，因为绝大部分人认为其利益足以抵消代价。

英国人是最早被化石能源转化的民族。毫无疑问，他们仍然从其林间砍柴，取暖做饭，但是他们愈加转向那些他们从其岛屿上开采的黑色石块，这些被自然力量浓缩成为泥煤与煤的石块，代表着极度丰富、廉价且看似不会枯竭的能源。因此，他们发现了罗尔夫·彼得·希弗勒（Rolf Peter Sieferle）所称的“地下森林”（subterranean forest）。[13]在他们自己的祖国，特别是北部与威尔士，英国人发现了另一种第二地球，铺陈于他们的脚下，长期不为人知，他们拥有着自己可供开发的“黑色印度群岛”。这是经济学家威廉·斯坦利·杰文斯（William Stanley Jevons）在其出版于1865年的经典著作《煤炭问题》一书中，形容大不列颠煤田时所用的生动比喻。不列颠的“黑色印度群岛”如同另一个世界。当人们开始勘察、挖掘煤层时，他们意识到，他们无须远渡重洋就能发财致富。那些厚厚的富碳物质层将会带来同样的回报。[14]

大部分煤大约形成于300万年前，彼时，地球内部的高温与压力将绿色植物变成坚硬而浓缩的碳形式。即使是热量（BTU）❶程度较低的泥煤也需要至少1 000年的时间才能变成可燃物质；其他化石燃料所需时间更长，但是能够产生更热、更强的能量。无论软硬，这些地下资源都是自然的馈赠。与穷人相比，富人向煤的转移较为迟缓，因为他们觉得这种燃料太过肮脏，不愿用之

❶ BTU，British Thermal Unit，英国热量单位，1 BTU相当于251.997卡路里。——译者注

烧饭取暖。他们更青睐在其壁炉中燃烧，散发着芳香气味的橡木原木，而普通人不配如此挑剔。至近代早期，不列颠岛上曾经连绵的地上森林已被大面积砍伐，徒留残根断桩或者草地，树木的匮乏迫使普通人接受作为廉价替代品的煤。

到1500年，由于不断上涨的需求，木柴价格飙升，非普通人财力所能及。在持续于17、18世纪的小冰期，严冬令这些燃料的价格上升得甚至更高。据社会学家理查德·威尔金森（Richard Wilkinson）的研究，到1760年，英国陷入“林荒，……这是纯粹生态力量的结果。人口增长和经济系统的后续扩展导致林地变成耕地，同时又造成对木材需求的扩大”[15]。但是，这一切要求的并不单纯是一种资源对另一种资源的替代，因为向化石能源的转向要求一系列连锁的技术革新，它将把英国的很大一部分变成一头工业的庞然怪兽。煤炭令人们诧异于它可以提供的巨大能量和它展现的种种奇迹，例如，它可以带来交通的新形式。当燃煤铁路可以迅速廉价地将一个人带往附近的城市，为何还要步行呢？

由森林向煤炭的过渡同时提供了资本主义伟业与资本主义恶化的有力证据。燃煤污染空气，在英国不断壮大的城市中，如此污染远比乡村严重。虽然贫富人等都饱受污染之苦，但是绝大部分来自煤矿业的财富并没有为工人阶级所分享，而是落入商人之手。他们拥有建立一个新能源体系需要的资本与企业。

煤炭导致英国社会在收入上越发不均。与此同时，几乎任何人对舒适、温暖与廉价货物的欲望都可从中受益。你是否准备烤一个牧人馅饼做晚餐？这儿有一种方便而价格合理的方式。甚至那些不幸受雇钻入地下采煤的童工也得到了一份工作，而工作正是农业经济所不再能够承诺的利益。当无法再利用英国河流作为能量来源提供水力时，煤取而代之，发动纺纱机，生产布匹的新丰裕。煤同样令建桥梁、铺铁路、造工具的钢铁冶炼成为可能。一本完整的账目将展示煤利益分配的高度不均，但同样会展示几乎每个人都满足了某些欲望，无论新旧。

布林利·托马斯（Brinley Thomas）将这波工业化的新浪潮总结为“英国对人口爆炸”带来的“资源短缺的反应”。他所指的是黑死病之后攀升至饱和状态的人口。[16] 慷慨激昂的煤基工业资本主义批评者仗义执言，其中最著名者便是查尔斯·狄更斯。他在 1854 年出版的小说《艰难时世》中淋漓尽致地描述了他命名为“焦炭镇”（coketown）的工业中心，虽然他忽略了建造那个不健康的定居点背后爆炸式的人口数字。

> 这是一个红砖建成的城镇，或者说，如果烟灰的污染尚且允许那些砖保留红色的话；但是事实明摆着，这是一个染着不自然的红色与黑色的城镇，就好像野人涂抹的花脸一样。这是一个由机器和高耸的烟囱构成的城镇，从那里，无数条浓烟长蛇无休止地尾随盘旋，从不会完全舒展。镇中有一条黑色的运河，还流淌着一条水色发紫，散发着燃料臭味的河流，两岸堆着大量建筑，布满窗户，整日咯吱作响，颤抖不休。蒸汽机的活塞单调地上上下下，好像一头陷入忧郁症的大象疯狂地点着它的脑袋。

应当追加一点，狄更斯本人并不需要在这样的城镇中生活；他住在伦敦时髦的道蒂街（Doughty Street），那里的砖不是红色，而是温暖的巧克力色，附近有着公园与图书馆，而非一条肮脏的运河。正是英国无数个焦炭镇的存在允许小说家生活在那样的一条街道上，寻求一种向中产阶级读者销售虚构故事，赚得大量版税的新生涯。不过由于某些原因，狄更斯抱怨说其代价之一是污染的环境。更糟的是，他指责道，像焦炭镇这样的地方将人类转变为冷漠、无感情、不理性、精于算计的机器。或许的确如此，但是其书的市场成功点明，颇具讽刺意味的是，工业主义的道德缺陷已变成一个人获取个人财富的方式。对那些渴望温饱与工作的前农民来说，当时是否还有其他替代的可能性？在 19 世纪中叶，完全不存在；但是更多的财富意味着更多的替代可能性或可被发明出来。

在狄更斯的时代衡量正义抑或非正义的出现是近乎不可能的事情。财富上的成就是否可以压过洁净与善意的损失？更好的医疗照料是否重于呼吸道疾病的增加？我们可以肯定，大部分人认为英国走在通向更好未来的道路上，即使那样的未来尚未实现。在《艰难时世》出版当年，英国人口比 100 年前增加 3 倍。与杀死近乎 1/3 人口的黑死病时期相比，多得多的宝宝们诞生了，长大了。伦敦居民在 300 万上下，令它成为世界上最大的城市。乡村与城市死亡率之间长期存在的区别，在彼时开始减少。伴随卫生、营养和健康护理的改进，城市死亡率开始下降。在一个漫长的时期，工业资本主义很可能看似既是一种成功，也是一种必须。但是，变化的过程对人类与非人类世界的很多存在都是灾难性的，即使破坏可能在远离那个城市凝视的地方发生，远在威尔士或者澳大利亚的矿业小镇当中。那时，同样没有方法测量行星地球的健康；人类的凝视尚不能延展如此之远。

对三位都以查尔斯（Charles）为名的杰出英国人来说——查尔斯·狄更斯、查尔斯·达尔文，以及德裔的查尔斯（即卡尔，Karl）·马克思，新的资本主义生活方式为他们提供了大量个人回报。就生育繁殖而言，三个男人都成功地生养了一大群子女。狄更斯是十个孩子的父亲，达尔文也是十个，马克思七个。三人都没有质疑生育如此之多的孩子是否是好的，同样也没有质疑他们个体的欲望对更贫穷阶级或者对行星地球的影响。只有达尔文对人口问题有很多思考，特别在他阅读了托马斯·马尔萨斯，及其赴南美与大洋洲旅行之后。尽管如此，他选择远离伦敦这个密密麻麻的蚁丘，住在人口较少、充满田园风光的肯特郡，以从亲眷继承而来的财产为生。另外两位查尔斯更愿意在都市中居住，因为在那里他们可以为其著述找到广泛的听众；但是这两位字迹潦草的写作者都没有质疑越来越多人口的可取性。马克思从没有注意到人类繁殖如何帮助创造了一个资本主义社会。小说家有着同样的短板，他撰写出一部部小说抗议贫困、不公与腐败，与此同时，却劲头十足地放纵着自己繁衍的欲望。

自然科学的出现可能是第二地球发现的最深刻后果。雷纳尔神父的现代革命清单上没有科学的一席之地，但是它应当被包括，甚至上移至清单的顶端。我们可以通过阅读随后发生的词汇用法变化追溯新社会秩序中科学的崛起。牛津英文字典历史性地组织、展示了词汇伴随时间的变化，其中，有八页篇幅用以解释“科学”（“science”）。它记录了这个词汇从形成到文化转移的漫长而复杂的历史。现代将科学视为“知识”（“knowledge”），与个人信仰或者偏见相对。然而，在更早的时期，知识惯常与普遍信仰、宗教和情感相混合，同魔法、灵魂、迷信相互兼容。但是，在 19

世纪的西欧，开始形成了“知识”与“信仰”（“faith”）之间更加鲜明的区分。一个更加世俗的社会渐渐浮现，这个社会坚信知识本身是好的，无论它是否能够支持宗教信仰。越来越多的人认为，知识应当是客观而独立，摒除私人情感的。因此，正如同农业经济抵达了危机点，长期构成人类生活的以民间为基础的古老传统知识形式也开始面对危机。

“科学”一词在1500年之后方始出现，意味着关乎自然如何运作的不偏不倚的知识。此后，根据牛津英文字典，英语人士将这个标签用于定义“一种研究分支，它所处理的是已被证明的事实之间相互联结的主体，或者被系统分类，并多少为普遍规律所理解的已被观察到的事实，它整合可靠方法（现在，特别指涉及科学方法与融合可被检验的假说的方法）以实现其自身范围内新事实的发现”。这个新定义大约出现于1600年，尾随第二地球的发现，在19世纪得到确认。[17]事实、细致的观察、系统的质询，都需要科学家做出审慎的评估，科学也逐步代表着一种理解行星地球与宇宙的更好的新方法。

数个世纪以来，西方人一直仰赖《圣经》或者古代先贤如亚里士多德为其指引，如同制图者依赖亚历山大港的托勒密一般。亚里士多德与托勒密变得同摩西、穆罕默德、圣保罗等混合在一起，被认为是知识的无尽源泉。但是，突然之间，开始了一种朝着新类型权威的转向。社会开始信任那些追求新时代所需知识的个体。任何乡里人或小市民都可能凭一己之力发现新的事实，如同德里克或者哥伦布曾经在向西航行的道路上所发现的一切。任何曾被假设为真实的事物现在都可以被质疑，这一切就从地球行星的形状、大小及其在宇宙间的位置开始。

18 世纪的法国作家伏尔泰注意到，与其国人相比，自然科学对英国人的吸引力不断上涨。在出版于 1733 年的《英国书信集》中，他观察到海峡彼岸的岛国人似乎对科学的看法非常正面，对之充满敬畏。如历史学者大卫·伍顿（David Wootton）所言："伏尔泰著作所传递的信息是英国有一种独特的科学文化。"[18] 人们无法在德国或者法国、荷兰或者西班牙，发现类似的文化，虽然所有这些国家都变得更加以科学为导向。正是由于那些驱动弗朗西斯·德里克走向大海的原因，英国人才开启了人们用现代的眼睛、对理性的现代信任，以及理解地球运转规律的现代渴望，来探索自然的道路。

大发现之后最著名的英国科学家是艾萨克·牛顿爵士，现代物理学的奠基人，他以解释行星轨道由重力决定著称。新科学的其他领袖人物包括威廉·哈维（William Harvey），他考察了人体内部血液的流动；罗伯特·胡克（Robert Hooke）在其显微镜的镜头下发现了此前未知的活生生的、四处游移的微生物，开始向人们展现又一些不为人知的新世界。新科学最重要的倡导者是弗朗西斯·培根勋爵，他是一位政府的高阶官员，力主科学高于旧有的知识形式，希望能够向王室证明它是一项伟大的资产。遵循他的建议，该国建立了伦敦皇家自然知识促进学会❶，这是世界上第一个此种类型的机构，其宗旨在于推动所有科学探索。

英国人对科学家与博物学家的尊崇在很大程度上拜培根所赐，因为他向其国人解释了为何他们需要这种新的学问。他一点儿也不希望将科学置于宗教权威的掌控之下。让我们各自以开放、

❶ Royal Society for Improving Natural Knowledge，俗译皇家学会。——译者注

无偏见的思维进入自然，他敦促道，让我们追寻新的事实，如此做法将促进我们的物质与智识状态。没有人对人们后来所知的“科学方法”解释得如他那般鲜明有力。那种方法包含收集事实，并对之进行可检验、可证实的解释。在其颇具影响力的著作《新工具》（1620 年）一书中，培根明确地挑战了知晓的前现代形式。他许诺说，通过科学实验，他的同胞公民可以逃出贫困的魔爪，名利双收。[19]

培根《新工具》一书的目录显示了他的灵感来源，仍然是第二地球。该页绘着装备齐全的大型帆船，形状一如那些满载着欧洲探险者前往西半球的船只。它启航去发现，但也去征服与占有。在那幅画中，一艘风帆扯满的船只已经深入大西洋，而另一艘正在通过“赫拉克勒斯之柱”，这是古典时代人们对框定直布罗陀海峡的石岬所起的名字，标志着地中海的终点，大西洋的起点。图中的石“柱”变作建筑的纪念柱，象征着文明的探险将超越旧世界，寻找新世界。石柱的基座浮动着拉丁文座右铭：“多人穿梭，知识发扬”（*Multi pertransibunt and augebitur scientia*）。[20] 其要旨再清晰不过：在培根看来，第二地球的发现开启了行星地球上的人类新时代，科学将推动打开通向人类与地球新关系的大门。

六年后，培根的小说《新大西岛》于其身后出版，虽然它并没有完结。在书中，他重复了科学便如西向航行的比喻，这一次，则是一艘帆船抵达太平洋，在那里，找到了一个遥远而未知的岛屿，其中坐落着名为萨罗门学院（Salomon’s House）的研究机构，其宗旨是寻找可以解决真正的实际问题的知识。培根现在试图将学院的宗旨与犹太-基督教相调和，指出，正是上帝最初创造了这个岛屿，并支持人们积极地质询自然的秘密。人类应当前行进入新世界，增广他们的知识，发现新的事实，从而发明新的生活方式，这是上帝的意志。

萨罗门学院的主旨可以这样形容："人类帝国边界的扩张，直至令一切事物成为可能。"这是怎样一项宏阔的主旨！只要人类学会足够的知识，掌控地球，令其"帝国"无限扩张，培根许诺道，那么一切都将成为可能。在真实的重要科学贡献方面，培根不是牛顿或者哈维。可与他们相比，他成功地教导英国看到一个小小的绿岛，虽然地处已知地球的外围边缘，但是在自然科学的协助下，仍然可能使自身得到升华。

科学永远也不能毫不含糊地证明自身如培根所希望的那样有用或者强大。到20世纪，它将因为创造出新的大规模杀伤武器和改进农业生产力的强大杀虫（菌）剂而广受批评。但同时，也正是科学家将引导一种对待行星地球的保护态度；也是他们，将询问在这个有限的行星上对财富的无限追求是否会变得太具破坏性。

早在达尔文的时代，科学已不再满足于仅做服务宗教的婢仆，而已准备就绪，挑战旧有的文化学识。在演化论生物学的启发下，科学家们愈来愈质疑人类是上帝心爱之子的观念。他们对本物种的重要性及其在地球上的角色提出了尖锐的问题。他们询问道，我们人类从何而来？如果我们同样是动物，那么我们是否具有生育更多孩子或者统治地球的神圣天命？不久之后，科学家将成功地从古老的神圣故事中挣脱出来，以关乎行星地球的更世俗、激进、真正革命性的知识代之。长远来看，科学的成长确实将带来人类状况的重大改进，即使它从根本处破坏了人类例外论的观念。科学家们开始将人类看作吸附在礁石之上的帽贝式动物，不断地被过于辽阔而复杂，以至于永远无法完全理解的大海所冲刷。最终，从这场现代革命的关键部分出现了对基督教截然区分思想与物质、灵魂与身体、人类与自然的二元论的挑战。培根的科学引导人们走向一种跨物种、跨海洋、跨国家的认知，告诉人们，人类不再如他们在旧的农业秩序中，赫然高耸于中心位置。因此，第二地球的发现激发而生的所有革命中最大的一种可能便是，人类是自然中无从逃避的一部分的观念，我们这个物种的演化，虽然远不完美，远不独特，也远没有终结。

在 18 世纪 70 年代著述的雷纳尔神父无法完整地捕捉众多革命的复杂性，它们掀起海啸之力撞击着整个欧洲与世界的其余部分。雷纳尔仅仅辨别出三种革命，而事实上，存在着至少五种或者六种，彼此内在联系，很难被分离，它们共同构成了一场基于扩张欲望的现代革命。他没有意识到众多革命中最强大的一种是对新的、系统性的自然知识的追寻。没有哪种宗教、哲学或者意识形态发现西半球，或者在后来发现板块构造、气候循环、化石能源。也没有哪种对传统的敬从会令一个人口稠密、赤贫的小小不列颠岛，成为现代巨浪列车上的第一梯队。由于它的居民没有试图建起一堵高墙，捍卫他们旧有的生活方式、旧有的思想、旧有的制度，来自第二地球的巨浪席卷大不列颠，在新的地方留下了它的民众。此后，他们将成为现代的先锋。我们可能从来没有完全平等地现代，或者在每一个层面都变得现代，但我们都是那场革命的后裔。

注释：

1 Adam Smith, *An Inquiry into the Nature and Causes of the Wealth of*

Nations（5th ed., New York: Modern Library, 1937）, 590.

2 Abbe Raynal, "Histoire philosophique et politique," *des Éstablissmens & du commerce des Européens dans les deux Indies*（Amsterdam: n.p., 1770）, 1.

3 海啸被形容为"不同于平常由风和暴雨造成的海浪……海啸一般由数层海浪构成，如迅速上涨的海潮般带着强大的激流冲向岸边。当海啸靠近岸边，它们就如同急速运行的海潮，延展深入一般海水不能抵达的内陆"。参见：United States Geological Survey, usgs.gov/Natural Hazards。它们一般由地震和板块运动激发。

4 第一艘从非洲驶往美洲的奴隶船在1526年出发。在奴隶贸易停止之前，大约有1 250万人（大多为男性）被装入奴隶船，大约1 070万人在大西洋彼岸登陆，很多人在海上死于海难、疾病与虐待。在19世纪20年代，每年约有80 000人乘奴隶船离开非洲，大部分被葡萄牙船长带往巴西。参见：Steven Mintz, "Historical Context: Facts about the Slave Trade and Slavery," gilderlehrman.org。亦可参见："Trans-Atlantic Slave Trade Database," ed. by David Eltis and David Richardson, 网址：slavevoyages.org。

5 Brinley Thomas, "Escaping from Constraints: The Industrial Revolution in a Malthusian Context," in Robert Rotberg and Theodore Rabb, ed., *Population and Economy*（London: Cambridge Univ. Press, 1986）, 184; 以及 B. R. Mitchell and Phyllis Deane, *Abstract of British Historical Statistics*（New York: Cambridge Univ. Press, 1962）, 94。

6 Daron Acemoglu, Simon Johnson, and James Robinson, "The Rise of Europe: Atlantic Trade, Institutional Change, and Economic Growth," *American Economic Growth* 95:3（June 2005）: 546–579.

7 Kenneth Morgan, "Symbiosis: Trade and the British Empire," BBC, British History in Depth; 以及 Morgan, *Bristol and the Atlantic Trade in the Eighteenth Century*（Cambridge University Press, 1993）; 以及 Daren Acemoglu, et al., "The Rise of Europe: Atlantic Trade, Institutional Change, and Economic Growth," *American Economic Review* 95:3（June 2005）: 546–579。

8 Edmund Russell, *Evolutionary History*（New York: Cambridge Univ. Press, 2011）, 103–131. 为何马克思或者恩格斯没有像罗素那样将演化糅入历史当中？他们二人都没有尝试过这样的结合。马克思曾经简略地注意到资本主义农业的非科学行为，他仅仅将之写入《资本论》中的一小节里，从没有思考过一旦无产阶级获取政权，是否会强调土壤科学等事物。

9 Marx, "Communist Manifesto," pp. 15–16. 关于马克思与恩格斯的传记著述汗牛充栋，高度两极化。其中最好地融合了同情与洞察力的传记之一是 Francis Wheen, *Karl Marx*（New York: HarperCollins, 1999）。

10 Max Weber, *The Protestant Ethic and the Spirit of Capitalism*, trans. Talcott Parsons（New York: Charles Scribner's Sons, 1930）. 德文版最早出版于1905年。同时参见：Jan de Vries, *The Industrious Revolution*（Cambridge UK: Cambridge Univ. Press, 2008）。

11 Adam Smith, *The Theory of Moral Sentiments*（London: A. Millar, 1759）. 同时参见：Emma Rothschild, *Economic Sentiments: Adam Smith, Condorcet and the Enlightenment*（Cambridge MA: Harvard Univ. Press, 2001）。

12 Karl Polanyi, *The Great Transformation*（New York: Rinehart, 1944）, 3–5, 42, 178–191.

13 Rolf Peter Sieferle, *The Subterranean Forest: Energy Systems and the Industrial Revolution.* 此书于1982年率先在德国出版，后被 Michael Osman 译成英文，2001年在英国剑桥白马出版社出版。同时参见：John Ulric Nef, Jr., *The Rise of the British Coal Industry*（London: Routledge, 1932）; Vaclav Smil, *Energy and Civilization: A History*（Cambridge MA: MIT Press, 2017）, 228–245; Richard Rhodes, *Energy: A Human History*（New York: Simon & Schuster, 2018）; Brian Black, *Crude Reality: Petroleum in World History*（2nd ed., Lanham MD: Rowman & Littlefield, 2021）; 以及 B. W. Clapp, *An Environmental History of Britain since the Industrial Revolution*（London: Longman, 1994）, 151–175。有赖于坐拥世界上最大的化石能源储量，美国从大英帝国那里接过经济领导权。

至 1900 年，美国每年消费 10 倍百万的四次方 BTU，其中越来越多的热量来自石油，形成了世界上第一个以石油为基础的经济。

14 William Stanley Jevons, *The Coal Question*（2nd ed., London: Macmillan, 1866）, 171–178: “在深度与难度不断增加的煤炭开采中，我们将遭遇那个模糊但是不可避免的边界，终止我们的进步。我们将开始看到我们黑色印度群岛的海岸。人口大潮将撞向这个海岸，而后翻卷撞向自身。那些无法选择在有着卓越新鲜沃土的遥远内陆定居的人群，将退守次好的地方，在山侧耕耘；所以当我们无法如从前那样在较浅的地方发现煤层时，必须深开矿，而这将意味着痛苦与代价。”对杰文斯更进一步的讨论，参见：Donald Worster, *Shrinking the Earth: The Rise and Decline of American Abundance*, pp. 52–53。

15 Richard Wilkinson, *Poverty and Progress: An Ecological Perspective on Economic Development*（New York: Praeger, 1973）, 115. 关于这场转型的杰出实证研究，参见：Victor Skipp, *Crisis and Development: An Ecological Case Study of the Forest of Arden, 1570*-1674（Cambridge: Cambridge Univ. Press 1978）。

16 Brinley Thomas, “Escaping from Constraints,” in Rotberg and Rabb, 169.

17 The *Oxford English Dictionary* is available online, https://www–oed–com. See Entry/172672.

18 David Wootton, *The Invention of Science: A New History of the Scientific Revolution*（New York: HarperCollins, 2015）, Kindle Edition, location 333.

19 对培根以科学为基础的伦理的严厉批判，参见：William Leiss, *The Domination of Nature*（Boston MA: Beacon, 1974）。亦可参见：Carolyn Merchant, *The Death of Nature*（New York: Harper & Row, 1980）；以及 Donald Worster, *Nature's Economy*（2nd ed., New York: Cambridge Univ. Press, 1994）。

20 年轻的拉丁文学者马蒂亚·沃斯特（Mattia Worster）将培根书中的座右铭译成英文。

第八章

好粪土

在西方访客关于中国的各种鲜活回忆中，充满了从公共厕所、下水道检修井以及施过重肥的乡村农田中飘荡出来的、人类排泄物（粪便）的刺激性气味。这股恶心且令人肠胃翻滚的味道源自类似二氧化硫和甲烷的气体，英语母语者称呼散发出这种气味的源头为“粪土”（muck），意思是粪、尿及所有污秽腐败之物。[1]

当然，粪土并不是中国独有，它的味道也同样飘荡在西方城市的街巷、地铁，以及全世界所有的乡野田间，然而只有中国产生了将人类粪便用于促进农业生产的长期实践。“在世界所有国家民族中，”英国记者露丝·乔治（Rose George）说道，“中国人很可能是最愿意在家里保存粪便的一个”。中国的一则俗语还将人体排泄物形容为“大地的珍宝”[2]。相反，西方人则对这些排泄物的出现极其厌恶，以至于想尽一切办法避免与之接触。粪便在他们的认知中并不能归入到“珍宝”或者“文明”两者中的任何一类。但是与其扭转鼻子，忽视粪便或是与其气味相关的野蛮和贫穷，我们应该探求它在人类文明兴起中发挥的重要作用，以及为什么中国人能够比其他任何民族更好地为我们树立了一个令人钦羡的良好典范，他们是如何抓住一个宝贵的资源，并毫不迟疑和羞愧地合理利用起来的。

在讨论粪土和对待粪土态度的话题前，我们首先应该特别指出，简单的对国家的刻板印象很可能造成误导。中国和美国可能看起来截然两样，但是事实上，在很多方面都具有相似之处。

从化学角度看，无论我们的文化背景有多么不同，在粪土面前都有相似之处。排泄物对我们这一物种和所有生命来说是同样的。当然，不同群体对待排泄物的态度可能有所不同，但是这些差异并非一成不变——他们会随着时间和经济发展而变化。今日的美国人可能会夸耀自己的水冲厕所和卫生间排气装置，但是与我们相比，我们的祖先更常接触人类排泄物。在大规模城市化之前，他们一直住在离自己的排泄物不远的地方。举例而言，直到十岁，我这个所谓的“特权白人男性”还要每天闻着堪萨斯自家后院厕所里的恶臭，和在四川或者内蒙古居住的人一样，非常了解粪便的气味和样貌。而另一方面，中国人也不是 50 或 100 年前的中国人；今天他们变得像美国人一样在生活中苛刻地排斥粪便。在北京或者深圳，数百万中产阶级市民想要得到最新最好的卫生管道设备——由著名的日本 TOTO 公司制造的闪闪发光的陶瓷马桶——并且想要将粪便转移到尽量远离生活的地方。[3]

态度的改变可以带来巨大的环境变化，而且并不总是朝着好的方向。在面对全球生态极限的时代，我们被迫不断询问自己能够从其他文化的经验中，从我们早已抛弃的实践中学到些什么，以及从何着手能恢复这些被抛弃的实践，令其重获价值。其他国家怎样看待和使用粪土？粪土在历史早期具有什么价值，从节约角度看，我们在发展道路上缺失了什么？相关研究显示，重新唤起对粪土的欣赏，能给这颗压力过大的行星带来疗愈的希望，并给予最基础类别的循环一次重建的机会，把连接农田与厕所的循环圈闭合起来。粪土将在 21 世纪重获关注。

为了对新的行星史的创造有所助益，历史学家们应该揭示有关粪土生产和消费的历史。他们尚未对这个故事给予应有的关注，是因为他们鲜少思考我们的土壤、生命以及在食物链高端（低端）的生物有机体的死亡，世界气候领域的长时段变化，以及对人类社会及其周边产生支持的生态圈层之间的物质联系。我们不能将人类历史从行星历史或物质能量定理中分离出来，因此也不能在粪便冲入下水道，无关视觉和嗅觉后，就不再关心自己的排泄物去向何方。

一段关注粪便的历史应该始于人的肚肠及其作为环境力量产生的重要影响。我们通过肚肠与自然世界直接建立起联系，并对后者产生了冲击。数千年来，人类的口腹之欲毋庸置疑地影响了经济、技术、政府、家庭、宗教、战争以及生态的形态。即便在当今工业最发达的几个国家中，填饱肚皮仍然是维持生命最关键的部分，同样让人惊讶的是，它也仍然是我们造成环境改变和危机的主要途径。我们通过收集食物进入自然的物质和能量洪流中，并且试着让能量流动为我们的种族利益服务。通过收集食物，我们干预自然的物质和能量流动，并尝试使之为我们的自身利益服务。我们通过介入物质流动过程改造着自然，有时十分彻底，而这种行为也影响着演化了数个纪元，关乎数以百万计的其他物种及其栖息地的安危。

但是我们不要停止对人类肚肠的关注。肚肠与我们的解剖学特征直接相关，包括近 30 英尺[1]长的大、小肠和人类膀胱。因此我们应该讲述一个相互联系的“从肚肠到膀胱的历史”。我们对过往的理解应当囊括从饮食到排泄的整个循环，因为它一直随着时间不断变化——改变我们，也改变了自然。我们需要一个新的历史将我们消化系统的两端连接在同一个故事里——一种毫不掩饰的，物质、新陈代谢和排泄物的历史。

我们吞入腹中的是自然资源中最重要的部分，如空气和水，起着维持生命的作用。而出现在消化系统另一端的，则是以粪尿为主的“废物”，它们在人类历史早期并不被认为是一种资源。在狩猎采集阶段的发展状态下，在那个我们的远古祖先在数万年中了解的世界中，人体的副产品被认为是污物，并不会带来富庶。在人类经济中排泄物毫无地位，尽管通常来说它们对于其他需要营养的物种还颇具价值。对于人类来说，粪便仅仅是他们排出的有害物质，要尽可能避免与之接触。

食物是最基础的资源，而人类排泄物不仅不是资源，而且与之相反，是最早的人造环境污染物。污染物是任何在空气、水或者土壤中超过一定阈值后，有毒发臭，甚至腐败、毒化周围环境的物质。人类排泄物的存在量低于阈值时，不会造成问题；一旦超过，就会威胁人类健康。所有文化和文明都认为排泄物会造成污染，而且是所有污染中最坏的一种。粪尿很危险。它们包含大量的细菌、病毒、病原体以及寄生虫，其中包括消化道蠕虫，如钩虫、肝吸虫、蛲虫，以及被称为血吸虫的寄生性扁形虫，它们都能带来致命威胁。例如，由寄生虫导致的血吸虫病，是一种衰

[1] 1 英尺约等于 0.30 米。——编者注

竭性疾病，迄今为止已在全球范围内让3亿人深受其害。它可以造成肝、肾和膀胱的损伤，甚至导致癌症。人仅仅站在被粪便污染了灌溉水源的稻田中，就会感染血吸虫病。除此之外，接触粪便还会造成腹泻或痢疾，传播斑疹伤寒和霍乱，或者引发大肠杆菌疫情。[4]

我们四处觅食的祖先们非常清楚地了解并惧怕人体排泄物，正因如此他们才不惜跋涉到林地和树丛中去方便，以便让排泄物与所居洞穴或营地保持一段安全距离。他们明白自己有能力毁掉自己的栖息地，而且当林地和灌木丛中堆满了粪便后便会离开。他们不断迁移以寻觅新的食物资源，但也同样是为了躲避污物。

大约1万年前出现的定居农业，使得躲避致命的污染物成为更为复杂和困难的问题。人类的定居聚落不得不忍受强烈的臭气，与自己的排泄物毗邻而居，还要从自己倾倒过粪便的溪流中取水。这也可以解释我们为何不应该将农业看作是一次伟大的飞跃，而应该将其视为人类这一物种跌跌撞撞闯入的充满凶险的领域。如《圣经》所说，农业是神对人类的诅咒；正是它造成了休闲消减与劳作增加。我们应该在人类被赶出伊甸园的故事中加入农业的另一层诅咒，与那些相对"无辜"的水果采集和野外狩猎活动相比，农业还带来了更多的污染和疾病的加剧。溃烂、熏蒸并散发恶臭的粪山开始在创造了农业的村庄和城镇中出现，它是厄运缠身的约布（Job）的住所，也是所有被迫在粪便聚集地附近落脚的社会下层者的家。

从何时开始以农业为基础的人类聚落开始克服对粪便的厌恶，并且试着开始利用排泄物给自己的农田施肥？他们何时发现了粪便的经济价值？谁率先发明了把污染物转化为资源换取食物和金钱的方法，从必需中创造出道德？我们对现代的类似技巧已经非常熟悉，因为我们能把铅或者碳从空气提取出来，从垃圾填埋场里获取纸张，我们不仅可以将这些废弃物都转化为有价值的东西，还能防止他们造成大脑损伤、气候变化，或是成为散发臭气的垃圾堆。化污物为财富的挑战并不新奇，它与人类定居的历史一样久远。

首次发现如何将废物转化成为营养和资源的情形仍然包裹在历史的迷雾中。我们仅仅能够推测出，在某个时刻，一个聪明的男人或是女人开始意识到他们可以安全地收集并重新利用自己的粪便——也就是说，他们能够设法储存粪便，通过发酵散热将其变成无害并可用于补充土壤的物质。人们很可能用了数个世纪才弄明白如何完成这项工作，即便如此，处理的方法也始终无法尽如人意。直到 21 世纪，人们还会因为食用了未经充分处理的人类和其他动物的粪便施过肥的蔬菜而一命呜呼。但是这仍然是个伟大的突破，因为农民们开始明白，经过小心的处理后，粪便可以用来让食物增产。这个发现是不可思议的。它意味着人们能够创造一个几乎永恒的生产循环：吃进食物，排出粪便，将粪便用于生产更多的食物，再排出更多的粪便。随之也诞生了一种创造无尽丰裕的梦想。其他动物的排泄物、绿色植物，以及家庭垃圾也被归入可循环行列，这更激励人们为追求不竭的肥力而选择堆肥。[5]

对那些梦想家来说，不幸的是，自然对人类的智慧设了限定。从根本上看，熵这个物理学的基础定律，让无止境的丰裕，如同永动机永不停歇的相关概念一样，成为一种空想。无论是在农业还是在工业经济中，食物循环圈中的任何一点都会无可避免地将能量散发到空间的漩涡中，不再能够成为食物，也不产生任何作用。经济永远不会成为一个封闭的系统；他们不断向外泄露能量。这就是为什么没有一个人能够发明永不衰竭的食物生产系统——消除所有短缺，无限期地维持自身运转，而且很少需要或者不需要我们为之工作。[6]我们总是要无可避免地面对那些自然可能存在的极限。

我希望在本章中强调一些问题。首先：现代都市人，尤其是西方人，是何时开始关注古代利用人类排泄物作为肥料的实践活动的，他们对这一问题为何如此感兴趣？他们对这种实践有哪些忽视和误解？其二，历史学家能够告诉我们在中国历史上粪便有哪些真实利用案例，他们是否认识到这种成就中的缺点与问题？我们应该为那些与自然和谐共处的农民们发明的，将人粪用于农业生产的“绿色”创新而欢欣雀跃，还是应该看到其晦暗的一面，将其视为应对人口过多及土壤肥力下降等问题时的被迫和退化反应？第三，古代循环利用粪便的民间传统及实践，在现在作为解决生态问题的方法被提出时，我们应当如何从整体上看待这一问题？我们该追求回归传统方式，还是更加充满热情地拥抱现代化，才能为我们的星球带来最好的希望？

在我前往中国的大约 20 年前，我读了第一本关于中国环境的书，即美国土壤科学家富兰克林·金（Franklin King）的《四千年农夫》[7]。在首次出版的一个世纪之后，这本书仍在不断印刷，并且最近被翻译成中文。这部大约四百页的著作描述了金在中国东部沿海地区的一场旅行，以及对中国传统，或者他所说的“永续”农业的认识。他从西雅图起航，于 1909 年 2 月 9 日先到日本横滨，3 月 2 日抵达中国上海。随后，向南航行到香港和广东后原路返回。在上海阿斯特饭店的一段沮丧而无所事事的日子里，他不断思考着下一步该去哪里，该做什么。离这座港口城市不远就是富饶的长江三角洲，那里也被称作江南，是中国最成功的农业区。一番拖延之后，他终于详细地考察了这片区域，坐在船屋里穿过纵横交错的圩田、塘浦和桑林。在这里，他更深刻地了解了中国人处理土壤、增加肥力的方法。

江南地区自古以来就是世界上最重要的稻米产区，通过对灌溉系统的巨大投入和大量施用包括人粪、动物粪以及所有可能肥沃土壤的物品，保证水稻能够一年成熟两至三次。但是江南并不是整个中国，它只是这个国家最先进的地区，即便到了20世纪，按照国际衡量基准中国大部分区域仍处于极度贫困和落后，而江南无论农业生产还是生活水平，都已经非常接近欧洲和美国的繁荣标准。[8]

在1909年5月中旬，金博士到达了青岛，10年前那里刚刚爆发过拳变。经过对定居点及其腹地的一番考察之后，他穿过山东省到达另一个通商口岸和主要港口城市天津，但是他未曾有机会向更深的内陆进发并访问北京。从天津出发，他离开中国到达朝鲜，最终在日本结束了此次行程。

总之，金的考察之旅持续了六个月。在这段时间中，他的眼睛看到了上千种令人惊讶的景象，他的笔记本记录了极其丰富的数据信息。他用鼻子一次又一次地捕捉到粪肥的刺鼻气味。在他之前的外国旅行者也曾提到粪便在农业中的使用，但金是唯一一个仔细考证施肥细节，并且相信粪肥可以为他在美国现代农业实践中看到的土壤营养问题，提供一种可行的解决方案。

1911年，书的最后一章完成前，金在威斯康星的家中去世，刚好与辛亥革命的爆发同年。辛亥革命推翻了在中国延续两千多年的帝国制，把接受过西方教育且具有共和思想的孙中山推上了权力巅峰。金显然完全没有注意到政治上的戏剧性转变。在往返中国来去匆匆的旅程中，他并未意识到当时郁结在乡村与城市中，至少可以上溯到鸦片战争时期的，因内部压力而产生的社会不满。这种不满在他离开中国后不久就突然爆发，并且直接导致 20 世纪中华人民共和国的诞生。金的中国之行关注的重点无疑是古老的农业实践，而他在旅行中所见的任何事物看起来都没有激起他对该区域的政治经济隐患的认识，以及对脆弱且长期陷入困境的人地关系震荡的注意。

天真的富兰克林·金认为他发现了一个完全稳定祥和、饮食无忧的高效国家。他赞颂中国人民，因为他们创造了“世界上最高超的工业艺术”。在寄给家中妻子凯瑞（Carrie）的信中，他事无巨细地描绘了那些当地人很久以前就发明出来，并依然在使用的精细技术和独创工具。与比他晚数十年到达中国的李约瑟一样——英国科学家李约瑟（Joseph Needham），作为“深爱中国的人”，创造了西方世界迄今为止最令人叹为观止的出版项目，多卷本《中国科学技术史》——金对所有与科学、技术和农业相关的事物感到欣喜。“中国是一个存在于所有想象中的奇异国度”，他写道：

> 我对中国人看得越多，对他们就越是尊敬，也日益发现他们能够用最小阻力、最高效的办法解决自己的问题。每个男人和女人都各有其位，各司其职，心满意足地维持生活。[9]

尽管他看到的小农都需要辛苦劳动才能获得微薄收入——浙江省的农场工人年均收入只有 50 美元——但在他眼中这些人却都看起来对自己的命运十分满意。每个人都知道自己该做些什么，并且做得很好。他早已形成并保持着对中国的这种印象，并在之后从居所启程的每次冒险中不断强化。

然而金既不会说也不会阅读中文，尽管他能够雇佣能干的翻译，并在他们的帮助下一路上与中国人交谈，不过相对而言这些中国人中农民和体力劳动者很少。与他交谈的大多是那些同样来自西方的旅行者，而不是在这片土地上生活的农民，甚至官员。他对中国乡村的欣赏是否模糊了对中国农民生活状况的判断呢？他是否对那里的艰辛和苦难置若罔闻？他对中国辽阔地理范围的有限了解是否让他对中国的看法有以偏概全之嫌？他为什么忽略了农民与地主之间的张力，普通人与清统治者之间的对立，或是这个国家与以英国和德国为代表的破坏性帝国主义势力，及其在沿海地区瓜分经济地区、培植政治势力，甚至直接用军队、技术和资本开展的侵略行为之间的矛盾？

金可能并不比当时的其他西方旅行者更盲目。不过即使在今天，回溯世界上所有革命的起因时，我们依然不愿意追问，不断下降的生态或经济状况如何能够突然引发暴力冲突或者革命，进而彻底推翻社会秩序。在金的时代，很少有人对中国已经抵达的农业死胡同进行足够的批判性思考，这使得农业的进一步发展看起来前途未定，甚至希望渺茫。乡村已经没有选择。约 20 年后，美国小说家赛珍珠（Pearl Buck）——一个能说一口流利汉语的传教士的孩子，在 1931 年出版的直击社会要害的小说《大地》（*The Good Earth*），才向外面的世界介绍了中国佃农们面临的更为严酷的现实。[10]

在旅行的时候，金刚刚从美国农业部土壤管理处处长一职上退休。比他先行一步，自19世纪90年代起便到中国考察的他的美国同事，启发了金的中国之旅。这些专家一般倾向于居住在西式宾馆里，彼此依靠越洋电报保持联系，不仅受到一连串领事工作人员的帮助，还享受了现代舒适的轮船和铁路之利。他们来到中国时的典型状态，是带着成见对待种植粮食一事。例如，1885—1898年的美国驻清大使查尔斯·丹比（Charles Denby），曾宣称除了“中国的农业非常古老，中国人在任何方面都没有推动农业进步……几千年间他们在这一领域毫无建树，就像在其他文明层面的情况一样”。在金看来是优势的地方，丹比看到的是倒退。丹比对中国农业不屑一顾的评价同样受到大卫·法尔奇德（David Fairchild）、西曼·纳普（Seaman Knapp）、弗兰克·迈耶（Frank Meyer）和赛珍珠的丈夫——农业经济学家菲利普·卢森·巴克（Philip Losing Buck，中文名卜凯）的响应，在这些人眼中，中国是一个停滞不前的国家。

法尔奇德在1898年来到中国，他是堪萨斯农学院院长的儿子。他痴迷于中国菜园中种植的那些奇怪而富有异国情调的植物，但认为这些植物只能算作杂草，并不属于真正的食物。他对城市街道上的恶臭颇为反感，这些臭味大多是从“苦力们”用土罐装载、竹扁担挑运的粪土中传来的。他不能理解为什么中国人没有求教于西方的化学方法来寻找比人粪肥更好的肥料，因为人粪的收集、运输和施肥都是“让人反胃的苦差事”[11]。

与他们不同，富兰克林·金不太相信西方能够提供更好的模式。在出发前，他便开始了对美国农业的批判，并且寻找更好的替代方案。美国农业实践在他眼中是过于浪费、具有破坏性，并且粗心大意的。很难说是什么让他如此具有批判精神。他在威斯康星白水城（Whitewater）附近的一个农场中长大，从当地的师范学院毕业后在康奈尔大学学习，师从著名的园艺学家利伯蒂·海德·贝利（Liberty Hyde Bailey）。很可能是受贝利的影响，让他转变为一个现代农业的批判家、古老农业的爱慕者。在毕业之后，他被聘任为威斯康星麦迪逊州立大学的农业物理学教授，在那里他完成了自己的第一本土壤科学的教材。之后，他离开自己的家乡威斯康星，到华盛顿寻求发展，成为一名联邦科学家。在此过程中，他渐渐接受了美国进步主义时代资源保护主义者（conservationist）的事业，这些人让他开始对美国自然资源供给量的下滑忧虑。与同一时期的其他农业学家不同，他在思想上更贴近于资源保护主义者，担心美国会走向在脆弱退化土壤上增殖过多人口的马尔萨斯危机。

“如果美国想要继续下去，”他写道，“如果我们打算把我们的历史像那些蒙古国家一样维持四五千年，如果这段历史在长久和平中书写，不受饥荒、瘟疫侵扰，美国必须进行自我的重新定位。”他坚定地认为美国必须停止对大量自然资源的浪费。与“中国”一词（汉语中的中国，意为位于世界中央的国家）相比，美国（汉语意为美丽的土地，一个有着丰富资源的国家），在中国人眼中和美国人眼中一样，能够给人类带来最好的希望。然而金并不认可这种比喻，并且着手探索中国、朝鲜和日本能够给美国农业哪些启示。在旅行中他总结道，这些国家曾经并仍旧是可持续农业的典范，可学之处甚多。[12]

1910 年，美国的人口达到 1 亿，而中国此时的人口比美国多

5 倍。在很长一段时间中，占全人类大约 1/4 的人口在中国的统治范围内生活，其中超过 90% 的人直接生活在农业区域，种植维持生计所需的食物，只有少量剩余食品可以作为商品或贡品运到城市中去。中国和美国在地图上看，有着差不多大小的国土范围，中国却在人均土地占有量远低于美国的情况下，实现了自给自足。金计算过，他的国家要用 20 多英亩的土地来供养每个男人、女人或者孩子，而中国只需要用 2 英亩就能做到，其中还有超过半数的土地是难以或者根本无法进行农耕的山地。[13]

但是，如果说 1909 年时美国人在可耕作土地数量上优势突出，他们的未来已经开始有些不确定了。金推测他自己国家的人口有一天会增长到 12 亿，那时美国会和中国一样人口拥挤。这种推测可能永远都不会成真；即便到了一个世纪之后，美国的人口仍然只有 3.2 亿，中国却增长到 14 亿。但是金的预言也代表了当时的资源保护主义者和农学家的一种推测倾向。美国人口数字大增长的时刻已经到来，这种趋势无可避免，也不应被阻止，人们甚至会用一种带有民族主义自豪感的精神来迎接这种人口增长。但是金思考的是，未来的庞大人口该怎么养活自己，中国的农民能教会威斯康星或者爱荷华州的农民们什么知识，以帮助他们应对人口拥挤的未来？

无论走到哪里，金都会记录下中国的微不足道的小农场中生长的作物，它们有远超美国的令人惊叹的多样性。他看到草鱼在稻田中畅游，猪在泥地里育肥，蚕咀嚼着圩堤上桑树的叶子，茶树长在附近的小山坡上，水稻、小米和大麦这样的谷物庄稼像绿色的地毯一样茂盛生长。他发现一些新世界引进的外来植物，如玉米和马铃薯，以及其田间茁壮生长的大量的他不熟悉的本土作物。中国的典型农场与美国相比只有极少数量的家畜。例如一个典型的山东农民，只养一头驴子和一头牛用于体力劳动，养两头猪用于食肉和取粪便肥田，这样供养一家 12 口人——总共 16 条生命聚集在一小块仅有 2.5 英亩或者 1 公顷大的土地上。此类农场与威斯康星的农场相比更像是密集种植的花园，而不是美国式的“农场”，但是它们的产出往往比美国要高。[14]

如果不是农民们按照严苛的时间表进行整年的辛勤种植，这一令人震惊的生产力——即便有人力也有畜力，是不可能实现的。总体来说，金没有忽略劳动的过密化，他只是没有将其视为警告，反而对其产生的道德影响大加赞誉。他认为中国的劳作重负，是国家力量和美德的基础。“持家，节俭，是几个世纪压力的产物，也是一笔令人叹为观止的遗产，”他郑重地说，“决不能让这些品行在与西方的奢靡行径接触后丧失活力，因为后者是凭借令人眼花缭乱的机械成就才被抬高为一种表面上的美德。越来越多的必要劳动在家庭中获得尊重，勤俭节约能够令人信服和满意地代代相传。”[15] 西方人过于鼓励懒惰和它的朋友机械化，而东方的农夫们则仍旧谨守着工作规范，表现得吝啬、耐心和节俭。金是一个科学家，却也是一个批判懒惰和挥霍的道德传统主义者。

由于热爱勤奋工作和农业效率，金对中国农业生产率的总体成本有失觉察——疲劳的肌肉、人和家畜漫长的工作时长，尤其是那些令人反感又不得不做的处理人与动物粪便的杂务，以及可能因此出现的健康风险。收集秽物需要全家共同出力，因此即便是小孩子也必须完成每天的拾粪配额。在被收集起来之后，这些粪便需要储存在固定地点，直到发酵熬熟可以施用于稻田。

毋庸置疑，在传统的农耕中有着优雅和美丽、健康与快乐，但它也是一种高度的劳苦和退化。大卫·法尔奇德对这种农业的认识可能过于居高临下，但是他的观点不乏正确之处，比如农民生活中有很大一部分“令人厌恶的苦差事”，这些苦役是因为人们要从同一块土地上获得越来越多的回报而被迫进行的。与其观点相反，金却盛赞农民的此类生活方式为“近乎修道一般的忠诚……可能让西方国家为此驻足反思”[16]。

金从日本和欧洲收集到的数据显示出一吨人粪含有超过12磅的氮（N）、四磅钾（K），以及大约2磅磷（P），这些元素是由19世纪德国化学家尤斯图斯·李比希（Justus Liebig）发现的，决定土壤肥力的三大元素。[17]因此潜伏于中国五亿人口（人均每日生产40盎司❶）粪便混合物中的营养元素总量非常可观。毫不夸张地说，氮磷钾的财富就在他们脚下。

但是需要注意的是，大量的人粪中只能提取出一点儿肥料。要想每天制造12磅氮，需要800人排空肠道和膀胱。利用金的数据，我们能够推算出1910年中国产出的人粪氮总量每天约为7 500吨（6 800公吨），对于一个人口密度很高的国家来说仍显稀少，在美国粪便就更难找到了。美国相对更少的人口每天大概能生产出1 500吨（1 360公吨）氮。更糟糕的是，几乎所有的氮都流入了河流和海洋。当然，不管落在何方，其中很大一部分都能重返土壤，只不过没有被用于恢复农业土壤肥力而已。一贯平和的金，在想到如此多的粪土没能为人所用时表现得十分激动：“人类是这个世界有史以来最奢靡的浪费加速器。”[18]

同时，持续了几个世纪的中国黄土高原和山地大量沃壤流失

❶ 1盎司约等于28.3克。——编者注

的现象却被金忽略了，这些珍贵的土壤淤塞了河流和运渠，最终流到大海里。资源保护主义者认为黄土高原水土流失是由于清理原始植被和垦耕易受侵蚀的地面行为导致的。居于中央的黄土高原和山地持续不断地把土壤和肥力泄入黄河（被称为“中华文明的摇篮”），这种流失持续了数个世纪。它一次又一次切断径流，抬高河床，而且会导致下游的严重洪灾。1855 年，因为过度侵蚀和淤泥沉积，黄河突然改道，扫荡山东，将自己充满泥沙的河水注入渤海而不再是之前的黄海。[19]

金的旅行是沿着海岸线的，因此他必须穿过新产生的黄河口，也必然目击了满是泥沙的河水染黄大海的景象。他像西奥多·罗斯福（Theodore Roosevelt）总统时代（罗斯福在金开始旅程的当年卸任）的其他美国资源保护主义者一样熟悉中国漫长的土壤侵蚀和大洪水的历史，却不认同进步主义的资源保护者对于此事的哀叹。在给妻子的信中，他写道，对河流负载大量泥沙的解释“不会像林业工作者一直说的那样，是人类无情地砍伐森林，造成了土地的破坏”[20]。他坚定地认为，泥沙的产生一定是自然原因，也就是说是温热的亚热带气候导致了内陆植被的匮乏。中国的农夫们没有过错——他们不应承担破坏保持水土的植被之罪责——事实上，他们还应当因发现了粪土的补偿能力而被大加赞誉。

需要阐明的一点是：除了对事件的认识不太全面外，富兰克林·金的研究是非常重要的。良好的土壤管理是所有社会都需要的，它要求农业界充分了解土壤健康面对的威胁，并尊重土壤在提供人类福利方面发挥的基础性作用。李比希成功分离出了土壤肥力三元素，但他的成功也引发了还原论思维的过度自信。科学家们忽略了亚洲传统农民从辛苦劳作中获得的知识，即好的土壤不仅关乎三个化学元素。农业必须像对待所有生物的生命和健康一样，全面地对待土壤。从另一方面说，作为一个训练有素的科学家，金应该认识到农业发展需要的不只是传统方法和补救措施，因为它们常常被迷信、根深蒂固的陋习和不可信赖的数据所扭曲。保持好的土壤条件需要现代科学的严谨分析——如果科学能够在观念上更有机化，在对待自然方面更尊重的话。此外，拯救土壤要求社会有资源保护意识，并能够质疑人口数字的上涨及其产生的环境影响。

关于以更有机的手段保护土壤的方式，我们可以参考另一位 20 世纪非常著名的人物，阿尔伯特·霍华德爵士（Sir Albert Howard）的工作。霍华德爵士出生于 1873 年，比金晚出生 25 年，他在英格兰什罗普郡长大，毗邻著名的自然演化理论提出者查尔斯·达尔文的出生地。他们两人都受英格兰乡村文化的影响而成为科学界的先驱。达尔文将错综复杂的自然结构，浪漫地喻为“生命之网”，而霍华德则倾向于称之为“生命之轮”，以强调自然在生命过程中的循环流动。在他的理解中，植物和土壤是这个永不停转的车轮中相互依存的两个部分。我们可以称他们为跨越新旧科学认知的早期生态学家。生态学直到 20 世纪中期还没有完全成熟，但是早在数十年前，和达尔文一样，霍华德已经开始思考土壤、植物和动物之间古老的演化关系如何决定了农民的成败。例如，达尔文对蚯蚓在土壤形成中扮演角色的分析，堪称农业生态学的现代经典，他与霍华德都把农业作为演化论和生态学研究领域中的问题。他们都相信农业不应该是像在一片土地中种植一排排笔直的豆子或桑树一样的单一任务，而应该是在培育一个相互影响、共同生存的多种生物组成的动态社区。[21]

1905年，霍华德受雇于印度帝国农业部并被分配到普萨镇（the town of Pusa）工作，研究如何为经常受到饥荒和瘟疫影响的国家生产更多的食物。普萨是一个非常偏僻的地方，对霍华德来说颇为幸运的是，他的妻子［闺名为加布里埃尔·马特伊（Gabrielle Matthaei），同为受过训练的科学家］此时加入到他的工作中。早在他们还在英格兰的时候，正是在加布里埃尔的敦促下他意识到，机械化和过度还原论永远不能完全解决构建可持续食物系统的复杂问题。[22] 霍华德夫妇共同发起了一个有影响力的农村发展项目，以改善印度的经济福利。

1924年，这对夫妇搬到了印多尔（Indore），一座位于中央邦纳尔默达河平原上人口密集区域的城市。他们在那里接管了一个政府的75英亩小农场，并把它改造成一个致力于新农业的露天试验场。1931年，加布里埃尔去世后，阿尔伯特娶了她的妹妹路易斯。无疑是在路易斯的默默相助下，1940年，他出版了自己最重要的著作《农业圣典》，用明确而有说服力的方式阐述了基于生态学的农业模式。书中强调了腐殖质的重要性，腐殖质是土壤中活的有机组成部分，可以通过仔细施用粪肥优化。与富兰克林·金早30年出版的专著一样，《农业圣典》也成了我们今日所称“有机农业”的圣经。[23]

《农业圣典》以这句话开篇：“维持土壤肥力是所有长期农业系统运转的首要条件。”与金一样，霍华德呼吁建立更好的农业形式，甚至在农民选种播种前就开始保护土壤。霍华德认为自然通过制造土壤来强化生命，因此自然是“最高级的农夫”。人类耕作土壤必须从对土壤的特别照顾开始。其他由自然启发的原则和实践必须遵从这一点。

大地母亲从未尝试过没有牲畜的耕作，她总是种出各种各样的庄稼，辛苦地保护土壤、预防侵蚀；混合植被和动物粪便为腐殖土；没有任何浪费；生长与腐败的过程相互平衡；为储备肥力做了充分准备；竭尽全力地存储雨水；动物与植物都能保护自己抗御疾病。[24]

农夫能够复制大地母亲的成功吗？霍华德相信，如果像印度这样的国家要实现食物和纤维作物的持续充足供给，农夫必须向大地母亲学习。

但是在哪里又怎样才能践行对“自然农场”的观察呢？对霍华德来说答案是要找到一片原始森林，里面有各种各样的树木及其他植物，还有共同生存的动物和微生物，并仔细观察它们如何在历史发展中实现和谐的自我更新。在健康的森林中观察和行走是最好的教育。在那里，人可以首先了解到，可持续性依赖于仔细地循环所有的营养。“森林，”霍华德写道，“给自己施肥。”他呼吁跪下来检查森林下的土地，那里动物和植物混合的残骸，被细菌和真菌降解为腐殖质。所有的一切都是卫生清洁的，而且毫无异味。“没有任何形式的妨害——没有臭味，没有苍蝇，没有垃圾桶，没有焚化炉，没有人工下水道系统，没有通过水传播的疾病，没有镇议会，也没有税费。相反，森林提供了一个享受夏日假期的空间：充足的树荫和足够清新的空气。”为什么人为农耕生产不能获得相同的评价呢？因为农民没有对自然世界给予足够的重视。

霍华德对大自然的赞美（他总是把自然这个词大写）来自于传统农业文化及其对美好神力创造世界的共同信仰。无论“上帝”

或“自然母亲”，都是在描述同一种神力。但是过去的一两个世纪中，这种对世界的古老看法日益式微。人们不再简单地把自然描绘成一个哺育生命的女神，或者坚持认为她为天下苍生谋利而准备了地球上的一切。

把一个经历了上百万年演化，在生物种群或者个体不断竞争中形成的野生森林，称为“农场”是否合理？在没有人类干扰前，努力生长占据土地的树木和水稻、玉米等人造“作物”之间是否存在差别？这些都不是研究者关注的问题。

阿尔伯特·霍华德大量使用古代的隐喻和图像，但是这些已经开始失去解释的能力。一个真正的达尔文主义者必须承认，自然是“超级农夫”的说法会走向过时的神人同形同性论和自然神化。为了跨越两个世界，霍华德忽略或者削弱了自然无目的的磨难和错误、运作的无计划性，以及已经被现代生物学证实了的土壤中存在的激烈竞争。达尔文解释过，一座真正的森林，可能会令人难以置信的复杂，但按照人类的标准，它的复杂性中既有好的也有坏的。自然意味着大量的苍蝇、臭味、疾病，以及老虎和野象这样的危险生物，它们可以轻而易举地夺走农民的性命。务农者总是努力去控制演化的野性。然而人怎么能在以**大自然**为师的同时，又忽略演化论中描述的真实自然的黑暗面呢？

这是阿尔伯特·霍华德没有解决的谜题。但我们或者应该赞许他将传统主义无缝融入现代性的努力。同时，与他相比，我们或者能够更加强调通过科学揭示的自然演化过程，为农民提供比旧的、达尔文以前的世界观更好的模型。自然是所有物质的总和，是非人类创造的世界，是基于反复试验和适应的一套不断发展的模式，达尔文的这些思想可以为可持续性提供一些指导。模仿这些自然过程，而不将其视为不可改变的天条，可能有助于人类更成功地耕作。应该告知农民恢复或者建立更谦和的心态，但并不需要以一种不加批判、虔诚服从的态度来对待自然。

霍华德认为，随着工厂和市场经济到来的，还有日益增长的傲慢和自负，人们忽视了演化不言而喻的智慧，同样也忽视了传统的智慧。“从工业革命以来，”他说，“增长的进程被不断加快以用于生产食品和原料，以满足人口和工厂的需要。没有采取任何有效措施来弥补粮食作物和动物生产的巨大增长带来的土壤肥力的丧失。结果是灾难性的。农业发展失衡；土地开始反抗；各种各样的疾病不断增多；在世界的很多区域，**大自然**正在用侵蚀的方式去掉那些耗竭的土壤。”[25]

棉花是现代农业最早培养和交易的大宗商品之一。英国等制造业国家不能在国内种植棉花，就大宗进口原料，在本土纺织厂中纺成布。与其他大宗农产品，如黄麻、油料籽实、染料、鸦片、烟草、茶叶和咖啡一样，棉花被广泛视为一种“商品作物”，在世界市场上销售并获取利润。为了种植这种作物，资本家们来到印度和其他国家，将其变为殖民地，并接管了传统上专门用于种植粮食供给本地消费的大面积土地。棉花种植基于一种经济理念，旨在快速开采资源和实现无限的经济增长。传统可持续农业的耕作者们在耕种食物中展现出不少残酷之情，而资本主义农场的种植者们则比过去任何时候都更鄙视自然，更有甚者，还想让下一代人去自求多福。

阿尔伯特·霍华德和他的两位妻子都是工业资本主义农场的尖锐批判者——它们过于依赖化学肥料、贫瘠的单一作物种植模式，以及在利益驱动下短视的机械化。到 20 世纪三四十年代，他们明显感到大部分亚洲区域都已经被新式农业所占据。印度的粮食系统不再是一个可持续的事业。在他们看来，只有中国为西方的现代性提供了一个重要的替代方案。在这一点上，霍华德依据金的《四千年农夫》一书的观点，提出："中国的农民非常注意将所有的废物归还给土地，他们最接近**大自然**的理想安排。他们在同一片土地上养育了庞大的人口，肥力却没有任何下降。"[26] 人们希望，中国能够帮助像印度这样的国家摆脱工业资本主义的影响，以及其无情地过度简化、片面增加食物产量的大宗生产方式。

但是当时的中国农业真的能够支撑起这些希望和梦想吗？在它的废物回收方式中又隐藏着什么问题？这种生产策略带给土地的收益是否与带给人类的一样多？答案比金和霍华德想得要复杂得多，也无法令人安心。

一方面，排泄物的历史不应掩饰任何传统方式的缺陷和失败。另一方面，也不应该忽略现代化至今为止带来的高昂的社会和生态成本，而要努力发现隐藏在我们的排泄物及其处理过程中的全部真相。最重要的是，我们永远不能否认粪便是危险肮脏的东西，无论它有多么"天然"。这种污秽不仅仅是过度文明、挑剔的头脑构造出来的一种感觉，也是我们感官和大脑中的生物意识。承认粪秽的不洁，才能让我们追问它如何能够成为常见的土壤添加剂，它在农业中的使用对人类有哪些要求，它的使用又是如何和为何突然减少的。

毋庸置疑，中国是世界上最早用人类排泄物恢复土壤、促进食品生产的国家之一。在那里，与躲避粪便的猎人和采集者不同，农民们开始有意识地收集这种资源，尽心费力地加工处理，甚至为它们开辟市场。被认为是"不洁"的东西成了具有实用价值和经济利益的产品。粪便成了农夫们的储蓄账户。

在肥料需求产生之前，为了满足人类的营养需要而驯养植物和动物的文明形式被定义为农业。中国是世界上最悠久的不间断农业社会之一。根据黎凡特平原（土耳其、叙利亚及巴基斯坦交界区域）对二粒小麦和单粒小麦、燕麦、豌豆、扁豆、苦野豌豆、鹰嘴豆和亚麻的开创性种植状况显示，它的农业比中国出现得更早。然而事实证明，黎凡特农耕在可持续性方面非常薄弱。汉族作为中国这个多民族国家中的主要族群，在农业发展上很成功，在时间长度和产值上都远远超过了新月沃土上的阿拉伯世界。他们驯化出的植物有一天会成为世界最重要的谷类作物之一，尤其是七八千年之前，最早在长江中下游平原被培植出来的稻米。粟米比驯化水稻出现的时间还要早，大概距今一万年以前就被驯化，并且成为与华北平原接壤的黄土高原最主要的农业作物。[27]

在这次农业突破之后，出现了白馥兰（Francesca Bray）所说的“卓越的农业国家”，这是人类历史上最重要的政治系统之一。随着时间推进，它成为一个强大的机构——由一个中央政府管理面积广阔、不规则延展的土地，上面密集地生活着为数众多的小农家庭。[28] 庞大的皇室随从和大量富有地主，以及乡村手工业者和分散的城市贸易中心，在中国的土地上成长起来。从**营养学**（trophically，即一种食物和能量分配系统，源自希腊语 *trophikos*，意为营养）角度来看，农业国家类似一个陡峭的金字塔。

古代中国体系中最高层的消费者是帝王和军阀。一连串的王朝政府统治着这个金字塔。他们的作用是保护底层的生产者，主要是农民，抵御他们的敌人；在干旱时期，北方的游牧民族总是经常出现在这里，掠夺无力反抗的农民。作为提供保护的条件，统治者向易受侵扰的平民收取赋税，并称之为“天命”。从秦代到清代，实际上一直到富兰克林·金的时代，农业国家一直持续存在，有兴有衰，但从未消失，这反映出农民在丰饶与饥荒交替出现过程中的财富变化。

历史学者何炳棣认为构成黄河流域大部分的黄土高原，是中国文明及其国家机器的基础。随后，学者们对他的理论发出挑战，认为他的观点过于狭隘，但是在带有环境意识的学者看来，非常明显，这些古代风力沉积形成的土壤具有相当重要的历史意义。它覆盖了北方的大部分地区，形成了一张由后更新世强风从内蒙古和新疆吹来的营养毯。在万年的时间中，肥沃的黄棕色颗粒被冲下山坡，填满了河谷和平原。在任何地方，它们都是上天赐予的沃壤。

在冰川退缩后的干旱时期，各种耐寒的草和灌木来到这里，覆盖了黄土高原，起到固定土壤、保持水土的作用。同样，人类也来到这里，但并不是为了像游牧民在草原上那样生活。与之相反，他们摧毁了草原。丛生禾草比曾经覆盖中国大部分地区的森林更容易清除，这种差异解释了黄土高原区域为何能成为最早的农作植物出现地。然而毁坏原生草原加剧了水土流失，因为被除去保护的土壤裸露出来，不仅开放给了耕作者的农具，也开放给了风和雨。从好的方面看，黄土拥有与生俱来的肥力，允许耕作者进行远超前人的密集食物生产，在他们之前的农夫只能烧掉一片片的森林，在灰烬中种植农作物。燃烧后的成片土地肥沃得令人难以置信，但在养分枯竭之前只能耕作几年，迫使农民继续前进，重新开始。与森林土壤相比，黄土使农耕者可以年复一年地获得丰收，而不需要不停地搬迁；他们可以省去过去清理新处女地所需要消耗的能量。可以肯定的是，他们偶尔需要归还田地一些缺失的氮肥，但亦可通过休耕或者种植黄豆等固氮作物来完成。在很长一段时间中，他们几乎不需要肥料。

无论这些黄土是否是中国文明的唯一基础，它们的天然肥力确实帮助中国维持了长达数个世纪的农业国家形态。农民不懈地在黄土高原上开垦，随后发展到华北平原，进而推广到下游河谷，并把小麦、大麦以及役畜添加到他们征服土地的工具清单中。

最终，中国的农民们达到了黄土耕作的极限。因为游牧民族入侵或者他们自己的成功繁衍，很多人口离开了黄土地带迁移到南方。在向南的旅程中，他们遇到了竞争对手，即以水稻种植为基础的截然不同的农业土著民族。北方的农民们克服了这一障碍，进入长江流域，甚至进一步扩展到今天的江西、广东、四川以及云南等地。在向南扩张的过程中，他们被迫抛下自己的传统作物和技术，转而向他们迁入地区的人们学习。他们学会了建造稻田，并以精致的沟渠灌溉，用泥墙隔开，并安置在层叠的梯田上。每英亩的水稻产量高得惊人，为繁重的体力劳动提供了理由，但与北方的黄土地相比，稻田一直需要大量的肥料。于是人们开始寻找任何能够迅速恢复肥力的东西。

为了年复一年地大量种植水稻，农民们不得不加倍努力工作，勤于施肥。最初简单的稻田灌溉成为新的维持农业国家繁荣的基础。南方四处是天然水道，它们穿过山地平原到处流淌，反复泛溢。一旦将它们用于灌溉，水流能够给农民的庄稼带来非常可观的沉淀物或者河泥。河流沉淀物在营养上足以满足一年一熟作物，但是不足以长期维持一年多熟作物生长。农民们必须找到充足的养分补给。他们该到何处寻找？动物粪肥在稻田耕作区非常稀少，因为那里的农民只养殖非常少量的农作动物。在需求的刺激下，他们被迫越来越多地利用自己的粪尿。

土壤科学家金为自己设定了一个目标，就是搞清“在2 000甚至可能是3 000或者4 000年之后，（中国的）土壤究竟如何依然可以生产足够的食物以支持其庞大的人口数量”。随后在书中他省略了模糊的“20或者可能是30个”世纪，进而将自己的时间表确定为40个世纪，或者说是4 000年。这种改动势必会形成更强烈的影响。首尾押韵的“四千年农夫”（farmers of forty centuries）会根植于西方思想中，并且会被全球农业改革者反复不停地引用。

对于土壤科学家金来说，可能2 000、3 000、4 000年之间的差别并不明显，但是对历史学家来说，必须对一掠而过、影响悠远的千年时光仔细考察。历史学家想更准确地知道，粪土在什么时间和地点首次被用于中国农耕，这种施肥做法真的能上溯到4 000年前吗？为什么不是在8 000年之前，即水稻首次被驯化的时候？或者为什么不是在2 000年前、1 000年前，甚至更晚的时候？

一些历史学家认为粪便作为自然资源用于农耕生产始于殷商，从时间上推测差不多是距今3 000—3 600年前。这个推论比金猜测的时间要短一些。然而，关于粪肥起源的证据依然是模糊不定的。基本来源于一些刻在“甲骨”上的文字，甲骨文也是中国最早的文字记录。商代占卜者或预言家用刀或笔在牛的肩胛骨或者是海龟的腹甲上，刻下很小的象形文字，写在甲骨上的大多是他们向超自然力量提出的关于未来的问题。在这些记录中的一个象形文字看起来是现代汉字“粪”的前身。如前所述，粪在当时用于指代人类或其他动物的粪便，但是在商代它真正的含义是什么？很可能它的意思不是排泄物而是家庭污物，灰尘或是笼统意义上的垃圾。它也可能被用来形容那些与土地开垦有关，从焚烧森林或草地的灰烬中收集起来的草木灰。还有一种解读，认为粪是有机土壤的敷料，但是这种粪不一定是人粪。

在仔细考量这些互相矛盾的古代文献后，南开大学的王利华总结道："中国农民用人粪、牲畜和家禽的排泄物、杂草、烧过的兽骨灰烬来进行施肥的历史超过了两千年。"[29] 但仍然不清楚的是，我们谈到的农民在当时有多少人，他们使用了多少粪便作为土壤补充剂。

问题是孤立的象形文字或字符的出现，并不能告诉我们普通农民的典型行为。唯有找到更多资料证据才能证明，但这几乎是不可能的。可以确定的是，从周到汉代（公元前 1045 年至公元 220 年，包括孔子的时代）有一条重要线索。考古学家们在稻米出产区内出土了许多陶塑猪圈模型。这些模型反映了一种建筑模式，它既是猪舍又是人类粪便转化为肥料的地方。这个看上去很优雅的建筑，有坚固的围墙圈起来的小院，院里的地面上养猪，人可以顺着曲折的楼梯抵达二楼的厕所方便，排泄物直接跌落到一层的猪圈里。也许他们这样做是出于报复。民俗学家认为中国人一度认为猪是邪恶的"厕神"。尽管他们是农场中最常见的四足动物，也是主要的肉食来源，猪还被认为是凶猛、肮脏、危险，甚至可鄙的动物。

难怪这样的出土模型能够被放进博物馆，他们的建筑模式能够让宫殿生辉，而且很可能它真的起到过这种作用。但是这种结合了厕所和谷仓的建筑是否得到过大面积的推广，并且被普通农民广泛使用？这样的建筑必须在可观的财力和人力支持下才能建造和维持。一个在几亩田地上竭力种植、养家糊口的农民是否有能力投资这样的厕所？换言之，这种建筑是否只存在于当时最宏伟的庄园里，属于当时的富裕阶层或者更“前卫”的养猪人和水稻种植者？即便能够确定这种建筑在当时的中国版图上有多么常见，我们仍然对人类粪便作为标准肥料的起源和扩展一无所知。[30]

其他形式的土壤补充剂出现得更晚，在中世纪的欧洲和亚洲各地都有发现。其中包括所有种类的可生物降解垃圾、炉灰、各种动物粪便、马厩和谷仓里浸满尿液的干草垫料，以及所谓的“绿肥”，即那些以施肥而非食用为目的的作物，包括黑麦等冬季覆盖作物或者水稻收割后的残茬，都可以翻耕到土地中用于施肥。很久之后，在1400年左右，中国的农夫们开始从大豆中榨取富含维生素的油脂，并利用压榨后残存的豆渣来制作“肥田饼”[31]。农业专家们赞誉并敦促利用这些方法来增加产出。有人听他们的话吗？专家们的肥料清单非常长，足以让我们推测当时对肥料的需求在不断上升。但是直到500或1 000年前，对食物的需求才达到如此紧迫的巅峰，粪便用于肥料的革命才就此开始。

李伯重教授认为，人粪肥料的系统化使用和广泛传播与他所称的“生态农业”发明相吻合。“生态农业”是一个综合的农业系统，包括精心组织起来的多种作物以及为保证土壤肥力而大量使用的人粪肥料。这套系统首先出现于宋代，公元10世纪到13世纪，在随后的明清时期，使用人粪肥土已经成为非常普遍和系统的做法。这样的变化发生在中国农业最发达的区域——富饶的长江三角洲，即1909年金博士旅行所及之处。[32]

李伯重考察了苏州城周边常熟县的农业活动细节，以谭姓两兄弟为例进行研究。他们的农田由一系列颇为壮观的农业生态系统组成，包括旱作土地、灌溉水稻田，以及可以收获谷物、水果、蔬菜、鸡、鱼和其他产品的鱼塘。他们的农田以密集化可循环和紧凑营养循环为特征，能够提供更多的食物和纤维，包括利润很高的丝绸。这种设置为他们带来了比自古以来的大多数农民更高的收入。这一过程中的关键创新环节就是人粪肥料的普遍使用。每盎司粪肥都会被利用起来，因为它们现在有了不菲的价值。

在从 1368 年到 1911 年的明清时期，李伯重所称的“生态农业”在江南平原上铺展开来，不仅越来越流行还开始成为当地经济的核心。通过密集使用人粪，他们不仅生产出更丰富的食物，也创造了更为清洁的景观。农民们勤勉地清理村落来寻找人粪，同时也向城市和乡镇购买粪便。结果是国家和城市看起来更加整洁，尽管空气中弥漫着厕所的臭味。

在整个三角洲以及更远的区域，在过去的四五百年中，理性化的人粪贸易轰轰烈烈地发展起来。这是当地具有典型特色的密集“商业化”浪潮的一部分。严格管理的农田中生产的几乎所有产品都出现在市场上，恢复农田肥力的粪便也有了市场。市场比以往任何时候都更紧密地将城市和乡村联结在一起，成为生产、繁荣和经济理性的网络。现在粪便闻起来也有了金钱一样的味道。[33]

这种新农业看起来主要在中国南方沿海地带发展。在北方远没有那么突出。1737 年清代早期发布的一则官方记录抱怨道，当南方人“惜粪如金”时，北方人仍然忽视粪便的价值。“北方惟不收粪，故街道不净，……须当照江南之例，各家皆置粪厕。”[34]这位政府官员想知道，为什么北方人看不到人粪中的潜在价值呢？在他看来，有可能是他们的智慧和进取心较差。抑或他们没有那么迫切地想要承担通过收集城市人的排泄物而令城市生活更健康的工作？又或者他们面对的压力没有改变，所以不愿意改变自己的做法？还有可能他们的土壤肥力尚未彻底耗尽、他们的人口数字还没有对土地产生那么大的压力。

南方的城市化是粪肥基础农业经济出现背后的关键推手。在近代早期，南方沿海城市成为整个中国范围最大、发展最快、最富庶的地区。杭州坐落在杭州湾，在成为大运河最南端终点后，人口数量和城市重要性开始爆炸式增长。大运河是一条人工河道，在公元 609 年将杭州与北京连通起来。随后的几个世纪里，这个城市成为一个重要港口，到 19 世纪中期成为世界上最大的几个城市之一。杭州是浙江省的一个辖区或行政区，到 1820 年它的人口达到了 300 万。另外一个位于长江三角洲的城市——苏州，到 1851 年人口达到了 650 万，而它的姐妹城市，位于长江三角洲中心地带的南京，同年人口数字也达到了 620 万。[35]

城市如此膨胀，是因为农村的剩余人口为了寻找工作而向城市转移。新来到城里的人通常没有可以使用的公共或私人厕所；因此他们被迫在街道两边或者任意地区随地方便。当他们的粪便堆积如山时，头脑精明的人从中看到了商机，并且开始做起了收集城市粪便卖给农民的买卖。这些城市新移民大多是行业的领导者，他们通过清理街巷，倾倒居民便桶和夜壶来收集粪便。这些臭气熏天的粪便被称为“夜肥”，是因为它们一般在清晨收集，来自前一晚居民的私厕或夜壶。收集夜粪的人知道到哪里和怎样能找到最好的粪便，并且从哪条路线运出城市能够将它们以最短距离送到农民手中。农民向他们支付高额报酬，以获得更多肥料，为城市生产更多食物。这种来回交换，成为一种新型经济的基础，在规模和利益上看都是史无前例的。

今天的学者创造出了一种非常华丽的词汇来形容粪土的空间地理变化："新陈代谢裂隙"（metabolic rift）。其意是人体废弃物主要在城市空间生成，与生产人口所需粮食的土地距离遥远。新陈代谢指维持生存的化学过程，它是生物体内发生的维持生存必需的物质和能量的交换。由人类创造的社会有机体，必须遵从相似的新陈代谢规律。数千年来农夫们将所有可以获得的能量带到居住地附近。在小型、分散而且相对稳定的人口状态下，他们能够在同一片土地上种植庄稼，不用到更远的地方。但是随着很多人口因为移民、移居、城市化、商业贸易，以及商品化而来到城市，这种城市与乡村之间的裂隙开始出现并且日益加深，让两个地区都变得贫困、枯竭和肮脏。明代中国很多区域都陷入了这种命运，到清代更是如此。食物离开农场被运输到城市里，而人体排泄物却在同一座城市中堆积，成为居民健康致命的隐患并且严重骚扰着他们的嗅觉。

"新陈代谢裂隙"一词由美国社会学家约翰·贝拉米·福斯特（John Bellamy Foster）提出，他受到激进的社会批判家卡尔·马克思的启发。老师和追随者都将人类新陈代谢的这种严重崩溃归咎于西方资本主义。马克思认为，资本主义对农业的投资，让人口脱离土地——还记得18世纪英国臭名昭著的圈地法案吗？它把大量佃农从自己的土地上赶走，被迫进入城镇。马克思认为资本主义生产关系干扰了"人与土地之间的新陈代谢互动，也就是说，它阻断了人类以衣食形式消耗掉的重要元素重新返回土壤，从而妨碍了永恒自然条件对保持土壤肥力的作用"。他用一段精辟且被广为引用的句子总结："资本主义农业的任何进步都不仅是掠夺劳动者的技巧的进步，而且是掠夺土地的技巧的进步。"[36]

但是这种马克思主义的解释可能冒着过于简化历史的风险，它过于强调西方资本主义扮演的角色，并且延续了前资本主义时代人类与土地和谐相处的神话。事实上，中国开始体验"新陈代谢裂隙"的时代比资本主义在欧洲诞生并逼迫农民进入城市要早好几个世纪。直到 20 世纪末中国才在其主流思想、政府政策或社会等级制度方面真正变得"资本主义化"。在此之前，商人和商业原则都没有控制这个国家。资本主义使经济上的自我利益成为一个社会的最高宗旨和最具说服力的逻辑，这并不属于中国历史传统的一部分。可以肯定商人阶级在中国存在了数个世纪，但是他们并不被认同和称道，在社会地位上低于农民、体力劳动者和政府官员，商人们并不统治这个农业国家。国家的领导者通常状态下必然要试图促进"发展"，为了扩大社会财富而鼓励技术创新。毋庸置疑，他们曾尝试寻求征服自然的方法，但是商人们却从未在类似行动中起到引导作用。中国传统意义上征服自然的先驱者，全都是农民。在江南，农民和国家一起开发出了最为密集的农业生产方式并且扩展出最大规模的城市群。在那里，出现了远早于资本主义的英格兰或者欧洲的明显的新陈代谢裂隙。

人类可能会试着弥合这种自然中的裂痕，但是需要城市和乡村两个地方的共同创新。清朝初年的小说《照世杯》提供给我们一个生动的例子。它讲述了几个中国人通过使用新想法和新方式来抗拒新陈代谢裂隙的过程。故事发生在一个远离城市中心的村庄，十分缺乏农业生产所需的肥料。在绝望中，成年人和儿童都学会了在路上随处收集旅行者响应大自然召唤而排泄的粪便。随后一些人想出来更好的点子：建造一个干净、舒适的公共厕所——一个三间房的宽敞建筑，外面刷着闪闪发亮的白灰，向过路者提供公厕设施及厕纸，目的是吸引旅行者遗矢于此。这样，这个小镇就能够收集到比自身有限产量更多的粪便了。[37]

如果农民们居住在乡镇或城市附近，一大堆宝藏便在目力所及之处，几乎唾手可得。城市中大量的粪便随时会被浪费。所需要的是一群叫作粪夫的中间人，来负责收集和重新分配给农夫们。在近代早期，中国沿海乡村农田中使用的粪肥大部分来自如上海、杭州、宁波、苏州和南京这样的城市中心。总会有似曾相识的一队人马在街上驾着车，穿过大街小巷，四处寻找人粪。他们的推车上能够放置六到十个带盖的木制容器，每个能承载 60 磅左右的粪便。当役畜或者推车不够时，收入微薄的粪夫们还要用酸疼的肩膀扛起扁担，以人力运输大量沉重的粪便。

粪土贸易的诗意图景中，还有专门运粪的小船。富兰克林·金在 20 世纪早期看到的，是在苏州收集城市粪便后将其运送到偏远的乡村的粪舟。人和牲畜将成桶的粪便运送到城外的大片空地上，以一桶一分钱的价格售卖。粪土在那里被摊开、晒干、清理。附近有单独辟出的码头，专门设计以供粪舟停泊，方便搬运肥料上船。“这些船，”金在信中写道，“外面被小心地冲洗并罩起来，这样在它们离开城市的过程中，不会带来你可能想到的那么大的反感。”[38] 每年从苏州城的外国营房中就能运出 27.6 万吨排泄物。

金被船夫愉快的工作态度所打动，就如同被农夫们打动一样。在他的书中，我们好像能够听到船夫划着船，穿过农田区域，热情地喊着：“你们的粪土来了！”一路上，他们可能会唱着一些关于柳树在水面上摇动，或者黑眼睛的少女绵软浪漫的情歌，他们会像威尼斯的贡多拉船夫一样发出颤音，后者航行的意大利水道上同样充满了粪便的气息。那些收到城市粪便的农夫们，会不会同样一边快乐地唱着歌，一边用长柄勺把买来的粪浇到正在生长的庄稼地里，小心翼翼地养育每一季稻谷的新芽？

将人体排泄物作为一种珍贵的商品处理，在市场中销售和购买，让它们在城市中迁移后重新归于土壤，是中国对自然环境转变中具有革命性的一步。这要求农夫们在精神和经济上都做好准备，以便从粪便中获得最大的收益。在城市中，它要求一个劳动者阶层，组成人力的运粪管道通向乡间。同时也需要一个精心设计的，可以衡量不同类型粪便的价值尺度。杭州城里精英阶层的粪便，因为养分更充沛，来自于更丰富的餐食，被列入最好的档次。贫困阶层的粪便则价格较低。甚至在粪便市场上，也有非常细致的等级制度。猪粪同样有等级之分，但是没有人粪那么高，通常仅限于某一类型的庄稼，而羊粪则被认为最适合其他类型的农作物。尿有自己的特殊市场，河泥另有定价和用武之地，骨头及屠宰场的血和内脏也有一套自己的销售系统。

在金访问的时候，江南地区已经成为善于从令人作呕的混乱中提取肥力的区域了。他们曾经创造出先进的粪便回收系统，并向从事此业的商人们支付了不菲的酬劳，同时也向农业国家以进贡和交税的方式贡献了大额红利。在这套新体系中，并非人人平均分担了工作，分享了收益。城市和乡村中一样，一些人拾粪，另一些人拿钱。

历史学者曹牧探讨了档案中的沿海城市天津，并且提出了对20世纪粪土贸易的一段非常有意思的见解。[39] 天津是北方的条约开埠口岸城市，受到来自英国、法国、意大利、德国等帝国主义势力的侵扰，因此塑造出与其他城市不同的国际民族混合体。与其他地方一样，无论是在街道上还是在自家后院，人们都曾经随处方便过。但是这种杂乱无章的排泄方式在人口密集时变得让人无法忍受。尤其是在西方人开始要求更加清洁的环境时，克服城市的不洁状态成为市政的主要任务。

租界居民促进了精致的下水管道系统的建造，管道能够让租界如同欧洲和美国城市一样，把所有污物排放到海里。但是在昂贵的建筑投资没有被完全重视起来之前，天津批准并建造了一批公厕。到 20 世纪 40 年代后期城市中有大约 500 个此类设施。它们在建筑大小、舒适度或亲和性上各有差异。但是总体而言都设置在市民生活所及的范围内——以免造成街道污染，将储存粪便的位置放在设计好的地点，不能与市民距离太远，这样即使在寒冷的清晨，内急时也只要走一小段路程就能抵达。一些居民很少使用这些公共厕所，他们要么就是很有钱而没必要使用公用设施，要么就是太虚弱不能走出家门。但是大部分人都会学着去公厕并交很少的使用费，因为他们可以不再被迫生活在自己或他人的粪便中，这些粪便堆积在狭窄的胡同或胡同中的四合院住宅里。

公厕的条件稳步提升。最初他们不过是草房，用席棚做围墙，房顶残破不堪，既透风又透光。然而无论新旧，这些设施都需要人们屈尊站到一个深邃黑暗散发臭气的粪坑上——一边蹲着一边还要赶走嗡嗡作响的苍蝇。在公共厕所中人们别无选择，只能一边方便一边与邻居聊天或者听别人吵架，毫无隐私可言。

曹牧的研究显示，1937 年的早期公厕建筑状况不良，以至于天津卫生局必须颁布规定，要求“每个公厕要建设红砖墙，铅顶，纱门纱窗，水泥地面和蹲坑，并且要设排尿的渗坑。在厕所内外必须涂一米高的水泥墙围，水泥槽、地下土缸的相关规定以官府评判为准”[40]。但建筑条例不能实现高标准的公厕维护，不能教会人们更好的使用习惯，也不能终结他们为了粪便的所有权和买卖权而产生的对立和争执。

一场尤为激烈的争夺发生在一个有执照的公厕所有人马先生与一个无照经营公厕的对手武先生之间。武先生在某种意义上“蹲踞”在马先生对面——他大胆地占据了街上的一块空间并且为自己的餐厅设置了一个厕所，在未经政府批准的情况下抢夺了马先生的生意。对立双方都认为对方的公厕肮脏，影响了公共卫生。这场战役一直持续到政府从中调停，支持马先生保持公厕所有权为止，条件是他必须保证自己的蹲坑清洁。纯粹的自由放任经济在这种行业中并不存在。尽管总会有一些企图掌握城市中所有公共厕所，控制肥料市场的潜在垄断者出现。他们想把向农民出售粪便的巨大收益据为己有。

在苏州、天津、北京、上海出现过的粪土链条没有一个得以持续。20 世纪中期的各种力量已经着手将其分裂，并再次撕开了新陈代谢裂隙，人类粪便又一次被浪费，重新开始毒化空气，污染土地。

在关注粪便经济在我们这个时代的崩溃之前，我们需要更尖锐地询问它为什么会出现。为什么，而不仅仅是什么时间出现。为什么中国南方小农如此严重地依赖人类排泄物来给作物施肥？而其他地方的农夫通常鄙视这种做法，认为它太过“肮脏”，在云南的一些少数民族仍然保持着这种认识。对这一事件，中国例外论的解释可以与另一个更大的问题连接起来：为什么在很多个世纪中，中国的自耕农们吞噬了那些在他们周围自然分布的东西——森林、草场、湿地、山坡，破坏了那么多其他生物生存需要的生态系统。为什么农民将这个国家的大象、老虎和犀牛，以及那么多颜色和形状令人眼花缭乱的鸟类、鱼类和昆虫送入了绝境？[41] 这些问题的答案，与粪便为何如此紧缺的答案一样：因为有那么多需要填饱的肚皮。事实上，如果没有越来越多的粪便，土壤已经无法支撑。这是一个简单且显而易见的答案，但要解释为什么有那么多人口挤在中国的土地上，就有点复杂了。

小农们与自然抗争并且征服自然，并不是因为他们仇恨自然，也不是因为他们受到现代资本主义贪婪的驱使。相反，他们的民俗文化告诉他们，大自然是众多神灵的居所，必须加以保护，或者至少要有所敬畏。但是在对这些神灵叩拜之后，所有的农夫都会问：我们能从自然中学习到什么实际经验，以便在这片土地上持续生存下去？学习这样的经验教训就意味着要有意保留一些森林的完整性，并带着崇敬之心进入林中去观察大自然运行的方式。但恰恰相反，大规模的毁坏超过了谦卑的观察。

农民们几乎没有留下任何能作为教学资源的东西。虽然分布不均，但在曾经的荒野，他们的确建造了令人难以置信的人类中心的人造景观。如果江南农业如李伯重所说是“生态的”，那它也从来不是那种精心保护自然景观并将其作为人类学习典范意义上的生态。“生态”被作为传统社会的标签，是因为它循环使用自己的粪便、用鱼的尸体或塘泥来养育庄稼等行为。从现代科学角度来看，小农们并不是在从事生态行为。相反，他们从事的是经济-节约，注意营养，但是同样会带来物种灭绝和占用的行为。

在地球上，农民在最早发明农业后就开始毁灭那些演化了数百万年的野性自然。他们这样做的目的是满足自己的繁衍需求，养活不断增长的人口，尽管有时是不明智或不公正的。早在消费型社会崛起之前，需求和欲望就几乎是无限的，农民社会已经体味到被需求和欲望吞噬的感觉，尤其在食与色方面。我们为什么会认为这些需求比购物中心煽动和培育起来的“欲望”更纯粹和美好呢？从非人类物种的角度来看，一种人类的需求不会比另一种更好。面对咄咄逼人的人类需求，它们必须后退并且找到更安全、人口更稀少的边疆，直到最终无路可退。

可以确定也必须应该承认的是，中国有一段漫长的人口自控史，但是它只是出于经济存活并不是生态和谐。小农们使用的所有生育预防手段都不是为了防止怀孕或是为了控制家庭规模——包括溺杀女婴——都没有将他们带入一个持久的和谐或均衡状态。这些软弱无力、为人不知、偶尔存在暴力的人口控制手段，都不能阻止对土地持续、无情的攻击。

在面对这一历史核心真理的同时，我们不一定要认可传统马尔萨斯主义关于不可避免的贫困的论述。托马斯·马尔萨斯的名作在 1798 年出版，在见证了英格兰大量贫困人口的增殖后，他得出结论，生产更多的食物不会缓解饥荒。更多的生产甚至可能带来更多的穷困。因为他相信人的本性是生殖和超越土地出产能力。他后来对这个过于简化的公式，进行了某些柔化调整，将人类的问题归结到神圣造物者创造的内驱力上。但今天我们必须坚持认为，从来没有任何神谕让人类想要繁殖后代，有的只是人的一己私心，这种私心甚至可能造成文化的改变。

通过生育大量孩子，中国农民希望老有所依（尤其是依靠男孩子）。在生命的尽头，除了自己的后代，还会有谁来帮助自己？

数千年来，村庄和国家都没有提供过任何养老援助。更多的孩子是唯一可用的养老金形式。因此，小孩子们的成长就像是田地里的卷心菜：有计算地种植，按照营养浇水和施肥，为了应对饥饿的日子而储存起来。多子确保父母在任何时候都有人相伴左右，保证他们的舒适和安全。

为了满足最基本的需求，即自己和后代的生存，中国农民和其他地方的农民一样，一直试图扩大产量。他们垄断了光合作用的过程。总是试图从同样的田地中获得更多的食物。据德怀特·帕金斯（Dwight Perkins）所说，从1368年到1968年间，中国的农业产量增加了不少于400%。根据他的计算，征服新土地可以解释这一增长的一半原因，而“另一半是单位面积平均产量翻番的结果，这又是人口增长带来的发展”。换言之，中国农民想出了如何在同样的土地上生产两倍食品的手段。其中一个最有效的方法是延长工作时间；另一个是增加人工数量，还有一个方法是在土地上施肥。[42]

今天，曾经只能养活几千万人的中国土地供养了14亿人，使之成了迄今为止世界上人口最多的国家。人们可以将人口的增加作为一件了不起的成就来庆祝，从而蔑斥所有马尔萨斯悲观主义者。人们也可以将它视为地球的悲剧、导致现代环境危机的重要原因，以及对自然遗产的破坏。无论如何，现在似乎很清楚，在未来的6个世纪里，粮食或人口几乎不可能再增长4倍。

对中国人口的最好总结可能来自班久蒂（Judith Bannister），一位中国人口史研究专家。她用几组简短数据总结了中国的记录：

1 000年间，人口明显在3 700万到6 000万之间波动，没有持续发展的迹象。首次出现的人口持续增长记录（约年均 1.2%）出现在 11 世纪后半期的宋代，但是这一增长趋势在随后的王朝换代、内战、蒙古南进和黑死病中被再次扭转。随后从 14 世纪末的明代初期开始，中国经历了六个世纪的人口增殖。其间只有两次异常，一次是 17 世纪明朝灭亡，另一次是 19 世纪末加快了清代衰落的太平天国运动。……人口增长最快的时候，在一个世纪中（1749—1851 年）中国人口增加了 1 倍以上。

她的总结至 19 世纪结束，4.32 亿人口在曾经只有 6 000 万人的土地上为了食物奋战。压力不会就此作罢。[43] 在 1851 年人口再次呈指数级上升，直到人口曲线几乎垂直向上弯曲，像火箭一样飞向外太空。

显然，超常的人口增长是中国最具辨别性的特征，也是对社会和环境变化最有力的决定性因素。但是在早期未开化、没有记录的时代，即便是相对较低的人口水平，也会对当地环境造成严重的影响。再加上世界与中国气候的反复变化，从干旱到湿润再到干旱的转变，过去的历史看起来就像“一场艰苦的旅行”[44]。人口变化，主要是人口增长，无论是缓慢而逐步地发展，还是快速而激烈地进行，都是历史最主要的驱动力之一，然而我们却常常将其忽略。有时我们会试图为其辩护，就像马尔萨斯和博赛拉普做的那样，认为它是一种天赐的力量，能够推动我们向着“更高层次的文明”进发，即便那些增长的人口带来的可能不是进步，而是生活质量和生命多样性的衰减。

中国小农努力地将自身一路驱入以粪便为基础的经济。他们这样做是为了逃避命运，而这种命运正是由他们自己与那些比他们有权力的人共同创造出来的。他们通过前所未有的智谋，解决了自己的资源短缺问题，在这一过程中展现出了知识和技能，学会了如何日出而作、日落而息，强迫自己和所有家庭成员都同样勤奋，最重要的是克服了对处理自己和其他陌生人粪便的固有厌恶。

在人口增长和周期性危机的故事中，变动始终存在。在最近的时代，变化已经转向发明和使用来自实验室的化学肥料。在20世纪早期，欧洲的科学家们找到了如何从空气和地下抽出的化石气体中提取肥料，这一突破似乎为恢复退化贫瘠的土壤提供了一种极其卓越的补救措施，而且没有明显的缺点。

此处为阿尔伯特·霍华德1940年的演讲，他抱怨化学会让他在印多尔开发的耕作模式更难成功，更难投入到普遍实践中：

> 人造肥料被广泛使用。西方国家施肥的特点是使用人造肥料。那些在战争期间为了生产爆炸物而从事固化氮气的工厂，需要为自己寻找另外的市场，农业中氮肥的使用逐渐增加，直到今天大部分农民和商业园丁都将自己的肥料计划建立在市场中最便宜的氮（N）、磷（P）和钾（K）上。这种方式被简便地形容为氮磷钾心态，垄断了实验场和农村的农业生产。在国家处于紧急情况时，根深蒂固的既得利益集团已经站稳了脚跟。人造肥料比起农家肥更为省力和省事。……目前，耕作已经被变为一种消费。但是这幅图景还有另外一面。化学物品和机器不能让土壤保持肥沃。使用化肥，生长的过程永远不能与腐败的过程平衡，它们能够做的只是把土

地的资本转移到现金账户上。[45]

处于稍早时代的富兰克林·金对化学肥料知之甚少——在他生前，化学肥料最多只能算一场热梦。但是到了20世纪三四十年代，化学（又称为人造或商业）肥料变得无处不在。他们给博赛拉普的理论以希望，似乎能够无限制地提高农业产量。然而正如霍华德担心的那样，它们也有可能“对保持土壤的肥沃毫无作用”。

在第一次世界大战期间，德国化学家弗里茨·哈伯（Fritz Haber）发现了如何将大气中的氮气，通过与来自天然气的氢气结合转化为液态氮。氮在空气中大量存在，德国和其他国家最初学会如何提取氮用于军备生产。为了帮助德国防御，化学公司BASF将利用氮气制造爆炸物的工作交给他们的顶级科学家卡尔·博世（Carl Bosch）。随后在战争结束后这项被称为哈伯-博世的氮提取项目，从生产爆炸品转化为生产化肥。

液氮含有丰富的氮元素，是此类化肥的基础。它可以与磷和钾结合——后者实际上能够轻易地在世界各地开采到——而转眼间，新一代的“多种营养”肥料就上市了。它们戏剧性地转变了农业，让肥料变得比以前更便宜，也更容易操作。[46]在世界各地，农民都开始购买液态氨或干粉尿素形式的神奇的氮、磷和钾，给他们的农作物施肥。市场上出现了旨在更有效地吸收这些元素的新种子品种，结果是农村的产量惊人地提高。所有基础食物产品和纤维都是如此，包括蔬菜、谷物、棉花和牲畜的饲料。

但是，产量的提高以高成本为代价，不是金钱上的，而是环境质量上的。粪土很快被排除在农民的“资源”清单之外，并且因为经济价值低而被抛弃并再次成为“废物”。现在，因为失去了农业生产中的角色，它又变回污染物，而此时这些粪便是由拥挤在地球上的数十亿人产生的，数量惊人。粪土不再是农业中的一部分并再次成为危险之物，污染溪水和湖泊，形成赤潮，杀死一系列其他生物。

在经历了数十年从其他国家进口肥料的岁月后，中国开始建造自己的氮肥厂。民国时期中国最大的，也是一段时间内东亚最大的化肥厂是永利。永利化肥厂于 1933 年在南京建立，在抗日战争爆发后不久被毁。1975 年，一个大型的国营工厂投入生产，标志着中国向化学时代的重大飞跃。如同共产主义打破了旧的不平衡的土地所有制度一样，它也将农民变为了化学肥料的消费者。最终中国成为世界上生产和消耗这种神奇添加剂的最大国家。[47] 当化肥的世界总产量为 1 000 万吨时，中国工厂的年生产量约为 500 万吨，大概占总量的一半。这两个数字可能是现代经济学中最重要的统计数据之一。

廉价且可大宗生产的人造肥料彻底改变了中国农民的耕作实践，让农民在土地上多工作几年，直到筋疲力尽，体力耗竭。《国家地理》的记者丹·查尔斯（Dan Charles）讲述了南京附近一位老人的故事，他叫宋林园（音译，Song Linyuan），一生都在一块 1.3 英亩的土地上耕种。在化学时代之前，他每年为自己的稻田施加大约 130 磅（约 60 公斤）的氮——所有氮都来源于粪土。传统农耕对于老人来说是件苦差事——从辛苦地在稻田弯腰插秧，到小心地舀放有机液体或固体肥料，再到收获及稻谷脱粒。工作的疲惫，让这个老人决定试着撒播一些尿素来替代粪肥。事实证明化肥非常简单便宜，效果也很显著，他很快把氮肥用量提高到每年 500 磅（约 227 公斤）。地里的产量显著地增长了一倍多，达到每英亩 7 200 磅（约 3 266 公斤）。他播撒的大部分肥料都被浪费了——因为渗入地下水或者被雨水冲入沟渠和溪流而没有被植物吸收。但是小农看到和注意到的不是肥料浪费产生的损耗，而是他取得的丰收和免掉的辛苦劳动。[48]

今天有多少中国的生产者和消费者，已经成为用化学肥料种植出来的大米和其他食物的依赖者？答案是几乎所有人。无论这些消费者是居住在城市还是农村，是在超市购买食物还是自己种植，都在吃化学肥料施过肥的食物。令人震惊的是，中国人身体里 80% 的氮来自于使用化学肥料生长的农作物。因此，现代人类的身体内部也正发生变化。这种变化什么时候会变成破坏性的？随着对未知后果的恐惧开始蔓延，近年来中国的超市已经开始推动“有机培养”的水果和蔬菜，销售者自称这些蔬果不使用或很少使用化肥和杀虫剂。然而，像中国这样大的国家是否可以靠有机食品填饱肚皮，是否会出现新的安全问题，还有待我们观察。

粪肥并没有从乡村完全消失。它仍然是中国作物生长的一部分。以太湖周边为例，一些农民仍然继续收集和存储家庭粪便，并施肥于庄稼上。巨大的陶质水池或者泥坑在房子和附属建筑周围一目了然。水道从农民的猪舍通向储粪池，将人与动物粪尿混合在一起。但是现在老式肥料的供应数量太少，不能支持水稻小麦等主要作物的生长所需。粪便现在几乎全部被用来种植小块菜地。以旧式方法种植蔬菜的农民们，仍然用长柄勺从粪桶里舀起臭气熏天的东西洒在生菜和西兰花上，但我们可能无须对此表示同情。他们可能比以往任何时候都获得了更好的收入。超市的消费者普遍相信，用人粪培植出来的白菜比其他种类的白菜味道更好。当然，价格也更高。[49]

40年间，中国农业从粪肥转型（尽管不是完全转型）到工业化学肥料。其中有强烈的经济和人文原因。这种转变带来了食物丰沛和饮食均衡。与过去相比，垦耕土地变得更为容易。现代方法使数以百万计的劳动者放弃家乡，迁往城市，将他们的精力从农业生产中抽出，用于清洗银灰色摩天大楼的窗户，或在餐馆和食堂外溢出的垃圾桶里翻找。

除了农村人口流失，个人情感上的隐形代价和社会不平衡加速，还有一系列环境灾难接踵而至。其中最主要的是日益严重的中国水体富营养化。化学肥料渗入湖泊和河流，导致赤潮，耗尽了水中的溶解氧，杀死了曾经充满活力的生态系统。沿着海岸线，化肥工厂正在每条河流的入海口制造“死亡地带”。在新近开始流行的厌氧条件下，水域内几乎没有任何生物生存，这不仅对海洋生物是致命的，也波及附近以海为生的渔民。

多年以前西方科学家金和霍华德来到中国寻找学习传统模式的农业方法，一种他们希望更“天然和可持续的”方法。但是自此之后海啸一般的人口压力、反复出现的饥荒、工业化产生的经济需求、城市化以及资本主义，与多种新科技一起冲淡并抹去了他们所追求的持久性。但也并非完全如此，因为对荒废排泄物或者过多使用化肥带来的威胁的认识已经遍布大地，到了21世纪，这种认识开始在抗议中显现出来。但在霍华德1947年去世时，已经出现了不祥之兆。即使是长期坚持传统维持土壤肥力方法的中国，也将加入现代的洪流，甚至破浪前行了。

正如那些西方科学家一样，我们有很好的理由来重视传统。任何传统都代表了来之不易的智慧。它的丰富经验、长时间的实地测试，是任何学术实验室都无法复制的，传统可以引导我们长期有效地工作，以及降低风险。农业和其他领域一样，我们要认真对待那些经得起时间考验的老方法。

然而任何传统，无论多么睿智或是理性，都能突然变成一个无法逃脱的死胡同。农业非但没有发展，反而变得内卷化，自相残杀，不能充分根据需求创新，而且被证明无法更改。在毛泽东主席的时代之前，这经常被认为是中国的一大问题——内卷化的诅咒。农民固守传统，没有创新，他们的群体也陷入了恶性循环的圈子，直到他们消失在曾被自己开垦过的土壤里。传统能够携带造成其自身毁灭的种子，正如中国对大家庭和多生育的喜好导致了社会功能过分失调，以至于将国家引向剧变与革命的漩涡当中。

对许多西方人来说，中国农业最令人感兴趣的传统做法，是在他们作为食物来源的田地里撒上人类的粪便。长期以来，这种传统被证明能够高效地解决两个问题：把对城市和乡村都存在的污染物威胁转化为自然资源；并利用这种资源去养活持续增长的人口。为传统加一分！但是后来这种古老做法不再有效，并由于诸多原因而最终崩溃。中国不可能永远在这条路上走下去，也不能一直靠自己的粪便维持农业生存需求。在坚守传统的过程中，人们被迫进入一种不能被允许继续下去的退化状态。现在中国成为我们不断被缩小的星球的一部分，在这颗星球上，过多的人口一方面持续加重着土壤的负担，另一方面却要更清洁、更卫生、更容易生存，处理粪便的老一套在生存竞争中已经失败了。农夫们也只得被迫放弃他们的传统转而拥抱现代生活。

当传统失败时，科学和技术可以来补救，至少我们希望如此。在生态学等科学的帮助下，我们可以发现怎样将废物放在能够减少或者不带来损害的地方，发现怎样用安全简便的方法保护土壤肥力，以及怎样回收我们日复一日制造的所有粪土并将它再次变为国家财富。即使如此，现代科学自有其短板。每个新的发现，包括运用最前沿的高科技技术建设的污水处理工厂，也可能带来复杂和有害的结果。我们只能在源自传统和经验的现实主义基础上进行调整，并在希望中不断前行。

历史学界的同僚们，不要对身体、营养和资源的故事置若罔闻。不要对那些曾经弥漫田间居所、弄脏衣服双手、令人作呕的恶臭嗤之以鼻。不要回避仍然存在于我们城市和乡村中的异味。不要忽视农业在我们生存的自然历史中的核心地位。不要像某些人那样，过度理想化中国的传统农业，或者浪漫地想象那些过度劳累的可怜人，他们只是为了自己年复一年的生存和繁衍，而被迫收集和利用排泄物，也不要理所当然地认为每个科学进步对自然和人类都是向前迈进的一步。

这个故事教会我们，无论是过去还是将来，传统还是现代，当我们向下盯着自己的排泄物时，所有乌托邦都遥不可及。

（本章由曹牧译）

注释：

1 本章最初为2016年4月20日至22日哈佛大学/波士顿学院张玲组织举办的“可用之物：中国的资源探索与开发跨学科研讨会”的大会特邀报告。我要感谢张玲（Ling Zhang）、濮德培（Peter C. Perdue）、詹姆斯·斯科特（James Scott）、马立博（Robert Marks），以及王国斌（Bin Wong）的评论与建议。我还要感谢中国人民大学的同事——夏明方、侯深和陈昊至关重要的帮助，感谢曹牧的专业建议，以及约书亚·尼格伦（Joshua Nygren）和郑坤艳的研究协助。感谢蕾切尔·卡森研究中心及主任克里斯多夫·毛赫和编辑凯蒂·里特森（Katie Ritson），在他们的帮助下本章内容得以在“视角”系列中先期发表。

2 Rose George, *The Big Necessity: The Unmentionable World of Human Waste and Why It Matters*（New York: Metropolitan Books/ Henry Holt, 2008）, 109. 书中讲述了一场关于厕所、下水道和公共卫生设施的轻松愉快的寰球之旅。

3 在中国新贵阶层中最为流行的一款是 TOTO 的最新型号——诺瑞斯特 550H 双冲水马桶，零售价 35 000 元，据广告说，能够“用我们的高端卫洗丽科技，实现具有生态关怀的奢想，风暴虹吸喷气式冲洗系统、远程遥控、加温坐垫以及智洁技术釉面，超强顺滑，离子膜外观帮助马桶更持久地保持清洁”。

4 “1 克粪便中包含大约 1 000 万个病菌、100 万个细菌、1 000 个寄生虫囊，以及 100 枚蠕虫卵。”露丝·乔治在《厕所决定健康》（*The Big Necessity*）第 1 页中写道。大多数情况下，这些有机体对人无害，甚至偶尔有助于身体运作，但是露丝补充说：“也有很多是有害的。”卫生实践将人类与微生物隔离，因此为延长几十年人均寿命做出了贡献。

5 见中国古代农书《齐民要术》，该书成书于北魏时期（386—534 年），其中留下了一些农民利用尽管数量不多但丰富多样的动物排泄物的记录。

6 关于 19 世纪空想经济学家企图用无阻碍的粪便流动取代劳动和资本的奇怪故事，见 Dana Simmons, “Waste Not, Want Not: Excrement and Economy in Nineteenth–Century France,” *Representations* 96（Fall 2006）: 73–98。

7 Franklin H. King, *Farmers of Forty Centuries: Or Permanent Agriculture in China, Korea and Japan*，本书新近被翻译为中文：《四千年农夫：中国、朝鲜和日本的永续农业》，程存旺、石嫣译（北京：东方出版社，2011 年）。

8 了解西欧与中国较先进区域的对比，参见 Kenneth Pomeranz, *The Great Divergence: China, Europe, and the Making of the Modern World Economy*（Princeton NJ: Princeton University Press, 2000），尤其是第 31—68 页。

9 Franklin King to Carrie King, 10 March 1909, Franklin King Papers,

Wisconsin State Historical Society, box 2, folder 2, page 142. 这次旅行的通信记录约有 500 页，潦草的记录写满了纸张的正反面以及边缘空隙。这些文件大多是关于金为这场特殊旅行制定的行程安排、旅程花销（他显然是自负差旅费用），以及健康报告（他饱受风湿病困扰）。

10 赛珍珠值得中国和美国的历史学家投入更多关注，她的名著标题启发了本章更具嘲讽意味的题目。珀尔·塞登斯特克（Pearl Sydenstriker——赛珍珠原名，译者注）出生于 1892 年，她是南方长老会传教士的女儿，随父母来到安徽和江苏，包括古老的南京城，并在那里生活了三十多年。她最终嫁给了农业经济学家卜凯（Philip Losing Buck），但在 1934 年宗教和政治动荡中，离开丈夫，自中国去往美国。1938 年，她被授予诺贝尔文学奖。

11 Randall E. Stross, *The Stubborn Earth: American Agriculturalists on Chinese Soil, 1898-1937*（Berkeley: University of California Press, 1986）, 8, 22.

12 金，《四千年农夫》，第 239，240 页。不幸的是，金没有机会看到伊懋可（Mark Elvin）的讽刺文章 "Three Thousand Years of Unsustainable Growth: China's Environment from Archaic Times to the Present," *East Asian History* 6（December 1993）: 7–46。

13 自金的时代以来，两个国家的可耕地与人口比例都出人预料地下降，与此同时农业土地也因工业和住宅发展而流失。根据世界银行（worldbank.org）统计，中国的可耕地数量从 1961 年的人均 0.16 公顷下降到 2013 年的 0.08 公顷，美国也经历了相似的下降，从人均 0.98 公顷，下降到 0.48 公顷。另见 Vaclav Smil, "Who Will Feed China?" *China Quarterly* 143（Sept. 1995）: 801–813。

14 根据金的记录（《四千年农夫》第 214 页），玉蜀黍或者玉米，在山东省的平均产量为每亩 420 ～ 480 斤。将斤转化为千克，把亩转化为公顷，这些农夫们的收获大概为每公顷 6 750 千克。反观美国农民，从 1860—1940 年，平均收成仅为每公顷 1 630 千克。参见 A.E. Tiefenthaler, I.L. Goldman, and W.F. Tracy, "Vegetable and Corn Yields in the U.S., 1900–Present," *HortScience* 38（October 2003）: 1080。

15 金,《四千年农夫》，第 147 页。

16 金,《四千年农夫》，第 241 页。

17 尤斯图斯·李比希（1803—1873 年）是德国化学家，为有机化学做出了卓越的贡献。1840 年他发表了《化学及其在农业和生理学领域的应用》一文，提出大气氨和土壤硝酸盐是比粪肥更重要的植物氮来源，这个有争议的论点让他发展并推动使用增加粮食生产的“化学肥料”。了解他的生平与观点，请参考 Margaret W. Rossiter, *The Emergence of Agricultural Science: Justus Liebig and the Americans, 1840-1880*（New Haven: Yale University Press., 1975）。

18 金,《四千年农夫》，第 171—173 页。

19 重要英文专著包括：Ling Zhang, *The River, the Plain, and the State: An Environmental Drama in Northern Song China, 1048-1128*（New York: Cambridge University Press, 2016）; 以及 David A. Pietz, *The Yellow River: The Problem of Water in Modern China*（Cambridge MA: Harvard University Press, 2015）。

20 King to Carrie, 4 March 1909, Franklin King Papers, box 2, folder 2, page 125.

21 查尔斯·达尔文发表的最后一部作品（1881 年）是《腐殖土的构造，从虫类行为视角分析》（*The Formation of Vegetable Mould, Through the Action of Worms*），这本书将他带回到在英国唐郡自家宅院周围产生的对农业景观的早期兴趣上。

22 “植物对科学分类一无所知”，加布里埃尔在 1905 年给阿尔伯特的信中写道，“在生长和进行自己的各项功能时，它们会利用所有方法”。引自路易斯·E·霍华德（加布里埃尔的妹妹，阿尔伯特的第二任妻子），见 *Albert Howard in India*（London: Faber and Faber, 1953）, 15。

23 阿尔伯特·霍华德的《农业圣典》与《四千年农夫》一样，仍在持续出版，但是轻易就能在网上获得，网址为：http://www. journeytoforever.org/farm_library/howardAT/ATtoc.html。

24 Howard, *Agricultural Testament,* 4.

25 Howard, *Agricultural Testament*, ix.

26 Howard, *Agricultural Testament*, 15.

27 张弛、洪晓纯,《华南和西南地区农业出现的时间及相关问题》,《南方文物》第 84 期,2009 年,第 323 页;Houyuan Lu, et al, "Earliest Domestication of Common Millet(Panicum miliaceum)in East Asia Extended to 10,000 years ago," *Proceedings of the National Academy of Sciences* 106: 18(May 5, 2009):7367–7372。亦可参考 Robert B. Marks, *China: Its Environment and History*(Lanham MD: Rowman & Littlefield, 2012), 23–32。

28 Joseph Needham, *Science and Civilisation in China,* Vol. 6: Biology and Biological Technology, Part II: Agriculture by Francesca Bray(Cambridge: Cambridge University Press, 2000), 1.

29 王利华,《变废为宝:中国农业历史中的粪便使用》,未发表稿件,由作者慷慨提供。亦可参考胡厚宣,《再论殷代农作施肥问题》,《社会科学战线》1981 年第 1 期,第 102—109 页,以及于省吾:《从甲骨文看商代的农田垦殖》,《考古》1972 年第 4 期,第 40—45 页。

30 欲了解中国历史中猪的有趣而见闻广博的知识,请参考 C · W. 海福德的博文:《猪、粪,中国历史,祝猪年快乐》,1/28/2007, http://www.froginawell.net/china/2007/01。

31 威廉 · 夏利夫(William Shurtleff)、青柳昭子(Akiko Aoyagi):《大豆压榨史:豆油与大豆餐》,未刊稿,*History of Soybeans and Soyfoods, 1100 B.C. to the 1980s Lafayette*(CA: Soyinfo Center, 2007), soyinfocenter.com。

32 见李伯重:《明清江南肥料需求的数量分析——明清江南肥料问题探讨之一》,《清史研究》1999 年第 1 期,第 30—38 页、第 108 页。但是伊懋可(Mark Elvin)曾讨论过一个 8—12 世纪发生的,建立在"赋予南迁可能性的水田稻作耕种技巧"基础上的更早的农业革命。这一中国中世纪革命的一个方面是为水稻移植提供土壤准备上的进步,其中包括对人粪的利用。见 Elvin, *The Pattern of the Chinese Past*(Stanford: Stanford University Press, 1973), 113, 118–20。

33 了解作者称为"农业城市化"的内容,见 Xue Yong, "Treasure Nightsoil As If It Were Gold: Economic and Ecological Links Between Urban and Rural

Areas in Late Imperial Jiangnan," *Late Imperial China* 26, (June 2005) : 41–71。

34 转引自 Xue Yong, "Treasure Nightsoil As If It Were Gold," 60–61。薛涌引用的官吏言论见《钦定授时通考》卷 35，1737 年，第 7—8 页。

35 数据来源于梁方仲:《中国历代户口、田地、田赋统计》，北京：中华书局，2008 年，第 430—447 页、第 446—447 页、第 450—451 页；曹树基：《中国人口史》，第 4 卷《明代》，上海：复旦大学出版社，2000 年，第 137—138 页；曹树基:《中国人口史》，第 5 卷《清代》，上海：复旦大学出版社，2001 年，第 72—77 页、第 85—86 页、第 105—107 页。

36 Karl Marx, *Capital: A Critique of Political Economy* (reprint, New York: Modern Library, 1906) , 554–55. 又见 John Bellamy Foster, "Marx's Theory of Metabolic Rift: Classical Foundations for Environmental Sociology," *American Journal of Sociology* 105 (September 1999) : 366–405。

37 转引自：李伯重（在《明清江南肥料需求的数量分析》中）用酌元亭主人的《掘新坑悭鬼成财主》来解释"厕所经济"。

38 Franklin King Papers, Box 2, folder 2, page 40.

39 Cao Mu, "The Public Lavatory of Tianjin: A Change of Urban Faeces Disposal in the Process of Modernization," *Global Environment* 9 (2016) : 196–218.

40 曹牧引用的新规定来源为《关于建筑公厕事项》,1937 年，天津档案馆，J0115–1–000366。

41 Mark Elvin, *The Retreat of the Elephants: An Environmental History of China* (New Haven: Yale University Press, 2004) , 9–85.

42 Dwight H. Perkins ed., *Agricultural Development in China, 1368-1968* (Chicago: Aldine, 1969) : 185–186. 亦可参见：Philip C. C. Huang, *The Peasant Economy and Social Change in North China* (Stanford CA: Stanford UP, 1985)。

43 Judith Banister, "A Brief History of China's Population," in Dudley L. Poston, Jr. and David Yaukey, eds. *The Population of Modern China* (New York: Plenum, 1992) , 51.

44 John L. Brooke, *Climate Change and the Course of Global History: A Rough Journey*（New York: Cambridge University Press, 2014）.

45 Howard, *Agricultural Testament*, 14.

46 对此最好的解释见 Vaclav Smil, *Enriching the Earth: Fritz Haber, Carl Bosch, and the Transformation of World Food Production*（Cambridge: MIT Press, 2004）。亦见他的论文："Nitrogen Cycle and World Food Production," *World Agriculture* 2（2011）: *9-1*；以及"Detonator of the Population Explosion," *Nature* 400（1999）: 415。哈伯法（the Haber–Bosch process，也称哈伯－博世法，是一种通过氮气及氢气产生氨气的方法）是世界人口从 16 亿上涨到今天的 74 亿的最主要原因之一。

47 章楷:《百年来我国种植业施肥的演进和发展》,《中国农史》2000 年第 3 期，第 107—113 页。

48 Dan Charles, "Our Fertilized World," *National Geographic* 223（May 2013）: 94–110. 了解肥料全球趋势，见联合国食物与农业组织:《目前世界肥料潮流与 2016 年概览》，罗马，2016 年。

49 E. C. Ellis and S.M. Wang, "Sustainable traditional agriculture in the Tai Lake Region of China," *Agriculture Ecosystems & Environment* 61（1997）: 177–193.

第九章

生态 + 文明

资本主义与共产主义的对抗现在已经持续了一个多世纪，在意识形态上它们如此尖锐地对立，以至于在这场斗争中耗尽了自身。幸而我们不必一定在两者间做出选择。第三种极具吸引力的竞争者正在浮现——生态文明，它声称对之进行引导的不是欲望与利益，而是理性与知识。它来自自然科学，特别是演化论与生态学，而且很明显，没有二者的帮助，它不可能走得更远。生态文明的视角超越资本主义与共产主义，提供了不同的罗盘，它较少受人类中心主义的限制，信奉生态圈，追寻关于地球上所有生态系统与物种的知识，教导对它们以及对作为自然一部分的人类的责任。生态文明呼吁人类福祉与地球福祉相一致，以及对后者的依赖。

简而言之，"生态文明"一词所指的是一种社会的发达状态，贯穿着生态的，亦即一种现代科学的理念。我们可以将之称为一种"愿景"（imaginary），希拉·加萨诺夫（Sheila Jasonoff）将之定义为一种追求"公共利益"的"科学与技术进步的想象（vision）"[1]。我们必须提醒自己，任何一种愿景都不是历史的首要原动力；它们更多的是我们人类在应对物质环境的变化时，尝试做出的文化回应。在“生态文明”的愿景中，物质环境的变化指的是在知识、约束或者理解欠缺的情况下，人类数量与欲望的激增造成的地球变化。无论是亚当·斯密还是卡尔·马克思都没有经历过这样的变化，因此，他们怎能提供任何相关的指引？科学帮助我们发现了作为整体的地球，认识到它是太阳系中的一个特殊地方，在那里，生命奇迹般地出现。现在保护这个地方是否为时已晚？如果人类的胃口服从于他们的大脑，他们是否能够学会如何在这个地方更明智、更道德地生活？双重智人是否名副其实？

在过去的20年间，新的生态文明愿景在中国的发展比其他任何地方都要显著。虽然这一愿景的根源在西方，但是，在哲学、诗歌、科学与技术中，中国有着自身可以上溯数千年的智性资源，所有这些文化财富都意味着令此新愿景成为一项中国制造。时任环保总局副局长的潘岳是生态文明最早的呼吁者之一。他对国家应对不断增长的环境问题的方式颇为沮丧。在他看来，旧有的解决措施殊为不足；中国真正需要的是一种新社会，于是，他最早提出了一种生态文明愿景。[2]

城市在增长，潘岳在2015年哀叹道，但是沙漠也在扩张。仅仅在北京，就有70%～80%的致死癌症与环境恶化有关。潘岳当时警告说，因为环境恶化，中国面对着多达1.5亿的“生态难民”，他们将被迫迁往更好的地方，这会给国家带来混乱。为了阻止其发生，他呼吁一种根本意义上的新文明，它将重新想象人与自然的关系，更加强调对健康和遗产的保护，而非对无止境的经济增长的追求。[3]

潘部长没有询问的是，在多大程度上，这些环境问题是由人口过剩与过度消费的物质现实所导致的。他和其他人将环境退化归咎于外国文化细菌，特别是正从根本上破坏人类与自然关系的"西方式现代化"的传染。若要自我防御，中国必须开始更加生态地思考，同时将重要的古代经典价值观带回现代文明当中，特别是儒家价值观，它长期被奉为古老农业文明的伦理圭臬，直至后者在大约百年前崩溃。如伊懋可所言，中国自从19世纪60年代"师夷长技"的制造坚船利炮开始，便是一番动荡的历史。随后有着更重要的技术转移，直至它们压倒了文化信仰。伊懋可写道：

> 随着尤斯图斯·李比希的发现，在德国发明的化肥成为这场转移中最重要的一面，没有化肥，则中国不可能在20世纪晚期喂养其膨胀的人口。（革命纪元）同样看到此前一直在中国缺失的现代科学——这一现代世界的关键转型元素——的到来。[4]

世界上没有任何一个地方像最近数十年的中国，如此深刻地为西方侵略所挑战、困扰；即使在它经历了革命，乃至最近当潘岳和其他人开始向传统撤退之时，这样的影响仍然鲜明。他们重估自省的结果是寻找一种不同于行星史上任何类型的新文明。

在外人看来，潘岳的梦想可能充满矛盾而不可仰赖，因为它包含的思想既来自两位西方人——马克思与斯密，又来自古代哲学与现代科学，然而，这正是他和其他显赫领导人在一二十年前开始思考的。中国人总是说，接受矛盾，而后求同存异。保护中国的环境，存续中国的独特文明，与此同时，推动文化与物质革命向更高水平发展。在这令人陶醉的思想混合中，占据核心位置的是“生态学”思想。作为生物学的分支，生态学描述的是从自然演化中浮现的复杂的物质性相互依赖。如前文所述，它来自查尔斯·达尔文与恩斯特·海克尔，二人无疑都是西方科学家。将所有这些元素调和而成一种单独的强大愿景——生态文明，正是潘部长对苦难的人民与退化的土地困境的解决方案，它仰赖于一种仅仅可以在中国而非其他任何地方得以实现的调和。

虽然潘岳及其同代人，哀叹着控诉他们被西方造成的不和谐，但是他们并没有努力检验各种不协调思想的根源，而将此任务留给了我们其他人。任何一种愿景都有其争议与讨论的历史，在生态文明的问题上，它的争议与讨论是在西方哲学家与文化批判者的圈中进行的。这些人大多定居在德国和美国，他们从 20 世纪 20 年代开始寻找治愈各种西方文明痼疾的方法。我们不可能断言生态文明愿景究竟在何时何地开始。我们或者可以从奥斯瓦德·斯宾格勒（Oswald Spengler）分别出版于 1918 年与 1922 年的两卷本《西方的没落》开始；或者可以将其起源指向 1923 年新马克思主义的法兰克福学派的创立。这个学派聚集着马克斯·霍克海默（Max Horkheimer）和西奥多·阿多诺（Theodor Adorno）这样的哲学家，以及历史学家卡尔·魏特夫（Karl Wittfogel）。从彼处开始，我们可以继续纳入一部分 20 世纪最有影响力的思想家——马丁·海德格尔及其弟子，特别是汉斯·约纳斯（Hans Jonas）、赫尔伯特·马尔库塞（Herbert Marcuse）、汉娜·阿伦特（Hannah Arendt），这些所谓的“海德格尔之子”。他们愤懑于海德格尔的反犹主义，离弃了这位“父亲”，最终侨居美国。而后，还有那些在美国本土出生的作家如罗伯特·海尔布隆纳（Robert Heilbroner）、默里·布克金（Murray Bookchin），甚至还可以包括生物学家蕾切尔·卡森，他们都是自20世纪30年代开始活跃的环保主义者。另一位生态地思考的技术批判者是德裔美国野生动物科学家、伦理学家奥尔多·利奥波德（Aldo Leopold）。[5]

他们的构成当然非常多元，但是将他们联结在一起的是对世界，特别是对战后欧洲与美国走向何方的焦虑。他们所有人都昂然对抗为技术所驱动的现代文明，认为它将使人类非人化，也将以辐射和其他毒素荼毒地球。两次世界大战、原子弹、批量生产的飞机和汽车、爆炸式人口、气候变化、整个地球的恶化使他们均觉前景黯淡。在大西洋两岸，他们吸引了成千上万的追随者，20世纪60年代的所谓“反主流文化”所挑战的不只是越战、种族隔离，同时也是，并且特别是“技术文明”，或者简单地说是他们所称的“机器”（the Machine）。技术文明超越了资本主义与共产主义，它被视为当时的问题，是当下文明的状态，也是使我们患病的根源。虽然它从未成为一场有组织的、连贯的政治运动，这种“反技术”的反主流文化为现代环保主义与绿党政治奠定了基础。[6]

在那个文化圈中有一位知名度不高的学者——依林·费谢尔（Iring Fetscher）教授，他是德国法兰克福学派的一位修正马克思主义者。费谢尔的著作《人类生存的条件》（*Überlebensbedingungen der Menschheit*，无英文版）出版于1976年。费谢尔是创造“生态文明”一词的第一人，他将之视为一种技术文明的替代物。他指出，我们必须摈弃我们对机器、对经济增长、对人与自然关系的工具思维的信仰。不同于仅关怀受剥削的无产阶级的卡尔·马克思，修正马克思主义者费谢尔将人类整体与自然的非人类领域的生存置于其议程顶端。

哲学教授们仍在阅读那些反主流文化思想家，因为后者跻身其时代最具原创性的思想者之列，我们其余人则时不时地学习他们的诊断，无论我们的理解有多么浅薄。这些对话的一项重要产出便是费谢尔的生态文明，可惜的是，它很快在另一个强有力的竞争愿景——“可持续发展”——的光芒下黯然失色。后者发生在当第三世界国家热切地企盼技术发达，第一世界的政治家、经济学家、商人仍然致力于“发展”的时刻，人们聚集一处，为未来创造了一个不那么激进的愿景。它将两个看似不兼容的理念，“发展”与“可持续性”糅入一个华而不实的醒目标语，意图将这两个以含义模糊著称的词汇，两个既不源自科学、也不仰仗科学理解的词汇，混合成为一个不那么野心勃勃的计划。它的倡议者认为它们可以为公众定义这些词。与之相比，费谢尔的生态文明显得太过极端而不切实际。在可持续发展的未来中，不存在革命，仅有通过各种技术解决手段允许所有物质形式一直增长的许诺。

1987 年，在挪威前首相格罗·布伦特兰（Gro Brundtland）主持下撰写的布伦特兰报告——《我们共同的未来》发布，此后，可持续发展成为全世界社会精英的时髦愿景。它在 1992 年巴西里约热内卢召开的联合国环境与发展大会中占据了中心议题。[7] 作为一种愿景，可持续发展争取创立一个高技术的全球福利国家，它包含的主要改革是循环利用再生能源，而且为地球上的每一个村庄与国家保证充分而稳定的繁荣。

但是很快，出乎意料地，中国现身，开始复兴那个更古老、更大胆、更激进的“生态文明”概念。它可能在对问题的分析上相对悲观，但同时，它更基于科学，在文明的层面更广阔、更彻底。在潘岳之后，它走向最高层，时任国家领导人在其公开报告中重拾这一概念。“生态文明”迅速在全国流行，其愿景既具中国特色，又充满着现代科学的魅力。[8]时任国家主席与其他中国领导人提议通过咨询生态科学家以发展中国文明。但是同潘岳一样，他们并没有承认，或者意识到，此概念源于所有那些外国的反主流文化者，对技术驱动的文明的批判者。如果他们看到了这点，可能会困扰于其内在含义及其面对的挑战。

习近平同志在2012年成为新一任中共中央总书记，五年之后，在中国共产党第十九次代表大会上，他作了一场影响深远的报告，将“生态文明”的愿景变为中国未来的基本要旨。习近平主席运用大量例证，宣告我们的“生态文明建设成效显著”。他再次向其政党强调，政府的第一职责是“中华民族的发展”，所以他并没有彻底否认可持续发展理念。但是习近平主席明确一种新的环境伦理，要求对人类欲望更加节制。他敦促道：“必须树立和践行绿水青山就是金山银山的理念，……像对待生命一样对待生态环境，统筹山水林田湖草系统治理，实行最严格的生态环境保护制度，形成绿色发展方式和生活方式，坚定走生产发展、生活富裕、生态良好的文明发展道路，建设美丽中国，为人民创造良好生产生活环境，为全球生态安全作出贡献。”[9]最终，习近平主席呼吁一种“小康”的文明，而非如世界他处那般追求财富的无止境聚敛。他的演讲得到了中国共产党的普遍拥护，并被写入宪法，令中国成为迄今为止，世界上唯一一个致力于一种生态文明建设的国家。

任何一个国家或者民族都有权利追求或者拒绝任何一种文明理念，或者以其自身方式定义何谓生态文明。欧洲人和美国人一直都是这样做的；它们很少关注非西方国家及其文化理念，而仅仅假定世界将会或者应当遵循西方的领导。然而，在21世纪，没有任何国家可以孤立地生活。我们的生活复杂地交织构成一个行星整体，无论资本主义抑或共产主义。无论我们如何定义它或者如何称呼它，无论它叫作技术的、资本主义的或者工业主义的，文明现在已是一个世界愿景，创造一个新文明意味着在全球范围内的创造。这正是我们活力四射的人口与移民将我们带入的困境。如果我们力图追寻更好的新文明，我们要么在世界各处成就它，要么完全无法实现它。否则，我们将失去的远不止国家主权，而可能失去一个运转良好的地球。因此，中国面对的挑战是更多地知晓其所引进的所有观念的起源与内涵，而我们这些身处西方的人需要对中国向往什么，在追求共同点的道路上中国能够为其余人提供什么，要有远为深入的了解。

让我们回到依林·费谢尔，他是一位马克思主义者与唯物论者，也是一位热忱的国际主义者，他所想象的新文明超越了所有国家的边界。事实上，过度的民族主义令他深感焦虑，正如马尔库塞、阿伦特与约纳斯，他们逃离欧洲的超级民族主义，将自己视为地球公民。他们所关怀的并不只是拯救西方文明，而是忧虑世界上任何一处地方可能出现的威权主义、反民主、反自由、纳粹式统治的兴起。一种真正的文明必须建立在自由主义的价值观、科学教育与大众民主的基础之上。“假如我们无法成功地建立一种生态平衡的替代文明，”费谢尔警告道，“我们将面对的不仅是‘核破坏’，还是一种威权式的、封闭的‘生态独裁’的可能，它将如地球般庞大。”[10]

经济学家罗伯特·海尔布隆纳在其出版于1976年的著作《人

类前景》中，表达了对非自由主义趋势席卷世界的类似恐惧。他警告说，“也许‘铁幕’政府的兴起”将与由不受羁縻的技术而导致的环境危机相伴随。海尔布隆纳观察到，“在战争、国内混乱，或者普遍焦虑的时刻，政治运动的压力往往被推往威权的方向，而非远离之”[11]。对他和其他反主流文化者而言，避免威权主义的危险是追求生态文明未来背后最强烈的原因之一。

另一位反主流文化先知——默里·布克金（Murray Bookchin），《自由生态学》（1982 年）的作者，在捍卫自由主义价值上更进一步，在他看来这是捍卫地球的根本。他曾经是一位热烈的马克思主义者，但是后来他认为马克思主义走得不够深远，他需要某种更加激进的，与捍卫人类自由与开放社会一样重要的东西。他指出，“无论有无阶级”，在传统马克思主义下，“社会（仍然）处处都是掌控，伴随着掌控，社会将处于命令与服从、不自由与屈辱的普遍环境。而且几乎可以肯定的是，这将终止每个人的意识、理性、自我、创造力的潜力，将终止每个人维护她或他对其日常生活的充分控制的权利”[12]。布克金支持的是一种基于无政府主义原则的“生态社会”，在他看来，与传统马克思主义相比，后者与生态科学更加协调一致。他相信，世界环境问题的根源在于任何一种以及所有形式的等级，人类与自然之间永远无法取得真正的和谐，除非所有等级，包括人凌驾于自然之上的等级，都被废止。

最具争议的反主流文化与反技术思想家是德裔哲学家汉斯·约纳斯（Hans Jonas），同中国生态文明倡导者一样，他也认为新文明的确立需要一种新伦理。他出生于一个犹太家庭，逃亡美国，在 1955—1976 年间，执鞭纽约市的社会研究新学院。约纳斯最重要的著作《生命的现象》，是对本体论的高密度讨论，换言之，是一部讨论存在本质的形而上学著作，在此书中，约纳斯试图在自然科学与人文科学之间建立相互沟通的桥梁。他试图打破的不只是社会等级，还包括他认为处于西方文明核心位置的**根等级**（root hierarchy），它令人类超拔于自然，导致人类支配自然的本体论上的二元论。他相信，二元论在智人与其他生命形式之间造成尖锐的道德区分，从这种分离行为中，产生了所有的环境滥用与恶化、所有的暴政与征服、所有对物种和人类的奴役。大脑变得不再是人类有机体内部一个平等的、维持平衡的伙伴，制约各种各样的激情，而成为一个单纯服膺于对权力与欲望的更深层需求的工具。[13]

在《生命的现象》最后，约纳斯撰写了一篇题为《自然与伦理》的尾声。他认为后二元论本体论现在成为新伦理的基础。他相信，糟糕的形而上学制造了糟糕的道德，转而将制造糟糕的文明。他呼吁为“技术时代”提供可以做出指引的道德理性，它重新将人类与自然的其余部分相结合。而后，自那个起点开始，延伸人类的责任感，超越智人中心主义，关怀、保护生命的一切。

本书始终坚持，在行星史中，任何一种思想可能都不像哲学家所认为的那般重要；创造世界的不是思想，而是在意识下运行的欲望及其内在力量。但是，哲学家可以帮助厘清我们的处境，因此还是让我们听完约纳斯所言。在出版《生命的现象》之后，他开始撰写一部指南性著作——《责任的必要性》（1984 年）。“在我们的时代之前，”约纳斯写道，“人类对自然的进袭，如他所见的那样，从根本上讲是浅层的、无力的，不足以打乱它既定的平衡……自然并非人类责任的对象——她可以自理，也在人类的哄诱和忧虑下，照理人类；加诸于她的不是伦理而是机巧。”但是，人类机巧的控制缺乏任何道德理性的指引，现在应当修正这种缺失，走向一种更加谦虚而清醒的责任感。“一种全新的秩序——不小于整个星球的生物圈，”约纳斯写道，“必须成为我们的责任，因为我们对它行使权力。”

约纳斯指出，过往的文明同样在训喻道德责任感，但是，它们所教授、实践的责任感开始并止于他所称的“睦邻道德”（neighborly virtues），例如，诚实、公正对待他人、好公民，等等。伴随着以技术为代表的权力的规模增长，约纳斯认为，必须有道德的规模增长，否则我们将陷入自己创造的技术文明的樊笼，智性为欲望而非道德所役。我们需要寻找的不仅是我们人类邻友的利益，用约纳斯的话说，“也是超人类（extrahuman）事物，超越人类范围的利益，使人类的利益包含对它们的关爱”。我们必须这样做，因为通过科学，特别是生态学，我们已经明晓自身欲望的力量。从增长的新知中，必然涌现一种更广阔的新道德。“权力与理性相结合，”约纳斯总结道，“道德感与之随行。”[14]

地球上的演化首先是一种物质过程，但是在最近的数个世纪中，关于演化的知识不断积累，道德责任感理应随之扩大。演化科学既然在物质层面推动我们前行，它理应在道德层面有同样的作为。但是演化所推动的并不只是西方人，我们已经抵达了要求一种行星伦理的节点。

这是既往关于潜藏于现代文明的危险与可能性的复杂思想的极简谱系。其结果是，根据生态文明愿景，文明并不必然患病或者死亡。它可以重整精神，但是需要新的猛药。然而，约纳斯、布克金，以及其他人都没有看到，其他社会也从自身的历史与经历中提取对文明的类似重估，并提供给他们的同胞。中国有着非常类似约纳斯倡导的哲学，他们宣称自身的文明从未在形而上层面或者伦理层面上陷入二元主义。他们也从未赋予人类在地球上的任何特殊地位，或者提倡对自然的征服。比如说，潘岳对本国的文明十分自信，认为它化育和谐与共存，而非统御。这正是他认为恢复中国传统是治疗其国家环境痼疾的主要方式的原因。但是也有人质疑这样的假设，或者指出二元论是中国过往的一部分，它存在于任何一种文明中，无论东西。一切文明演化的关键部分正是二元论。

一部分西方学者拒绝以一种理想化的、非批判性的方式看待中国，认为在其历史中贯穿着对凌驾于非人类以及人类生命权力的追求。伊懋可是一位深爱中国文化的英国学者，他将中国的历史描述为“三千年的不可持续发展”。这听似极具批判性，但是其蕴意可能更加深刻，他一方面在批评中国自身的问题，一方面也在嘲弄西方以可持续发展为万灵药的想法。中国持续三千年的事实应当可能允许我们对传统智慧产生自豪感。伊懋可在指出中国人自己同样有着环境破坏的记录，而不能将之仅仅归咎于西方的同时，也呼吁中国人敬慕并批判性地评价其传统。

中国长期孕育着自身对技术、对滥用自然、对摧残人性的批判态度。这些批判态度是其独特传统的组成部分，它们可能成为今日改革中国及他处的现代文明的宝贵思想渊源。历史学家王利华是倡导中国化生态文明的最富影响力的学者之一，他呼吁“全面总结中华民族尊重自然、顺应自然和保护自然的优良传统及其历史成果”。但是，在他指出中国可以成为世界走向生态文明的重要领导者的同时，也承认在过去，普通人与统治者可能并不重视其“优良传统”。在世界上，人们并非第一次忽视他们最好的思想。西方难道不也同样存在着观念与现实的断裂？[15]

王利华相信，中国，如同西方，有着许多发出批判或者赞美之声的先哲，梦想着选择不同的历史路径。在我们所处的纷乱时代中，这是值得记住的事实。我们将发现，其中一些先哲可能早在约纳斯之前便在追寻一种非二元论的意识，倡导一种对各种形式生命的责任感。他们为中国留下了多元而复杂的哲学与道德传统，值得西方汲取、学习。

西方社会反主流文化运动的主要失败之一在于其未能对非西方社会的复杂思想进行深刻阐释。在我此前提及的那些西方思想家中，有谁关注过任何一位伟大的中国先哲？有谁在中国画家、诗人、建筑师的作品中沉思流连，感悟那些无论在本体论层面，抑或在伦理层面都如此优雅精妙的艺术？约纳斯没有，蕾切尔·卡森没有，海尔布隆纳或者布克金都没有。

例如，在唐、宋两朝，中国经历了山水诗与山水画的高度繁荣，比西方同类的艺术繁荣早出许多。哲人们走入山林、往复冥想，艺术家们寻觅着天然的境界。他们中有王维、孟浩然，有欧阳修、苏轼，他们都是思想深邃的艺术家，试图重新发现自然。在他们的思想中没有二元论，当他们泛舟于江湖、游历于山林时，他们追索着超越凡尘俗务的生活。

距唐、宋更早的千年前，在中国的战国时代，当时中国的人口尚不到一亿，但对自然的同样赞美处处可见。最终出现的是一部野性而非凡的神话、寓言合集——《庄子》，它大致成书于公元前 4 世纪。其主要作者是庄周，一位挑战文明在自然和人类、善恶、大小间建立等级区别的异见者。“庄周梦蝶”的熟悉故事抹去了存在于文明核心的二元论。庄子询问道，如果一个人梦见自己成了一只蝴蝶，那么一只蝴蝶是否也能梦见自己乃是一人？在人类与昆虫间，他无法设定僵化的界限。

对自然的认知成为道家思想的关键性主题，同《道德经》一起，它们共同表达的哲学是中国为人类思想带来的最为重要的贡献之一。道家思想被不加批判地称作一种“生态哲学”，因为与现代科学家不同，庄子与其道家追随者都认为人类永远无法获取关于任何事物的完整而确切的知识。他们将会说，科学必须向地球的本质不可知性叩拜。科学必须意识到我们永远无法解释我们周遭的一切，也永无可能掌控自然。我们仅能学会让自己变得更加谦恭，行动更有责任感。

孔子看似与庄子相矛盾，也经常成为庄子幽默的笑柄。即使如此，孔子同样被视为生态文明的元老。纵然庄周对此不会心有戚戚；显然，在中国传统智慧中存在深刻碎裂，其观念有着尖锐的分歧。庄子和他的弟子们鄙视孔子所捍卫的过度治理、过度文明的生活。而在另一方面，孔子同样教导中国人，特别是其领导人，实践一种更广泛的责任感。这种强调道德责任的传统，强调统治者与被统治者双方的责任，强调对家庭的责任与义务的传统是否在今天仍然有值得我们学习的地方？这种传统是否能演化为人类对待地球的责任感？

很难说这些彼此争论不休，甚至有时疏离的先哲、诗人、画家对中国历史上的环境产生了什么影响，但是同样，我们也无法将过去的环境经历完全归咎或归功于西方先哲、诗人、画家。在每一个国家，都有着强大的物质压力、深层的生物欲望，推动我们演化的无法餍足的人类需要；与任何哲学或者诗歌相比，它们对历史更具决定性力量。农夫们艰辛地养活着一个大家庭，扩大稻米或者小米的生产；国家一直在征税、养兵，战争无休止地发生。我们不应当忽视这些在历史上加诸地球的压力，另一方面，我们也不应该认为所有的思想与哲学同普罗大众的生活无干。文明始终是关于稳定与安全的梦想，同时，通过科学与哲学，它也在推动一种关于共存的新伦理，赋予我们去实践如此伦理的新知识，并且提出关于人类生活目的的新问题。

如果中国真的希望见证一种生态文明扎根发芽，茁壮成长，那么它需要更加熟悉过去一个世纪中，那些为技术文明提供了如此精辟诊断的西方哲学家与伦理学家。与此同时，我们这些生活在西方的人，也需要对中国自身的传统，无论是主流还是异端都要更加熟悉，对它们业已探讨的何谓责任与道德的思想更加熟悉。我们需要彼此。我们需要所有我们能够获取的帮助。

注释：

1 Sheila Jasonoff and Sang–Hyun Kim, eds., *Dreamscapes of Modernity: Sociotechnical Imaginaries and the Fabrication of Power*（Chicago: University of Chicago Press, 2015）. 同时参见 "Sociotechnical Imaginaries," https://sts.hks.harvard.edu/ research/platforms/imaginaries。

2 此问题的众多评论中有一部分是英文的：Jiahua Pan, "The Development Paradigm of Ecological Civilization," in Jiahua Pan, ed., *China's Environmental Governing and Ecological Civilization*（Berlin: Springer–Verlag, 2016）, 29–49; Berthold Kuhn, "Ecological Civilisation in China," 26 August 2019, Dialogue of Civilisations Research Institute（available online）; Martin Schönfeld and Xia Chen, "Daoism and the Project of an Ecological Civilization," *Religions* 10:11（November 2019）: 630 ff; 以及 Mette Halskov Hansen, Hongtao Li, and Rune Svarverud, "Ecological

Civilization: Interpreting the Chinese Past, Projecting the Global Future," *Global Environmental Change* 23 (November 2018) : 195–203。

3 Ma Tianjie, "Pan Yue's Vision of Green China," *China Dialogue,* March 8, 2016; and Elizabeth Economy, "The Return of China's Environmental Avenger," *The Diplomat* (online) , October 2, 2015。

4 Mark Elvin, "China's Multiple Revolutions," *New Left Review* 71 (Sept–Oct. 2011) : 84.

5 蕾切尔·卡森可能从未读过那些欧洲哲学家的著作，但是她将其最著名的著作献给他们中的一位旅行者——阿尔贝特·施韦泽博士（Dr. Albert Schweitzer），并引用其名言："人类丧失了高瞻远瞩、未雨绸缪的能力，终将毁灭地球。"参见 Carson, *Silent Spring* (Boston: Houghton Mifflin, 1962) , frontispiece。同样，美国环境伦理的创始人奥尔多·利奥波德因为其著名篇章《土地伦理》，也应当被归入反主流文化群体。Aldo Leopold, "The Land Ethic," *Sand County Almanac* (New York: Oxford University Press, 1949) , 201–226.

6 从费谢尔开始，生态文明愿景首先传入俄罗斯和中国。但是一路走来，这一愿景始终为西方语汇所框定。费谢尔完全浸淫于德国哲学与政治当中。其他著名的倡导者包括美国神学家约翰·柯布（John Cobb）与澳大利亚哲学家阿伦·盖尔（Arran Gare）。后者的著作《生态文明的哲学基础》(*The Philosophical Foundations of Ecological Civilization*) 出版于2017年。两人都以鲜明的西方语汇定义生态文明：柯布在某种程度上是阿尔弗雷德·诺斯·怀特海（Alfred North Whitehead）的思想继承者；盖尔则将目光投向康德、谢林，以及科学的后现代批判者。

7 布伦特兰委员会的成员之一是马世俊（1915–1991年），中国科学院环境科学委员会主任，中国科学院生态环境研究中心名誉主任。他指出："缓解国家生态危机的不止是科学与技术，还有公众的生态意识。"他鼓励设计与一种新的以生态为基础的农业相结合的"生态村、生态镇、生态县、生态城"。Gaoming Jiang, et al., "Shijun Ma (1915–1991) ," *Environmental Conservation* 18: 4 (Winter 1991) :365.

8 Nicholas Dynon, " 'Four Civilizations' and the Evolution of Post-Mao

Chinese Socialist Ideology," *China Journal* (July 2008) : 83–109.

9 Xi Jinping, "Secure a Decisive Victory in Building a Moderately Prosperous Society in All Respects and Strive for the Great Success of Socialism with Chinese Characteristics for a New Era," delivered at the 19th National Congress of the Communist Party of China, October 18, 2017, https://www.chinadaily.com.cn/.

10 Fetscher, *Uberlebensbedingungen der Menschkeit* (3rd ed., Berlin: Dietz Verlag, 1991) , 7. 此书是对马克思、恩格斯、恩斯特·布洛赫、法兰克福学派与当代生态著述者的综述。亦可参见：Theodore Roszak, *The Making of a Counterculture* (New York: Doubleday, 1969)。

11 Robert Heilbroner, *The Human Prospect: Looked at Again for the 1990s* (New York: W. W. Norton, 1991), 30, 132–133。第一版出版于 1974 年，一时洛阳纸贵，此后更新过两版。

12 Murray Bookchin, *The Ecology of Freedom* (Atlanta GA: Black Rose Books, 1982); 以及 *Towards an Ecological Society* (Atlanta GA: Black Rose Books, 1980) , 4。

13 Hans Jonas, *The Phenomenon of Life* (New York: Harper & Row, 1966) , 26, 282–284.

14 Hans Jonas, *The Imperative of Responsibility: In Search of an Ethics for the Technological Age* (Chicago: Univ. of Chicago press, 1984) , 4, 5, 7, 138. 亦可参见：Theresa Morris, *Hans Jonas's Ethic of Responsibility: From Ontology to Ecology* (Albany NY: SUNY Press, 2013)。

15 王利华：《中国环境史研究为构建生态文明体系提供资鉴》,《中国社会科学报》, 2019 年 10 月 23 日；王利华：《生态文明建设离不开生态文明教育》,《人民日报》, 2017 年 6 月 21 日。

第十章

希望的空寂摇篮

近一个世纪之前，在 20 世纪 30 年代最黯淡的时期，地球上的人们经历着一场又一场噩梦，似乎永无尽头。在工业中心，资本家纷纷破产，工厂倒闭，工人失业。生态退化在行星上几乎随处可见。[1] 社会的腐蚀与土地的腐蚀都更加严重。无家可归之人在高速公路上艰难跋涉，满脸挫败、疲惫，终点却是城市的救济站长队。他们所蒙受的并非暂时的衰退，未来将证明，他们将进入一个被不断重复的灾难恐慌困扰的新时代。

早先，第一次世界大战中骇人听闻的残忍粉碎了人们对和平与非暴力终将覆盖地球的信心。反之，前所未有的战争阴云遮蔽了世界的上空，第二次世界大战即将到来。中国受到日本的侵略，与此同时，军队在欧洲大陆集结，使行星地球陷入毒气与法西斯残暴的危险境地。19 世纪时看似已露曙光的道德启蒙与无尽经济增长，正在耗尽如此进步所需的自然资源。前方隐现着后启蒙、后现代的未来，充满恐惧、迷茫与不确定性。那些 20 世纪 30 年代的感觉将长期持续、扩散，成为悬浮于技术进步文明之上的永恒阴影。

彼时，芝加哥的朴素诗人卡尔·桑德堡（Carl Sandburg）满怀对美国工人阶级的信念，发表了叙事长诗——《人民，是的》（*The People*，*Yes*）。[2] 仅以诗论，它冗长曲折，歌咏的普通人的智慧，展现在他们夸张荒诞的故事与自我嘲弄的俏皮话中，还有坚忍而充满讽刺意味的幽默中。桑德堡称他们是“平凡之人”与国家“英雄”。“为什么不呢？”他问道，“他们付出所有，不加询问，承受一切；你还能要求更多吗？”他预言说，艰难时世很快便将结束，普罗大众将重回自信。“他们的生活仍需学习，仍将犯错。”在他看来，他们就像是自然，柔韧、坚强、持久。比起专家、政客、工程师、社会设计者与改革者，他们对各类事件的看法都更加现实。虽然他们热切地希望自身的发展，但是他们谦逊而敬畏土地。

不过，在长诗的最后数行中，桑德堡呼唤的不是征服行星的旧日精神，而是对同样古老的丰腴地球的信念。

> 人民知道海中的盐
> 风中的力
> 抽打着地球的每个角落。
> 人民以地球
> 做他们安息的坟墓与希望的摇篮。

然而，当真如此吗？普通人当真欣然接受死亡或者它所提供的“安眠”？当人们生育大量新生儿时，地球是否仍是“希望的摇篮”？高生育率在短暂的下降后是否还会再次回升？如果这是其诗之意，那么新生儿的摇篮比以前空出许多，在未来的数十年中，将变得更空。正是这些摇篮的空寂提供了某些希望！美国与其他国家的生育率伴随股票市场的下跌不断走低。假如桑德堡预期人民再次生育更多的新生儿，他便错了。在 20 世纪 30 年代之后，生育率一路下滑，进入 21 世纪仍然如此。

在第二次世界大战刚刚结束后的一段时间中，人民的确再度渴望大家庭，同时渴望的还有大汽车与大房子。随之创造了战后的“婴儿潮”，但是为时短暂。早在 20 世纪 30 年代之前，生育率已经开始下降，由于很多复杂的原因，这个趋势始终持续。桑德堡应当预期到如此未来，因为在萧条的年代中，他和太太仅生育了三个孩子，大大低于以前的美国标准，而后，即使好日子重返，那三个孩子也仅为他诞育了一个孙子。其家庭繁衍自身欲望的不断缩减正是日后发生的一切的征兆，也是希望的真正摇篮。

因此，世界上很少有人继续将养儿育女的行动视为一种对信心的表达。当他们看到太多孩子挤满餐桌时，他们更可能会大摇其头。近一个世纪之后，我们比从前任何时候都更怀疑高生育率是否是明智的或是可持续的。就普通人而言，事实证明他们不似桑德堡所期望的那样高贵、乐观，就如同自然也看似比从前更加混乱，易生灾难。毫无疑问，在每个国家中，仍有着满眼星光的乐观主义者赞美人类的精神，同时赞美着地球，茫然不知二者之间可能存在某些张力。从 1900 年开始，更早的进步观念已经受挫，即使进步主义意识形态的拥趸者炫耀着显示这个物种前所未有之好的数据。他们指出，人类寿命变得更长，财富扩散到所有国家，人类暴力逐步减少。所有这些都是真实的，然而，尽管如此，在此后的岁月中，桑德堡对普通人的信念以及其依附于制造婴儿的希望已经变得落伍稀奇，很难证明其合理性了。[3]

到 21 世纪，在一系列好莱坞灾难片、日常报纸的头条新闻、环保主义者持续不断的警告中，甚至在现代诗歌与音乐黯黑而阴郁的调门中，反映的流行情绪都宣告着所有形式的进步——无论是外在自然抑或内在自然的，都在走向终结。自然看似已死，或者正在死亡，而“人民”事实上无法像从前被许诺的那样成为救星。

本书所一直强调的是，人类同其他物种的主要区别在于他拥有更大、联系更复杂的大脑。但是，拥有这个特别的器官并不会令人类更加道德；现实来看，不得不得出结论，我们，如同自然的其余部分，仍然为我们的自私直觉所控制，虽然从不完全受其支配。在漫长的人类史中，我们越来越恐惧我们为肚子与性腺、饥饿与肉欲所定义的内在自然可能的作为。巨大而复杂的大脑似乎被深深根植于我们体内的古老冲动与欲望所击败，在生存竞争中扮演着仆从的角色。

内在自然是否有可能被彻底地改变或者改善？或者是否应当被改变？它当然会发生演化，而那种生物与文化的演化，依据外在条件的变化，可能对较小家庭产生渴望，变得不那么贪婪，更加超越私利。与20万年前相比，人类对性与繁殖的欲望已经变得有所不同。所有社会性别、宗教、社会阶级、种族或者国族的人都会随环境的改变而演化。关于新物质条件的信息不断出现，这些信息可能远比抽象的思想或者哲学原则更加强大。人类繁衍的欲望似乎正在面临着这样的改变。

19世纪，世界人口约达到10亿的时候，性腺冲动开始缓慢发生改变。转折点在1804年之后来临，虽然这一时刻并非基于可被证实的数字；人口普查的条件在当时并不十分发达，10亿这一数字仅是来自很久之后的估计。女性平均生育率的转折点同样到来，原因很有可能在于太过拥挤，竞争过于激烈。无疑，人类在很久之前便寻求对人口增长的控制，但是，那些努力是零星的，对长期趋势鲜有持续影响力，而且总是对女性有害。早期的生育控制不是基于有关人体和地球承载力的知识；它不可仰赖，而且局限于家庭或村庄。如前文所叙，与农夫们相比，觅食者在节制人口增长，最小化其生态影响上做得更好，但是即使那些对生育控制所做的古老努力，也未能在长时间中阻止本物种数量的上升。[4]

尾随1500年大发现而来的，是北大西洋两岸出现的一种建立在商业、城市、科学与工业化基础上的新文明。最初，该模式带来了人口的兴旺增长，但是随后，当增长不断持续，便开始了对更好生育控制方法的更加系统的探寻。恰恰因为对改变的推动主要来自女性，而非男性，也因为它根植于相互冲突的个人欲望，而非社会的道德观，才使它变得强大而持久。女性的渴求与欲望的内在自然开始改变，当一切发生时，它们展示出巨大的力量。

在马萨诸塞西边的伯克希尔丘陵（Berkshire Hills），伴随一两个世纪的农业集约化与乡村工业的扩张，出现了一种新繁殖行为的迹象。一位具有改革头脑的医生，查尔斯·诺尔顿（Charles Knowlton）开始以一种更缜密的科学方法研究生育控制。我们对这位医生及其病人知之甚少，仅仅知道她们绝大多数是来自新英格兰丘陵地带的女性，有足够的钱支付诊费。她们恳请诺尔顿帮她们控制家庭规模。[5]她们疲于生育五个甚至更多孩子，抱怨过度生育对她们的健康和生活的损害。想来她们的母亲、祖母都觉得孩子越多越好，虽然我们很难获取关于传统态度的证据。在欧洲白人自两个世纪以前开始定居的新英格兰，一个彼时正在经历过度拥挤的地区，女性开始寻求专业建议。她们并非孤例，其时，西欧的女性同样开始寻找更佳的生育控制方法。

在其病人的鼓舞下，诺尔顿在1829年出版了一部性教育的开创性入门书：《哲学的果实：一位医生写给已婚青年的私人指南》。这是怎样的一颗重磅炸弹！一本售价25美分的手册，是英文世界中第一部为任何寻求避孕的人所著的科普性指南。在这本小册子出版仅仅两年之前，一位身处遥远的爱沙尼亚的胚胎学家在显微镜（发明于1600年）的帮助下，发现人类女性在其子宫内制造卵子。[6]关于这一发现的新闻在西马萨诸塞州迅速传播。在那里，女性开始对自身有不同的思考，将自己视为同其他哺乳动物一样制造卵子的哺乳动物，这些卵子需要雄性授精方能生育宝宝，而受精卵可能成为个人的负担。新知识的到来带来了对生育过程的更好的理解，诺尔顿正是先行者之一。

在手册中，诺尔顿并没有提及马尔萨斯牧师关于人口的讨论，后者深受他在仅仅数十年前见证的人类退化的困扰。不过，诺尔顿能够体谅他身边的女性所承受的压力，乐于帮助她们逃离那些压力，释放她们的焦虑。他对此问题采取了彻底世俗的态度，可以接受任何能够提升人类幸福的方法，而非仅仅教会所训喻的途径。他的著作完全希望在保证其病人享受性乐趣的同时，不受孕育过多孩子的威胁。

诺尔顿的小册子虽然被广泛地斥为“肮脏的”“淫秽之书”，但它仍然在1833年的伦敦找到了热情的出版商，此后40年间，它将售出40 000册。而后，在1877年，新的英国版付梓，修正了其最早版对托马斯·罗伯特·马尔萨斯的忽视。该书的英国编辑分别是查尔斯·布拉德洛（Charles Bradlaugh）和安妮·贝赞特（Annie Besant），两位社会自由主义者，怀有同马尔萨斯相同的忧虑，却并不赞成他对较低阶级道德败坏的看法。编辑们写下了这段前言：

> 同马尔萨斯牧师一样，我们相信，人口的增长存在比生存资料的增长更快的趋势，因此必须用**某些**制约手段控制人口。现在所用的制约手段是半饥饿与可预防的疾病；穷人婴儿的巨大死亡率是抑制人口的制约手段之一。但用来控制人口的制约手段应当是科学的，这正是我们所提倡的。我们认为，与其在孩子出生之后用食物、空气与衣物的极度短缺来谋杀他们，更道德的方式是事前避孕。我们提倡对人口的科学控制，因为，只要穷人生育大家庭，救济就成为必须，而从救济中往往滋生罪恶与疾病。可以让一对父母、两三个孩子舒服度日的薪水完全不足以维持一个12人或者14人的大家庭，在我们看来，将孩子带入一个注定悲惨或者早夭的世界是一种罪恶。在这个问题上，我们所关怀的不仅是辛勤的工人阶级。贫穷的牧师、奋斗的小商人、年轻的专业人士，都往往因为不寻常的大家庭而举步维艰，他们的年华在一场漫长的生存战争中度过；同时，牺牲了女性的健康，她的生活因为同样的原因而变得苦涩难熬。[7]

他们坚持认为，男人和女人一样，不应当继续为其生物性欲望所役，虽然他们最强调的是英国工业工人的经济奴役问题。

19世纪上半叶的另一位社会改革者是苏珊·B.安东尼（Susan B. Anthony），美国女权运动的创始人。她的居住地距离诺尔顿与其病人并不远，但她对性本能及其后果兴趣寥寥。安东尼是一位纽约州资本家、工厂所有者的女儿；她本人却不仅批评像她父亲的工厂那样的纺织厂，也抨击南部棉花种植园对非裔美国人的奴役。1848 年，诺尔顿之书出版 20 年之后，安东尼发起了第一场世界性女权大会，该会在纽约州塞尼卡福尔斯（Seneca Falls）举行，会议成立了保障奴隶、工厂工人与所有种族、阶级女性权利的联盟。安东尼及其追随者要求女性拥有更多受教育机会，更多家庭之外的工作机会，对金钱与财产享有更多的权力。在 19 世纪 60 年代，她们增加了对女性投票权的呼吁，虽然美国女性直至 1920 年方才赢得全国选举的投票权。在这场胜利之后，女性运动继续推动着生育控制的事业。

因此，对生育控制与信息的要求与女权运动开始于同一地点、大致相同的时间，但是它们之间的联系至今模糊不清。对诺尔顿的女性病人而言，其最紧迫的需要是逃离生育，而非实现与男性的社会平等。她们寻求对自身自然的控制，这同寻求破除父权传统的女性解放大相径庭。

我们同样不能确定对现代生育控制的追寻究竟开始于何时，为何出现。比较清晰的一点是它并不单纯是女性社会解放的副产品。它反映了一种不断增长的对物理性过度拥挤与压力的感知。换言之，在 19 世纪的新英格兰，生育控制更多是对个人安全，而非个人自由的反应。它挑战了多子多福的普遍农业假设。“文明生活［曾经］一直是对抗自然的持续战斗”，人口学者、诺尔顿历史的研究者斯里帕蒂·钱德拉塞卡尔（Sripati Chandrasekhar）总结道。现在，当女性寻求“阻止人口过剩；通过尽可能早婚减轻卖淫之恶；减少贫穷、物质与犯罪；帮助阻止遗传病，保育并改善本物种；减少人工流产的数量，降低杀婴率；阻止由于过度怀孕或习惯性流产对女性健康的损害”，她们开始自愿质疑其在这场战斗中扮演的角色。[8]

因此，从新英格兰的偏僻乡间和英帝国中心伦敦的内城，都传出相似的信息，力图缓和人类通过生育与自然进行的战斗。它之所以有望成功，正在于钱德拉塞卡尔所称的“生育控制知识的民主化”。在大不列颠内部，不断增长的知识带来的清晰后果是生育率长期下降，从19世纪早期每位女性平均生育3.6个孩子下降为两百年后的1.5个孩子。生育控制将提供一个新的空空的“希望摇篮”。男男女女们可以继续满足他们的性渴望，同时学会避免生育过多婴儿的后果。[9]

生育控制运动要求面对新环境条件下的演化。这些环境条件可能是什么呢？最有可能的是当旧有的农业生活方式让位于新的城市-工业方式时，住房与食物、教育与培训费用的上涨带给一个家庭的生存压力。人类的欲望仍然强烈，但是现在他们必须为应对物质与文化的变化做出调整。这一过程是如此微妙而复杂，以至于我们可能永远无法充分解释它究竟是如何发生的。在很长的一段时间中，人类视其繁衍为理所当然，将它看作“自然的”“上帝恩赐的”，鲜少质疑其对他们生活的压力。现在，当女性与男性开始伴随外在自然重塑其内在自然时，原有的观念开始坍塌。

当物质与文化两个层面的变化继续，当新态度得以发声，人类的繁殖，如同自然的其余部分，变成某种可被“控制”的东西。通过技术，对生育进行的控制与对外在自然所做的控制一道进行。数个世纪以来，后一种控制以农业和工业的形式出现，控制水流、恢复土壤的化学组成，或者交配繁殖更好的农业牲口。旧宗教赞成以上行为，同时继续告诫人们，对女性自然繁殖力的干涉是错误的。在过往的世纪中，提及生育控制时仅仅将之视为“不自然的”。但是，在1800年以后，这种谴责开始松动，首先在美国、大不列颠，后来在中国、印度、印度尼西亚、南非和非洲的其他国家。不同种族与文化的人都开始质疑女性与男性是否有义务孕育并生育尽可能多的孩子。一个人是否可以通过科学赋予的知识克服不断上升的人口压力？人类的天性是否可以被改变？一种被改革的内在自然是否可能带领我们走入一种新的富裕，允许实现其他基本欲望？

1877年，诺尔顿之书及其编辑布拉德洛与贝赞特因为违反公共道德在伦敦受审，最终被判“无罪”。此事被广泛报道，为该书带来销量新高。临近20世纪，避孕与生育控制的信息传播变得几乎合法，鼓励生育控制向非罪化推移。干涉怀孕或者限制家庭人数不再被视为一桩恶事。[10]

但是，哪种避孕方式最有效？ 19世纪早期最流行的方法很简陋，也不可靠。查尔斯·诺尔顿仅仅向其病人推荐了其中两种，其方式都试图阻止男性精子进入女性输卵管导致卵子受精。方法之一是在阴道插入一块浸水的小海绵，诺尔顿宣称它可以拦截所有的精子；另一种更有效的方法是给女性注射一针锌硫酸盐杀死进入其体内的精子。彼时几乎没有宗教人士认为对精子的谋杀是一种原罪。诺尔顿推荐了这两种方法，而非旧有的备选方法，如柠檬制成的宫颈帽，丝绸剪成的膜片，或者体外射精、流产或杀婴。他许诺说，通过更多的科学发现，还会发明更好的避孕方法。[11]

避孕通常被理解为女性对其身体欲望变得更加负责；不过这种责任到后来才成为女性拥有的“自然权利”。这是女性的权利，男性既不拥有这个权利，也没有这个责任。自然权利话语将生育控制的拥护者与其他权利，如自由言论、自由思想，以及其他形式的自治的支持者联系了起来。但是，要建立如此控制一个人自身繁殖的权利，依赖的不仅是主张；这种权利必须成为国家法律典章中的一部分。它发生在生育控制变得越来越普遍的时候。其法律化是贯穿 19 世纪和 20 世纪的多条溪涧编织在一起的错综流动，它汇集了不同的水流，直至变成一股澎湃的大潮。

其中的一条水流是高度独立且极具争议性的“优生学”运动，它出现于 19 世纪末至 20 世纪初，得名自查尔斯・达尔文的远亲弗朗西斯・高尔顿（Francis Galton）。此人相信繁殖是一种人类权利（他忽视了生育控制的权利），应当仅被限定在智力与体力都最适应的个人，而不应留在不负责任的大众中间。高尔顿认为，政府必须开始以生物性改良物种为目标，监督所有的婴儿生育。政府是执行这种改良的合适机构，但它并非通过繁殖控制本身，而是通过高尔顿所认为的对人类后裔进行的“人工选择”。正如农夫与饲养者自农业兴起以来一直努力改良动植物物种一样，现在的政府将人工选择哪些人可以繁殖，哪些人不能。几乎没有人会反对狗、马，或者小麦的培育，因为这被认为是服务于人类的合法需要。当时，也没有人特别反对通过比如父母安排和控制子女的婚姻对象而进行的人工选择，因为这被认为是能带来更好的孙辈。但是，高尔顿转向政府，要求其成为繁衍首席执行官的呼吁遭到了颇多拒绝。它的目的是赋予精英阶级控制工人阶级的权力，正如饲养者控制自然的权力。因为它要求抹去人类与非人类之间的普遍界限，故而引起了巨大争议。许多人指责说，政府将基于阶级或者种族进行歧视，事实也的确如此。政府将区隔“适者”与“不适者”，通过强迫绝育，或者对其性自由施以其他约束以消灭后者。优生学运动始终没有赢得广泛接受，在20世纪40年代逐渐沉寂。它看似与欧洲法西斯所提倡的“种族净化”区别不大。与之相反，女性控制下的生育控制仍然继续拥有支持者。[12]

生育控制交织水流中的另一股是国际和平主义运动，它的兴起所回应的是伴随现代战争出现的触目惊心的暴力。这种暴力往往同过度拥挤、人口过剩、对自然资源的过度竞争相联系。避孕成为和平主义者用以推动世界和平运动的基本工具。它们的汇流带来了1927年召开的第一届世界人口大会，是年，人口学家估计地球已是20亿人的家园，是1804年人口的两倍。世界人口大会将反战运动者、人口生物学家、食物专家，以及那些恐惧于不受控制地跨越国家边界移民的人汇集一处。第一届会议和随后几届的主要参加者来自学界，他们希望利用科学使人们获取更多自然资源，进行生育控制，从而阻止未来的战争。在世界人口大会最著名的领导人之一——雷蒙德·珀尔（Raymond Pearl）博士看来，人类好似培养皿中的细菌，后者密密麻麻聚集一皿，争夺空间，饥饿不堪；过多的人类同样迫切地希望通过战争扩张国界。人口稳定化成为目标，这是一个能够回应所有基于空间与冲突的现代问题的答案。[13]

在这条交织水流中还有一道激流，那就是女权运动，在其为北美及其他地区的女性保障了政治上的投票权后，它开始呼吁女性对其生育力的控制。其他暂且不论，至少女权运动帮助女性认识到父权传统与她们之间的冲突。男性当然同样有可能试图控制生育，但是，数千年间，他们更专注于在多方面禁锢女性的自由。

与男性相比，长期以来，女性并不希望生育那么多孩子，但是她们的愿望在很大程度上被忽视。蒙受不公的感觉愈来愈强烈，可能在受过教育、渴望家庭主妇之外的工作的现代女性中间，这种感觉尤为明显。但是所有社会等级的女性都不仅要求关于其身体的信息，也要求更多寻找、使用避孕方法的自由。

从这条汇集的改革之流中，涌现出一位20世纪女权运动最热情的代言人：玛格丽特·桑格（Margaret Sanger，1879—1966年）。她同苏珊·B.安东尼一样，也是纽约上州的土生子。她结过三次婚，有过三个孩子。[14] 早先，她批判的是所有对女性性行为的约束，对她而言，这可能比过多孩子造成的经济负担更令人不满。后来，她开始意识到，在许多社会中都存在相似的性自由障碍，这令她成为一位生育控制的国际倡导者。她指出，在世界的每一处，都应当允许避孕，并令普通人负担得起。20世纪20年代，桑格前往亚洲与其他大洲旅行，在那些地方，她了解到"对中国穷人来说，限制家庭规模的唯一已知方法是扼杀或者溺死女婴"。[15] 愤怒于如此令人发指的暴行，桑格成为1927年世界人口大会的主要组织者之一，与此同时，她在纽约市建立了一个"诊所"，为生育控制提供"医学"建议，虽然来此的女性并非病患。在这些尝试中，始终有一位富有的友人凯瑟琳·麦考密克（Katharine McCormick）的参与，她是麻省理工学院最早的毕业生之一。通过婚姻，麦考密克继承了一笔制造与销售农业收割机所得的巨大财富，她将之用于资助桑格的改革运动。[16]

20世纪50年代，两位女性找到了她们一直所寻觅的——一个特立独行的科学家与医生团队。这些人在马萨诸塞州的波士顿区域工作，愿意帮助她们研发更好的避孕方法。他们所有人都迫切地希望学习、理解如何改变女性的身体，保证女性获得更多的自由和快乐。在桑格与麦考密克所动员的科学家中，最重要的两位是格雷戈里·平卡斯（Gregory Pincus）和张民觉（Min Chueh Chang），国际知名的哺乳动物生殖领域里的专家。前者（绰号“Goody”）是从乌克兰港口敖德萨前往新泽西定居的犹太移民之子。好人平卡斯在哈佛大学获得博士学位后受聘该校。当他夸口自己很快将在试管中创造人类生命后，他似乎成了科学怪人弗兰肯斯坦医生❶的化身。由于其极具争议性的公开言论，哈佛为了维护自身在科学界的道德声誉，解雇了平卡斯。深深的黑眼圈和根根竖立的狂野乱发赋予平卡斯疯狂科学家的外形，但事实上，他和气、善良，一点儿也不妄自尊大，富于科学想象力与远见，深信可以找到更好的生育控制形式。[17]

张民觉博士与平卡斯合作密切，但是更加平和，避免任何公共争议，仅在兔子和小鼠身上研究繁殖。他主要研究的是体外受精，这让他对动物体内的荷尔蒙作用有深刻的理解。张民觉是一位来自黄土高原山西吕梁岚县的移民，从清华大学毕业之后，他赴爱丁堡大学留学，后来转入剑桥大学，获得博士学位。1945年，他前往美国，成为平卡斯的同事，被广泛视为生殖生物学界的世界级领袖人物。

其团队的另一位参与者是约翰·洛克（John Rock），一位英俊、平和的妇科医生，哈佛医学院毕业。他同其他两人一样都是生殖科学的先驱，他更出名的是为治疗不育而非控制生育所做

---

❶ Dr. Frankenstein，玛丽·雪莱创作的小说*Frankenstein：or the Modern Prometheus*中的主人公，科学怪人的原型。他用尸体碎片合成了一个“人”，并将其激活。——译者注

的努力。突然之间，他转变了方向，这一转变辅以其在学术圈中的崇高地位、波士顿妇女免费医院（Boston's Free Hospital for Women）主任的身份，以及总体而言他对生殖的自由主义观念，令他成为生殖控制的可贵代言人。虽然洛克本人是一位坚定的罗马天主教徒，但当面对教会的严厉斥责时，他选择了捍卫平卡斯和张民觉。罗马天主教会对除禁欲和安全期避孕之外的所有生殖控制都深恶痛绝，将之视为对自然的干涉。[18]

20 世纪 50 年代，两位女性与三位男性在马萨诸塞州的伍斯特实验生物学基金会（the Worcester Foundation for Experimental Biology）汇集，他们的共同目标是创造更有效的避孕药。他们想要的是用一种近乎万无一失的方法阻止意外受孕，而且他们相信自己将通过模拟女性自身自然发生的荷尔蒙来实现该方法。荷尔蒙是所有动物体内腺体制造的复杂化学物质。它们通过血液系统移动，在身体的自我调节，特别是控制生长、能量与繁殖中，扮演着很多重要角色。[19] 科学家们面对的挑战是找到某种方法获取特定雌性荷尔蒙，在不危害女性健康的前提下阻止排卵。

伍斯特基金会研究的最重要的雌性荷尔蒙是黄体酮（progesterone）❶。卵子一旦受精，黄体酮将关闭子宫内的任何竞争，仅允许一个单一受精卵发展成胚胎。黄体酮必须被以某种方式转化为女性在任何时候都可以用之终止排卵的工具。而后，它必须被批量生产才能供应数以百万计的潜在使用者，这一步可能有赖于“孕酮”（progestin）的发明，这是一种基于从生长在墨西哥的野生植物中发现的激素合成的化学物质。孕酮模拟身体自身

❶ 另一种重要的雌性荷尔蒙是雌激素（estrogen）。——译者注

的行为，但是可以被量化生产，加入微量雌激素（estrogen）增强，再压成小小的药丸。这种新的化合物被证明在抑制排卵上十分有效，女性可以日常服用，经期间隔。研究者必须确定压入药丸的混合物完全正确；否则，便可能产生如体重增加、恶心、头痛、流血、凝血与情绪变化等副作用。

如果女性自身无法确定可以安全服用避孕药，如果政治与宗教权威无法确定对自然的这种干预是可被接受的控制生育的方式，科学便无法获得成功。人们必须普遍意识到，服用新的避孕药远比其他替代方法，如后巷胡同里靠铁丝衣架进行人工流产的危险性小得多。

历史上第一批以荷尔蒙为基础的避孕药被命名为"恩诺维德"（Enovid），由位于伊利诺伊州斯考基（Skokie）的 G. D. 瑟尔公司（G. D. Searle）生产并销售。生产该药片的大部分投资并非来自该公司，而是由凯瑟琳·麦考密克支付，其遗产的很大一部分都被用来支持此项研究。人们用了整个 20 世纪 50 年代来实现后来为人们所直接称作"the Pill"的避孕药。[1] 与此同时，平卡斯与张民觉进行了一些极小的测试，确定其产品的安全性，而其可获取性取决于是否能赢得政府机构的批准和女性的接受。

50 年代中期，早在平卡斯掌握该药丸可能产生副作用的大量证据之前，他便在计划生育大会（Planned Parenthood Conference）上宣称他们在兔子身上的成功实验（主要由张民觉完成）应该足以保证该药在人体上的安全使用。平卡斯从来没有在人体上成功地收集大量实验数据确定其药的安全性；因此，最早的使用者被

---

[1] "the Pill"，平卡斯为避孕药所起的俗名。——译者注

迫承担某些风险。如同任何一个企业家，平卡斯是一个赌徒。对他而言幸运的是，美国的自由市场机构青睐于他这样的赌博。起初，恩诺维德仅被售予有妇科病的女性，但是当更多人知道其惊人的避孕效果后，她们开始要求医生特别为这一目的开这种药。G. D. 瑟尔公司开始将“the Pill”作为一种避孕药进行营销。依照法律，它最初仅售予已婚女性，而非身处婚姻状态之外的女性，但是这一限制很快就被取消。从 1967 年开始，当美国最高法院在格里斯沃德诉康涅狄格（*Griswold vs. Connecticut*）案中，判决生育控制是个人的、隐私的、被保护的人类权利后，所有女性都可以自由购买恩诺维德。因此，生育控制运动，以及伴随其进行的“性革命”——事实上它们是同一场运动——在科学上、法律上、道德上，以及商业上均取得了胜利。这场胜利如此卓著，以至于人类数量开始陡然下跌。

性与生育控制革命迄今已有半个世纪之久，它们的长期影响尚不完全清晰。但是，我们可以说，生殖技术带来的后果对人口统计而言是巨大的，有可能与从觅食向农业进行的古老转向、第二地球的开启，或者工业资本主义的崛起相当。这些后果影响的并不仅是女性、家庭、社区，而且是整个非人类地球的每个部分以及行星地球的整体状态。

在获政府批准的五年之内，美国有 650 万名女性日常使用“the Pill”。到 2019 年，全世界已有 1.51 亿名女性使用，还有 7 400 万名女性依赖雌性荷尔蒙的直接静脉注射。加起来，使用这两种方法的人数远超流行的避孕方式——子宫内避孕器（IUDs）和林林总总的男性新式避孕套。在许多国家，特别是亚洲，女性绝育作为防止怀孕的手段也被广泛使用。今天，全世界大约有 10 亿名女性采取生育控制，其中 9/10 使用的都是以科学为基础的现代方法。避孕措施的使用率在非洲最低，仅为欧洲、拉丁美洲、加勒比海区域的一半，而在北美洲，70% 的女性都实施生育控制。[20]

“The Pill”得以如此迅速、广泛被接受的原因很简单，因为它有效。它给予女性一种她们从没有过的更为可靠的生育控制方法，其结果是每年新生儿数急剧下降。不过，直至最近之前，这场人口统计数字下降的重要性始终模糊不清或者未受到足够重视。如果人类的繁衍持续以现在的速度下降，最终将会带来远比任何人想象的都更加深远的社会与生态后果。这一下跌将不仅影响人类家庭的大小，还将影响地球家庭的健康与生存。它将为化石能源的消费、行星大气与海洋、北极熊、狐猴、蜜蜂、珊瑚礁都带来巨大的冲击。

还记得 1 万年前，当觅食开始消退，人类数量上升至大约 1 000 万（500 万～ 1 500 万之间）？还记得在 1804 年时，世界人口升至 10 亿，1927 年第一次世界人口大会召开时，变成 20 亿？人类大约用了 20 万年的时间实现了第一个 10 亿；而仅仅用 123 年就实现了第二个 10 亿。到 1960 年，当恩诺维德最早作为避孕药上市的当年，人类人口飙升至 30 亿。

1968 年一年，世界人口又增加了 7 300 万，这是人类历史上净增长最高的年度，当时很少人注意到那一年家庭平均规模的下降。对此矛盾的解释是：在女性平均生育力降低的同时，婴儿的存活率上升，死亡率开始降低。女性受孕的年龄仍在增加，因此，即使她们的孩子数量变少，综合结果依然是人口统计的增长。老年人由于更好的医疗、营养与卫生条件而更加长寿，脆弱的幼儿也是同样。因此，在当时，生育控制对行星的重要性仍然含混不明、不为人注意。而后生育控制普及化的长期效果骤然显现，人口统计学家报告说人口正在暴跌。

这是欧洲与美国的模式，但在非洲、中东、南亚与东亚等对生育控制接受较为缓慢的区域，则改变较小。[21] 面对第三世界，特别是印度的人口增长，年轻的斯坦福科学家保罗·埃里希（Paul Ehrlich）发出了一个听似疯狂的警报——“人口炸弹”的爆炸。[22] 饥荒，埃里希警告说，正在潜入印度和其他贫困国家拥挤的街道与田野。他的警告并不仅仅基于他在加尔各答街头经历的恐怖之夜，同样基于声誉良好的农业专家们的报告，后者确定大规模饥荒将很快出现在世界贫穷人口中。

但随后，食物供给得到极大改善，特别是在那些最为濒危的地区。事实上，食物生产开始大跃进。农业学家冲入各个受到食物短缺威胁的地方，由于他们的不懈壮举，饥饿的人口得到了喂养。这是迄今为止最大的人道主义成就之一，新的高产粮食品种、农药与化肥的集约使用，以及开垦边缘土地的昂贵灌溉工程，所有这些综合起来成为人们所知的“绿色革命”。它的成功还要求私人与公共的巨大投资，其中有很大一部分来自美国政府与洛克菲勒基金会这一私人慈善机构。这一令人叹为观止的成功使埃里希看似一个焦虑过度的危言耸听者，但是他的观点在其产生的时代并非荒诞不经或者盲目无知。大家额手称庆食物生产的骤然攀升，但是它也留下了两个未被回答的问题：其一，这样的英雄壮举是否能够一再重复，或者它能否与持续的人口增长始终保持一致？其二，即使有各种益处，“绿色革命”是否令这个行星变成一个对生命而言更不稳定、更加危险的地方？[23]

人类粮食供应的跃进要求培育新的小麦、水稻与玉米品种。当时最受赞誉的培育者是美国人诺曼·博洛格（Norman Borlaug），他因其人道主义努力而在1970年获诺贝尔和平奖。他的获奖感言在欢庆中混合着晦暗的警告：

> 过去三年间，消除饥饿的战斗之潮开始向好的方向转变。但是潮水有其流动方式，也有再次落潮的时候。我们现在可能位于高潮，但是如果我们变得自满、松懈，低潮可能很快回归，因为我们面对的是两种相反的力量，一种是食物生产的科学力量，一种是人类繁殖的生物力量。人类在对这两种对抗力量的潜在掌控中创造了惊人的进步。科学、发明、技术都赋予他大量地，有时是超大量地增加粮食生产的物质与方法。……人类也获取了有效而人性地降低人口繁殖速度的方法……但是他还没有充分运用其降低人口繁殖速度的潜力。其结果是，在某些区域，人口增长的速度超过了粮食生产的速度。

换言之，植物培育者们高尚地做好了他们的工作，现在，轮到每个人决定他们是否愿意控制依旧狂野的人类繁殖力。“在这场对抗饥饿的战斗中，不可能有永久的进步，”博洛格继续道，“除非为增加食物生产的斗争与为控制人口增长的斗争的力量能够结合起来共同努力。单打独斗，他们可能会在暂时的小规模战斗中胜出，但联合起来，他们可以赢得决定性的持久胜利，为一个服务于全人类利益的进步文明提供食物与其他便利。”[24]

席卷地球的绿色革命如同一辆战场上的装甲车，为对抗贫穷与营养不良的战争带来胜利。不幸的是，其他形式的生命同样成为这场战争的牺牲品，当它们的栖息地被彻底改变以养活大量人口时，它们蒙受着严重的损失。生物多样性的丧失是灾难性的。同时，这场战争带来了温室气体排放与农药化肥污染的增加。喂养更多人口必须被给予绝对的优先权，任何一种质疑或者批评的举动都不被允许。

无论恩诺维德与其他避孕药带来怎样的巨大突破，人类对行星地球的深刻伤害仍然到来。1960 年到 2022 年之间，人类数量几乎翻了 3 番，从 30 亿增长为 80 亿。平均人口密度达到每平方公里 60 人——在整个行星上，平均每年每平方公里增加一个新人。农学家们坚持努力，成功地生产越来越多的食物和其他商品。[25]然而当人们感到不再受饥饿之苦，甚至收入有余时，他们不再满足于他们曾经食用的旧日食物。他们开始在其饮食中要求更多的肉食、海鲜、水果与蔬菜，同时他们对更多的家具、汽车与手机的需求也在上涨。人口与消费的共同努力为行星地球带来了不断扩大的危机。有些人开始忧虑人类是否在损坏自身的生存机会。人类数量是否会永远增加？是否会食用食物链越来越高层的生物，消费越来越多的消费品与商品？如果的确如此，这个物种还能坚持多久？[26]

从 20 世纪 50 年代开始，各类人口预测，特别是联合国的预测，基于充分理由，假定每个国家都希望保护每个诞生于本国边界之内的新生儿。它计算的结果是，未来人口将达到 150 亿至 160 亿，意味着现有人口的 2 倍，甚至 3 倍。有些人甚至认为数字可能更高，直至抵达仅有“立足之地”的程度。到 2100 年，据估计，仅非洲一洲人口总数将达 40 亿，几乎可同亚洲的 47 亿相媲美。西非国家尼日利亚人口可能增长至 8 亿。印度肯定可以在 21 世纪 20 年代中期超过中国，成为世界人口最多的国家。甚至那些被认为是已经“十分发展”的国家也会要求人口数量的继续增长。例如，北美人口据当时预测将会超过整个欧洲，从而确保美国及其邻国墨西哥与加拿大在未来的一至两个世纪中继续统治行星地球。[27]

这些预测都经过审慎而细致的估算，背后有海量数据，因为没有人有足够的自信断言未来将会带来什么。人口学家开始提供“可能情况”的区间——一系列高、中、低预测，以此掩饰他们的不确定。联合国的中段预测后来被证实相当准确，也相当令人吃惊。人口学家都曾经同意，对未来的增长，人们无能为力；未来注定将看到越来越多的人口。他们自己的数据也显示，其他的环境问题正在现身：热带雨林与行星生物多样性的消失、煤与石油燃烧造成的全球气候变化、有毒化学物质与塑料的扩散。尽管如此，处于所有那些问题中心位置的预测人口增长似乎不可能被阻止或者控制，它太过百折不挠，太过硬核，以至于无法被勒抑。因此，地球退化的最大原因被搁置，被广泛忽略。毕竟，人类的生殖——曾经的人类希望摇篮——看似根本没有结束的希望。

然而，尽管对此问题的态度愈来愈冷漠，数据上仍然呈现一些好消息。几乎在每一处，人们都继续缩小自己的家庭规模。多亏“the Pill”以及其他措施，他们生育的孩子数量不断下降。随后，那颗曾经为埃里希所点燃的恐怖人口炸弹开始噼啪喷射，渐渐熄灭无声，乃至关注者寥寥。突然间，一些观察者从蛰伏状态惊醒，疾呼一种新的危险：未来可能没有足够的人口支撑任何先进的文明。假如没有持续的人口增长，人们不可能希望所有人都享有繁荣昌盛，都获得现代社会需要的舒适便利，或者实现这些福祉所需要的革新创造。新的危言耸听者甚至开始游说政府建立税收刺激，采纳其他鼓励人口出生率的政策，以复苏人口数量的旧有上升曲线。

根据人口研究局（Population Research Bureau）的报告，“美国的出生率低至1936年时所达到的历史最低点，当年，紧随1929年股票市场崩溃，TFR（Total Fertility Rate，总体生殖率）跌至每个女性2.1个孩子”。繁殖的减缓是否将带来另一场经济萧条？事实上，家庭繁殖力的下降似乎还没有令任何一个国家变穷。在1976年，TFR降至1.7，保持在这个点上一直到20世纪80年代，彼时些微回升至1.8，而后缓慢爬升到今天的2.1。在生殖率下降期间，世界经济总值增长超过1 000%。[28]

一个国家或者国际生殖率如果保持在每个女性2.1个孩子，将带来人口统计上的稳定状态。大致说来，一个家庭两个孩子构成一种“更换率”。这样的比率当然很难一直保持稳定，因为人们不断迁移穿越国界，因为经济衰退与萧条来来去去，因为死亡率由于流行病与药物突破起起伏伏，因为老年人的寿命仍在增长，或者因为新生儿们成长得更健康，直至自己也成为父母。因此，人口很可能从来也不能永远保持在某种固定的、平稳的水平。但是，现在的现实不是平衡，而是以加速度下降。

在最近数十年间，许多国家都降至更换率水平，但是它们并没有止步于此；其数字仍在不断下跌，甚至跌为负增长。根据联合国在2020年收集的数据，人类人口的2/3现在生活在生育率**低于**更换率的国家——他们在萎缩！这些国家的名单中包括世界上人口最密集的国家之一——中华人民共和国，其TFR在2019年为1.7。

另一个东亚国家日本自2010年开始，便一直见证其数字做自由落体运动（降至1.3），而韩国下降更严重，每位女性仅0.8个孩子，为全世界最低。[29]这些下降可以被归咎于高昂的房地产价格、高昂的育儿费用、高昂的教育费用，对行星状态的高度焦虑，以及对性与婚姻兴趣的不断下降。不婚的女性经常被批评太过“自私”或者没有通过婚姻、生育而履行义务，但是这些批评无助于逆转潮流。虽然韩国政府斥资2 000亿美金，希望主要通过慷慨的家庭津贴来推动人口增长，但是他们正在承认其失败。

令人诧异的是，无论其领导人如何说、如何想，世界生育率的下跌在穷国与富国同时发生。巴西的生育率下降到1.7，而墨西哥现下是2.17，接近替换水平。富裕并非生育率下降的驱动力，真正的动力是为现代生活带来的幸福、安全与满足感所付出的代价。避孕事实上不是一种阶级特权，而是一种社会的终极平等。

但是，相对贫穷的非洲大陆仍然落后于世界，甚至落后于那些收入相当，同样存在城市贫民区蔓延问题的国家。到21世纪末，非洲看似注定要变得更加拥挤。事实上，整个世界仍在持续的人口增长有一半将集中于8个国家，它们几乎全部在非洲。[30]尼日尔现在的TFR最高，6.82。然而，即使在非洲，生育率也在迅速下降，加纳、肯尼亚、利比亚现在每个女性低于4个孩子，南非、毛里求斯、突尼斯低于2个。[31]

生育率的总体下降源于女性拥有越来越多获取可靠现代避孕方式的途径，无论这些途径为政府所支持还是拒绝。这些改善的途径与合理的价格似乎在女性的受教育水平增进后进一步巩固。[32]有人甚至为人口过剩的国家开出了一剂肯定的药方：教育女孩，生育率就将下降。也许的确如此；女性教育与行为的改变无疑会带来一个新纪元、新地球，甚至在某些方面带来一种新的人类天性。但是迄今为止，人口统计科学上没有提供足够坚实的数据强化这一简单的药方。

无论怎样，某些专业的人口统计学者现在预言说，人类繁殖力的普遍转向将在2 100年前发生。他们最重要的理论假定一种“人口转型”。该理论原本出自金斯利·戴维斯（Kingsley Davis），普林斯顿大学人口研究办公室的社会学者。他在二战接近尾声时，发表了一篇题为《世界人口转型》的论文。戴维斯预见到一场由从1900年开始流行的增长的“现代速度”导致的人口危机。他警告说，人类人口到2240年可能会飙升至230亿，用他的话说，这是一场“很难想象”的增长。如果这确实发生，它将标志“文化进步”的终结，所谓进步，他所指的是“从自给自足的农业向工业文明过渡”。过多人口将会粉碎现代文明。所谓回归，将是对更为原始的经济水平的回归。越来越多的气力将投入粮食生产，而后其他形式的创新与进步将萎缩。但是，戴维斯确信这不是可能的结果；各个国家都如此强烈地投身现代化，他们不会允许疯狂的情况发生。反之，当人口变得较高但是保持平稳时，他们将致力于一种“稳定的状态”，而后应对那些附带破坏。[33]

现代生活方式，在戴维斯看来，开始于十八、十九世纪的欧洲工业化。该过程带来了民主、议会政府、大学教育、大规模城市化等益处。最终，所有人都可以期待普遍繁荣，而它将不可避免地导向生育率的稳定化。在“那些曾经是世界上增长速度最快的地区，人口正在接近一种静止的或者下降的状态，这使得在下个世纪，将很有可能看到人口增长巅峰的到来和在全世界出现的人口的新平衡”[34]。这是一个令人雀跃的结论，但是事态并没有完全按照戴维斯的想象发展。人口在后来的几十年中没有下降，而即使开始下降，其原因也更加复杂不明。稳定的状态一直没有到来。事实上，现在看似人口可能永远无法抵达任何黄金平衡线，它会持续下降，比戴维斯的想象一低再低。人口转型理论充满了个人的、西方的价值观，因为戴维斯聚焦于为自己的祖国寻找“现代化”的模型。在广受批判之后，人口学家开始修正该理论，允许其结果出现更多变化。即便如此，专家们关于世界走向“平衡”的共识从没受到质疑，任何一种稳定的状态都没有在美国或者其他任何地方出现。

最近挑战戴维斯高度平衡观念的学者包括沃尔夫冈·卢茨（Wolfgang Lutz）及其在维也纳国际应用系统分析研究所（International Institute for Applied System）的同事。他们依赖1945年后收集的数据，尝试预测2100年或者2200年世界人口的发展。首先，他们将“典型”城市——中国的巨大商业中心上海——作为一个未来指标进行考察。上海经历了远比戴维斯所能预见的高得多的生育率下降，从1979年的2.1降为2020年的2.0以下。现在，上海已低于更换率。这是否是现代化的“自然”部分，或者是政策的后果？

无论是何缘由，世界生育率都可能会持续下降。整体人口数量可能会跌至仅仅30亿，或是回到1960年的水平，而不是在100亿左右稳定下来。但是卢茨及其团队认为，彼时，世界人口可能仍会降低，直至地球上仅有10亿人生存——1804年的地球人口。甚至到那时，可能仍然不会达到稳定状态，而人口数字可能会持续下降。未来可能会见证人口数字的急剧逆转，令人类对这个行星的控制与从前很长一段时间相比弱化许多。[35]

非洲，如前文所言，现在有望是地球上唯一一个人口仍在增长而非下降的地方。但是造成这种差异的原因仍然不很明晰：这是否由于非洲大陆特别的贫困水平，抑或该处缺乏政治与社会的凝聚力，还是一种弥散的未来悲观主义，或者根本上由于女孩与女性教育的失败？不过，人口统计学者有可能会对长期趋势再次误判。[36] 是否有可能非洲人，如同亚洲人与欧洲人，会以出人意料的速度很快地减少其繁殖？

20 世纪 90 年代中期，作者本人前往哈拉雷（Harare），津巴布韦的首都，当时该国的 TFR 为每个女性生育 8 个孩子。但是他惊讶地看到一些城市居民已经开始拒绝大家庭，甚至完全拒绝养儿育女。他拜访了一对住在郊区的年轻夫妻，享用了一顿美味的 sadza（玉米糊），在这次拜访中，他意识到不应低估非洲人推动社会变化的潜力。那位妻子受雇于政府部门，其先生经营一个小杂货店。两个人都来自乡村，父母都希望生养大量孩子。但是，与他们的父母不同，他们完全不想要孩子。在他们身上，这一代的繁殖力降为零。

未来无论非洲人如何选择，他们的数量看似都有可能不会像专家预测的那样高，他们有可能会选择一套对待家庭的全新态度与行为。非凡的环境增益可能是他们的回报。那片大陆上越来越多的地方可能会回归野性状态。越来越多的土地可能不再需要被开发；高达 30%～40%，甚至 50% 的非洲农业用地可能会被放弃。而后这些土地可能会“再次野化”自身，大象与黑猩猩将在非洲大陆重新繁盛。

如果在未来一至两个世纪中，地球上诞生的人数越来越少，人类的足迹将极大萎缩。所有形式的消费，无论是当下的还是未来的，都会发生改变。不仅是对婴儿食物与衣物的需要，也包括对石油、天然气、煤、鱼肉、电视、汽车、房屋的需求都将随之经历一场革命。伴随一场人口变化，当前全球变暖的威胁也将威力削减，对生物多样性消失的担忧也可能会缓和。

从现在起，100 年后，人类面对的最大问题可能不再是我们必须找到什么样的新土地或者新资源，而是我们希望保持在什么样的文明水平之上。什么程度的可持续性是我们想要的？人们可能会愈来愈质疑，在有限的行星上追求无极限增长是否是理性的。是否有一天我们会发现自身选择了另一种生活方式，一种追求较少孩子、较节制的繁荣、较好的环境保护的生活方式？我们无法预言未来将会发生什么，但是我们可以肯定智人物种并没有停止对新生活方式的发明。

现在已经有危言耸听者在担忧那样的后果，急迫地劝说女性养育更多孩子。他们警告说人口的下滑会带来经济增长与创新的终结，甚至我们这个物种的终结。如果这些危言耸听者是正确的，人类可能会丧失任何繁殖的欲望。这是否将意味着人类性欲的变化？没有不断增长的人口，老年人可能会在一段时间中受冲击最大，因为他们依赖充足的青年人工作支撑他们的退休生活。年龄分布的金字塔正在向长方形变化：它不再是源源不断的儿童布满金字塔的底部，我们现在看到越来越多的老年人福寿延绵，令顶端增厚变宽。在未来，年龄分布的情况将如何呢？

如果人类数量持续走低，下降速度一如他们曾经上升的速度，我们可能会听到其他可怖的警告。那些自 1500 年开始不断促进激励这个物种的欲望，那种因为第二地球的发现而被唤醒的渴求“无限财富”的欲望会如何？所有为了满足那种欲望而崛起的文化、制度和意识形态，如资本主义、民主、工业生产、全球商业网络、自然科学的命运又将如何？那些在全球弥散、鼓励不断向上流动的梦想的宏大理念，如“经济增长”与“进步”，又会面对什么？

当摇篮不再满溢，世界上的人可能不会有那么强大的压力去不断购买与获得。购物中心可能会倒闭，房屋与土地价格可能会降低，无家可归者可能会消失而不再是一个社会问题。专利办公室是否也会关门，因为它们收到的申请越来越少？大学、职业与专科学校的学生会不会越来越少？人类是否不再是地球的执掌者？我们这个物种是否可能视自身为其他许多生命形式中的一员？或者当熙熙攘攘的快餐店、人潮汹涌的机场、熠熠生辉的商业大楼因为没有足够的人口维持其利润而消失时，我们的后代是否将对它们的衰落感到一种失落、一种怀旧？

一旦人类开始改变其自身的自然，更改其荷尔蒙和繁殖过程，谁能说这一切的终点何在？性的快乐与看到宝宝填满摇篮的喜悦可能在人的内在自然中根植过深，无法被全然抑制。但无论如何，我们的某些内在驱动可能会丧失一些力量。[37] 未来，可能越来越多人将独自生活，认为生育宝宝不光不令人愉悦，还是一种困扰。可以确定的是，前路将有许多震荡与调整，其中一些将带来威胁，还有一些将带来解脱，但是它们都不会积聚而成过去的简单线性延伸。

改变一个人自身的繁殖行为当然不能与发展一种对待行星地球的道德责任感混为一谈。生育控制可能全然出于一种私人原因，没有丝毫对行星环境的顾虑。人们在未来世纪中，对道德的观念也将不尽相同，因为个体伦理将会变化，物质环境将会变化，也因为我们将会面对一个不那么拥挤的地球。未来的世代将更倾向于无私还是自私？是否有可能一种更为广阔的共同利益的观念将会扩散，或是在持续私利的力量下有所减弱？空寂摇篮的时代可能带来希望或者失落，幸福或者阴郁。我们唯一能肯定的是人类的演化，无论是生物的还是文化的，都将令这个行星地球变成与我们所知不同的地方。

注释：

1 参见 Donald Worster, *Dust Bowl: The Southern Plains in the 1930s*（New York: Oxford University Press, 1979）；此外，参见较早的著作如：Paul Sears, *Deserts on the March*（Normal: University of Oklahoma Press, 1935）；W. C. Lowdermilk, "Conquest of the Land Through Seven Thousand Years," U. S. Department of Agriculture Soil Conservation Service（1948）。

2 卡尔·桑德堡最后的著作出版于 1936 年，出版社是位于纽约的 Harcourt Brace，新版重出于 1964 年，即诗人去世前不久、他获得普利策奖三年后。所引段落出自 Sandburg, *The People, Yes*（New York: Harcourt Brace, 1964）。

3 例如参见 Steven Pinker, *Enlightenment Now: The Case for Reason, Science, Humanism, and Progress*（New York: Viking, 2018）。至少在物质层面，平科尔为进步做出了有力的辩护，但进步是一个意义过于复杂的概念，很难被简单地宣称为正确抑或错误。

4 证据表明，远在公元前 1850 年，在古埃及与美索不达米亚已有生育控制与流产。古纸莎草手卷讲述了如何使用蜂蜜、金合欢叶、软麻布制成子宫颈帽，阻止精子进入子宫。土著美洲人食用不同的植物阻止受孕，中国人也是如此。安全套的使用也很普遍，它们大多用丝绸、动物的膀胱或者植物制成，18 世纪著名的威尼斯浪子贾科莫·卡萨诺瓦（Giacomo Casanova）使用的是半个柠檬。参见：Vern L. Bullough, *Encyclopedia of Birth Control*（Santa Barbara CA: ABC–CLIO, 2010）。

5 Stephen J. W. Tabor, "The Late Charles Knowlton," *Boston Medical and Surgical Journal* 45（Sept. 1851）: 109–111.

6 德国–波罗的海贵族、胚胎学家卡尔・恩斯特・冯・拜尔（Karl Ernst von Baer）在 1827 年报告说，他是第一位观察并验证人类卵子的科学家。参见：Jane Oppenheimer, "Baer, Karl Ernst von," *Dictionary of Scientific Biography*（New York: Charles Scribner's Sons, 1970）, 385–389。

7 Knowlton, *The Fruits of Philosophy,* ed. Charles Bradlaugh and Annie Besant（reprint, San Francisco: Readers Library, 1891）, 8–9, https://archive.org. 编辑修改了诺尔顿的文本，并将其副标题改为《人口问题研究》（*A Treatise on the Population Question*）。

8 Sripati Chandrasekhar, *A Dirty Filthy Book*（Berkeley CA: Univ. of California Press, 1981）, 23.

9 Chandrasekhar, 46. 查尔斯・布拉德洛（1833—1891 年）是英国议会的自由主义成员、一位无神论者、托马斯・马尔萨斯的追随者；安妮・贝赞特（1847—1933 年）是一位社会主义者、无神论者、妇女权利活动家和印度移民。

10 关于美国生育控制的更多研究，参见：Peter Engelman, *A History of the Birth Control Movement in America*（Santa Barbara CA: Praeger, 2011）; Elaine Tyler May, *America and the Pill*（New York: Basic Books, 2010）; Linda Gordon, *The Moral Property of Women*（Urbana IL: Univ. of Illinois Press, 2007）; Andrea Tone, *Devices and Desires*（New York: Hill and Wang, 2001）; James Reed, *From Private Vice to Public Virtue*（New York: Basic Books, 1978）；以及 John Noonan, Jr., *Contraception*（Cambridge MA: Harvard Univ. Press, 1965）。

11 Knowlton, *The Fruits of Philosophy* chap. 3, gutenberg.org. 作者的主要目的不是警示人口压力，而是显示"不论从政治抑或社会的观点来看，人们都如此希望在不牺牲满足生殖本能的快乐的情况下，对后代数量加以控制"。

12 弗朗西斯・高尔顿（1822—1911 年）是英国最有成就的科学家之一，晚年投身于通过优生学增进人类智力的研究。但是他的努力使自已变为很多人眼中的恶魔。关于对高尔顿优生学的猛烈批判，参见：Matthew Connelly, *Fatal Misconception: The Struggle to Control World Population*（Cambridge MA: Harvard University Press, 2006）。康奈利混淆了专注于解决伴随人口增长而出现的问题的人口控制者（population controllers）和高尔顿主义者，后者的研究兴趣在于清除基因缺陷与低智商。

13 Allison Bashford, *Global Population*（New York: Columbia Univ. Press, 2014）, 2, 3, 12, 81–99, 211. 关于第一手报告，参见：C. F. Close, "The World Population Conference of 1927," *Geographical Journal* 70（Nov. 1927）: 470–472。

14 关于玛格丽特·桑格的故事，参见：Jean H. Baker, *Margaret Sanger*（New York: Hill and Wang, 2011）; Ellen Chesler, *Woman of Valor: Margaret Sanger and the Birth Control Movement*（New York: Simon & Schuster, 2007）; David M. Kennedy, *Birth Control in America*（New Haven CT: Yale Univ. Press, 1970）；以及 the *Autobiography of Margaret Sanger*（Minneola NY: Dover, 1971）。

15 Sanger, *Autobiography*, 344. 桑格的信息有误；中国人在此前的数个世纪中，长期通过传统中医方式控制生育，这些策略有一定的效果。但是，那些草药并没有阻止该国成为地球上人口最多的国家。

16 参见：Armond Fields, *Katharine Dexter McCormick: Pioneer for Women's Rights*（Westport CT: Praeger, 2003）。

17 关于平卡斯和张民觉，参见：Jonathan Eig, *The Birth of the Pill*（New York: W. W. Norton, 2014）, 21–28, 62–89。平卡斯自己的著述包括：*The Control of Fertility*（New York: Academic Press, 1965），以及 *The Eggs of Mammals*（New York: Macmillan, 1936）。关于张民觉的科学研究生涯，参见：Kimberly A. Buettner, "Min Chueh Chang（1908–1991）", *Embryo Project Encyclopedia,* http://embryo.asu.edu/handle/10776/1667。

18 参见：Margaret Marsh and Wanda Ronner, *The Fertility Doctor: John Rock and the Reproductive Revolution*（Baltimore MD: Johns Hopkins Univ. Press, 2008）。

19 Albert Q. Maisel, *The Hormone Quest* (New York: Random House, 1965) .

20 United Nations, Department of Economic and Social Affairs, Population Division "Contraceptive Use by Method," 2019.

21 Eig, *Birth of the Pill,* 313.

22 Paul Ehrlich, *The Population Bomb* (New York: Sierra Club/Ballantine, 1968), 以及 "Paul Ehrlich on The Population Bomb, 50 Years Later," May 3, 2018, https://www.climateone.org。据埃里希所言，在其书出版之前的半个世纪，大约有 2 亿至 5 亿人因"饥饿而死或者死于与营养有关的疾病"，至 2018 年，大约 18 亿人将死于或罹受营养不良。这个估算被证明是准确的。

23 关于农业动员的结果，参见：Vandana Shiva, *The Violence of the Green Revolution* (Lexington KY: Univ, Press of Kentucky, 2016)；以及 John H. Perkins, *Geopolitics and the Green Revolution* (New York: Oxford Univ. Press, 1997)。

24 Norman Borlaug, https://www.nobelprize.org/prizes/peace/1970/borlaug. 亦可参见：Charles C. Mann, *The Wizard and the Prophet* (New York: Knopf, 2018)。

25 在这些拯救人口于粮食匮乏的主要农业学家中，有中国的袁隆平，他在 2004 年因其杂交水稻的研究获世界粮食奖，他的研究喂饱了世界上的一半人口。参见《纽约时报》的讣告：*New York Times*, 23 May 2021。

26 食用食物链更高端生物的渴望导致肉类生产上涨 3 倍有余。现在，每年生产 3.4 亿多吨肉类。这一消费变化带来温室气体排放与农业用地和淡水使用的增加。参见：Hannah Ritchie and Max Roser, 2017, https://ourworldindata.org/meat-production。

27 美国人口在 1950 年为 1.5 亿，此后的 50 年间，增加 1 倍有余。到 2058 年，预测将超过 4 亿。参见：Jonathan Vespa et al., "Demographic Turning Points for the United States," 2020, https://www.census.gov/publications。

28 参见：Carl Haub, "The U.S. Recession and the Birth Rate," *Population*

Research Bureau Report, https://pbr.org, July 8, 2009。经济衰退的确抑制生儿育女，但是富裕并不必然鼓励之。

29 关于经济学家的恐惧，参见《金融时报》头版：*Financial Times,* 12 July 2022。人口统计史上另一个不确定的变量是流行病。联合国人口部报告，在 2020 年，新冠流行病开始时，欧洲的人口减少 74 万；在 2021 年，新增减少 140 万。然而，在疫情之前，生育率已在下降；在欧盟，生育率停留在 1.55，而在波黑，降至 1.31。

30 Thomas Frejka, "Half the World's Population is Reaching Below Replacement Fertility," Institute for Family Studies, https://ifstudies.org, Dec. 11, 2017.

31 U.S. Central Intelligence Agency, "Country Comparison: Total Fertility Rate," *The World Factbook,* https://www.cia.gov/the-world-factbook. 亦可参见：Stein Emil Vollset, et al., "Fertility, Mortality, Migration, and Population Scenarios for 195 Countries and Territories from 2017 to 2100," *Lancet* 396（17 Oct. 2020）: 1285–1306。沃尔赛特预测人口将在 2064 年达到峰值：97.3 亿，然后下降至 87.9 亿，与当下相差不远。

32 南亚女性识字率从 2000 年的 45.5% 上升到 2010 年的 57%，与之相伴的是生育率大幅度下降。Saba M. Sheikh SM and Tom Loney, "Is Educating Girls the Best Investment for South Asia?" *Public Health* 6（2018）: 172. 这一关联富有深意，不过并不能完全证明更高的教育水平带来生育率的下降。

33 Kingsley Davis, "World Population in Transition," *Annals of the American Academy of Political and Social Science* 237（Jan. 1945）: 1, 3, 9.

34 Davis, "World Population in Transition," 11.

35 Stuart Basten, Wolfgang Lutz, and Sergei Scherbov, "Very Long-Range Global Population Scenarios to 2300 and the Implications of Sustained Low Fertility," *Demographic Research* 28（2013）: 1145–1166.

36 全年服用避孕药物的花费可达 240 美金到 600 美金，这将占撒哈拉以南非洲地区年平均收入的很大一部分，彼处年人均 GDP 低于 1500 美金，在很多国家则低于 500 美金。

37 关于生育态度转变的杰出研究，参见：Alan Weisman, *Countdown*（New York: Little, Brown, 2014）。关于承载力概念的数学概论，参见：Joel E. Cohen, *How Many of Us Can the Earth Support?*（New York: W.W. Norton, 1996），作者聪明地拒绝给出一个肯定答案。

尾　声

将来之事

物质对历史而言很重要，这里的物质是以蚊子、微生物、老鼠、跳蚤的形式，是以老虎与食木的白蚁的形式存在。物质告诉我们，我们或者我们的物质性居所与自然的其余部分并无不同，都是可以咀嚼的美味。在某处总存在某些有机物，一旦时机来临，甚至会吞噬我们的大脑。虽然我们乐意认为人类的大脑更关乎精神，而非物质，但对一些饥饿的有机物而言，这颗大脑也不过是鲜美的蛋白质而已。当我们死亡，我们的身体会迅速地尘归尘，土归土。历史学者们所称的“历史”从未能脱离物质性的地球而存在。这正是此书的主题。现在是将人类放回物质领域，将我们及我们的历史视为自然演化的部分的时候了。

在物质的演化过程中，一直存在重要的非物质性结果，如意识、宗教、伦理、价值观的发展和文化的冲突。当我们开始视过去在根本上是一种物质固有属性的发展，而不仅仅是抽象思想的结果时，我们便成为历史现实主义者。我们将放弃对过去的超验目的或方向的旧有追寻，那属于前达尔文时代。历史不再是人类与自然之间，或者善与恶之间的不间断斗争。我们将接纳一种更加实用主义的生命观。

当我们将自己视为一个演化行星的一部分时，我们内在的强大驱动力、渴求与欲望将从阴影中浮现。令我们与物质产生最为紧密联系的是人类的欲望，它形塑了我们同环境之间的相互作用。欲望潜伏于我们的大脑与肌肉、我们的感官与情感当中，使我们成为演化史的完全参与者。

两种欲望统治着人类与行星上所有其他生命：对食物的欲望与对后代的欲望。但是它们也不比雄踞镀金宝座上的任何帝王更能一意孤行、无往不前，因为其他欲望在竞争，环境在抗拒。人类演化的故事展示了一种“多元辩证”（multilectical）而非“二元辩证”（dialectical）动力，因为各种相互竞驰的力量，内在的、外在的，一直都在争夺至高地位。因此，没有一种简单的、线性的叙事可以捕捉整个故事。但是总体而言，对食物与繁殖的欲望始终位处最强大的力量之中。

本书概述了过去的20万年间，如我们这样的生命出现并在各大洲扩散。学者们长期认为人类历史经历了三个阶段：采集、狩猎阶段，随后为农业阶段，最晚近的是工业资本主义阶段。但是这些阶段并非清晰地叠加构成一个人类进步或者衰落的故事。我们历史的绝大部分都在觅食中进行，直至几千年前，一个基于动植物驯化的新阶段开始演化，辅以其他次要特征如国家、帝国、奴隶制与地位和权力的不平等。在1500年之后出现了第三个阶段——工业资本主义，虽然在那时，农耕，甚至觅食仍在喂养着人类的肚子；现在，由企业家、商人、制造业主、科学家构成的人口得到极大增长。人类的欲望，时而理性，时而非理性，驱动着所有阶段与发展。

由于最近的变化，特别是人类生育率的下降，我们可以推测第四个阶段正在形成。人口的下降在很大程度上源于工业资本主义内部的张力。这是一种新的张力，产生于征募越来越多的才智以维持现代生活方式的需要，和女性在早先阶段中长期充当但是现在已经过时的性别角色之间。现代社会如何能够同时保证所有机器的运转和所有摇篮的充实呢？这一张力是可被触及并且至关重要的。但是工业资本主义同时还面对着一个土地、能源与资源都在萎缩的行星地球，却没有一个新的半球让它无意中撞入，引导它渡过难关。工业资本主义也许还能坚持数千年，但也可能很快就进入垃圾堆。我们无法预言其未来，只能希望获取更多知识，了解现代生活方式所带来的破坏，因为只有那样，我们或可知道如何构建某些更好的东西取而代之。也许将会出现一种新的生态文明，为男性与女性提供完全的平等，也为古老的欲望套上新的责任感的辔头。

这三个阶段并没有讲述一个人类在地球上的进步故事。但在另一方面，我们也不能信誓旦旦地宣称我们人类与地球正在接近世界末日。现下，各种关于灾难的想象在空中游荡，但是历史并不会将我们引向彼处。进步与衰落都是我们熟悉的叙事，根植于传统宗教当中，但是二者都无法在一种基于自然演化的坚实历史中获得任何可信性。地球仍在继续，我们也同样。科学家收集的关于社会与环境问题的信息数量惊人，但是直到目前，这些信息仅仅揭示出这个行星是一个如此适宜人类发展的非凡所在。它并不会引导我们得出行星突然变得不再适宜的结论。科学告诉我们，地球创造了智人，而非智人创造地球。迄今为止，其结果都是对我们有利的，而未来，通过知识和创新，也很有可能重复过去。

科学家认为地球对人类而言是利好的，因为它的土壤、空气、水、能源、气候，以及一应在其他星球上不存在的特质，都提供了一种特殊的“金凤花条件”。这种环境对如我们这样的生命的演化和繁殖而言“恰到好处”。在我们的太阳系中，没有任何他处可以为智人提供可与此相比拟的家园。但是假如我们因为这一独特性而存在，我们同样依赖于此。虽然这个行星对我们和生命之网到现在为止都是友好的，但是我们如今也知晓这些条件如此脆弱，不应被视为理所当然的存在。

行星史的确指出，人类现在面对着如何控制我们的内在自然，承担我们为行星带来枯竭与破坏的责任的挑战。我们倾向于仅仅为我们自身的福祉或者某些部落或国族的福祉而思考。演化是否能制造一个践行责任而非仅仅追寻欲望满足的物种？迄今为止，人类同其他形式的生命一道，都习惯于一种看待行星地球的自私观念。利他主义，或者至少超越我们直接的亲眷邻舍的利他主义，从未在我们的思考中占据多大的位置。这样的情况未来是否会改变？我们的欲望是否能受到约束？[1]

无论责任感是否演化，行星地球自身仍将在未来的数十亿年中继续，而人类也将经历生活方式的更多阶段。[2]我们永远无法杀死地球，或者对它造成如陨石、大陆漂移、大气巨变曾经为它带来的改变。我们可以肯定，即使那些最具破坏性的物质力量也没有终止演化的进程。为何人类的破坏性会有所不同呢？地球孕育繁衍了数以百万计的新物种，延续生命的兴亡更替，赋予它们生存与繁殖的欲望。地球比我们所知的更具韧性。如果确然如此，虽然强调聚焦行星的责任感仍很重要，但是它不像伦理学家所相信的那般重要。

即使查尔斯·达尔文拆除了长期支撑人类的宗教脚手架，他同样在人类中间寻求某种未来的伦理发展。他认为这将开始于我们对美的内在欲望。“从如此简单的开端，”他在《物种起源》的卷尾写道，“演化出无穷尽的生命形式，如此美丽，如此壮观，从过去到现在，演化不歇。”这些字句所依赖的正是人们看到演化之美的事实。他认为，人类并不必然永远那么幼稚、盲目、迷信，仅仅图谋地球的资源。他们的内在自然，达尔文相信，同样渴望美，而不仅仅是食物与性，事实上，对美的欲望的起点正是性欲。绚丽的花儿吸引着蜜蜂，鲜艳的雄性羽毛诱惑着雌鸟，这些都是性激情的结果。性生物早就具有一种对美的内在爱恋，这样的爱恋将取代宗教信仰，引导人们走向对自然多样性的保护。

在达尔文之后，世界各处都有人试图保留、欣赏自然之美。地球上到处建起了公园、自然保护区、荒野保护区以保育各种美的形式。画家、摄影家、纪录片拍摄者纷纷到来，满足公众对美的渴望。这一切发生之时，正是工业资本主义扰乱整个地球之时。资本主义国家也一次次领导、推动着保护自然之美的国际运动。我们这些现代人是否混淆了我们的内在需要？在看似矛盾中，我们一直既努力保护又试图剥削。

强大的利益与需求可能仍将继续掠夺这个行星，但是在天地海洋间，仍有很大一部分各种形式的美得以保留，并相对安全。[3]行星生态的当前状态反映了我们生活方式的基本矛盾。但是我们不应否认也不该忽视地球上大片洋溢着野性与美的地区；据某一估算，因其美而被保护的地区面积相当于西半球。[4]而且我们甚至尚未开始碰触地表之下的地球。

想象一下在地球内部始终轰鸣翻滚的壮伟，它的存在彻底超越人类的掌控与管理。我们脚下的行星究竟包含着怎样的物质与能源之美是全然未知的。它们不歇地变化。例如，北美与亚欧大陆仍在漂移分离，在地球上创造新的表面。漂移的速度仅为每年 2.5 厘米；距今 50 000 年后，两块大陆之间的距离将多出 2 公里。100 万年后，将距离更远，西伯利亚与阿拉斯加可能会再次结为一体。这将是怎样一种壮观景象！其他地质结构性变化也仍在发生，其中一些存在潜在危险，但是都将展示一种惊心动魄的美。绝大部分变化不会对人类产生严重威胁。远为危险的将是另一颗从太空飞来的陨石，像 6 500 万年前那样砰然撞入地球，激起灰尘云山，让整个天空在灰烬中黯淡。如此撞击对人类与行星地球而言都将是一场真正的灾难。但是即使一颗天外陨石也可能在地球的某处留下许多鲜活的美丽形式。

前方的确有着严重的危险，部分来自人类的行为，例如仍在进行的人类活动导致的气候变化。但即使对此变化，我们也不应夸大或者太过悲观。自然的气候同样注定变化，可能会消除人类造成的变化或者压倒后者。气候变化是否会摧毁我们？自从工业资本主义的生活方式开始开发化石能源，全球平均气温升高不止 1 摄氏度。在上一个大冰期时，平均气温下跌 8 摄氏度。我们的思考需要一种真正广阔的时间区间。虽然即使一个微小的变化也有可能扰乱整个行星，但是，如果我们的深层过去可以给予我们任何指引，我们将看到所有的气候变化都将通过适应而被成功地应对。气候会破坏，会杀戮，但是美丽不会从这个行星上消失，无论冷热如何变换。

一些气候危言耸听者希望将我们的时代重新命名为“人新世”

（Anthropocene）[1]，意指一个新的地质时代，其中人类开始统御行星地球。我们是否当真知道我们今日统御的完整范围，以及它将在未来增长或者下降到什么程度？现在人类的数量非常巨大，但是即使 80 亿人也不足以赋予我们统治地球的力量。如果这样的力量某日真的到来，它或许也无法持久。因此，人新世是一个草率的名称；这个时代可能仅是一个瞬间。真正的地质世需要数百万年的时间徐徐展开。工业资本主义的第三阶段不过开始于几百年前，因此现在宣称人类业已全然掌控地球，尚为时过早，特别是在我们的繁殖力开始迅速下降，各种改变我们生活方式的努力正在进行的时刻。

大约不过 20 年前，“人新世”一词被作为现在和未来的新名字提出。它来自水生生物学家尤金·斯托尔莫尔（Eugene Stoermer）和大气化学家保罗·克鲁岑（Paul Crutzen），两人均非地质学——这一为地质时代命名的学科——的专家。两人挪用了地层学家的语言以震慑公众，敦促他们实践更多责任。[5] 但是在这样做的同时，他们可能夸大了人类在地球上掌握的力量。人新世自其最初出现，便是一个长于改革热情而弱于科学数据或精准性的概念。

地层学家使用后缀“cene”标志行星地质的重大转型。19 世纪历史地质学的创始人，查尔斯·莱尔（Charles Lyell）确定了第一个“cene”用以绘制从 6 500 万年前白垩纪-古新世的物种大灭绝事件以来发生的变化。[6] 莱尔对岩石所做之事正是达尔文对

---

[1] 亦有人译作“人类世”，“cene”意为“新”，接续更新世、全新世的地质序列，故译“人新世”。——译者注

物种所做之事，他在自然的层面上，而非超自然的层面上，解释了物质变化。他的地质时代呈现一个庄严而稳定的历程，很少暴力、喧嚣或者刺激性事件。地质学家无法在过去的6 500万年间找到更多的灭绝事件，至少没有任何一次如白垩纪那次带来地球上3/4的动植物死亡的场景。在最近的6 500年中，生命持续演化，以多样性充盈着这个行星。

地质学者与古生物学者都认为在最近的地球历史中，没有出现巨大的灭绝事件。他们在这个时期标记了六个地质时代：古新世、始新世、渐新世、中新世、上新世、更新世。平均每个地质时代历时1 000万年。地质学家后来为这个序列增加了一个新的地质时代，称其为Holocene，意为“全新”的时代，这是一个对行星生命而言非常利好的时代。在全新世中，人类数量开始翻番，紧接着较温暖的气候到来。全新世大约开始于12 000年前，末次冰期结束之时，也大约从那时起，农业开始扩散，直至它彻底取代觅食生活方式。然而没有人提议以“农新世”命名一个地质时代。

莱尔地质时代的主要划分标志是隐伏在地层中的软体动物留下的化石外壳。当物种的比率发生转移后，新的地质时代取代了旧的。这种基于物种比率对地质变化进行的历史化处理逐渐变成一种确立的科学方法，但是斯托尔莫尔与克鲁岑并未遵循此法。他们发明了新的词汇与新的方法。如果软体动物的混合物不再是标准，那么科学家应当以什么进行衡量？人新世学者尚未提供一种清晰的、连贯的替代标准。他们中的很多人完全不是科学家，而是人文学者或者记者，对这些技术细则完全不感兴趣。他们指出人类现在正在改变地球，但他们提供的是一套混乱的数据。作为回应，地层学家一直拒绝批准确认人新世。

克鲁岑强调的是地球大气的变化，主要是伴随工业化的开始而来的二氧化碳含量的增加。[7]但是另一些人新世学者认为他们的新地质时代自农业最初出现便已开始，还有一些人坚持晚至1945年，伴随原子弹的外延与放射性微粒的污染，人新世才真正开始。这场关于数据、标志和日期的纠纷对此概念而言是致命的。其倡议者至今未达成共识。[8]再者，他们对这个新的地质纪元的内涵究竟为何各持己见：有些人赞之为人类对地球的掌控，另一些人则恐惧行星地球开始变得不适于人居。

没有人会真正怀疑，与工业资本主义阶段开始之前相比，地球变得更污染、更匮乏、更拥挤。但是，最严重的后果可能并非气候变化，而是许多动植物物种的骤减，这可能带来物种灭绝的“第六次浪潮”。根据世界野生动物基金会（WWF）的报告，最近的人类活动严重减少了几乎所有的哺乳动物、鸟类、鱼类，以及爬行类动物的数量；它们平均下降了将近70%。这当然值得忧虑，虽然它不一定预示着一场大灭绝事件。[9]

物种数量的下降无疑源自农业的扩张，全世界数以百万计的农夫们扩散增产以喂养越来越多的人口。其结果是栖息地的萎缩，特别是在巴西和印度尼西亚的热带地区。整个亚欧大陆的其他地区同样蒙受重大损失，它们的生物多样性危机可以回溯至数千年前、当人们最早转向农耕之时，但是没有人将那场对地球生物多样性的消灭称作危机。[10]空气和水污染现在开始让多样性的丧失雪上加霜，但是总体而言，多样性衰落的主因是扩张的人口及其对食物的需求。

世界野生动物基金会报告说陆地脊椎动物受创最深。它们的生态系统受到驯养的牲口以及各类建筑者和城市规划师，换言之，受到人口压力的入侵。这场灾难性的生物多样性消失可能变得可逆，假如人口数量与食欲发生变化。人越少，吃肉的人越少，寻找住所的人越少，更少更小的城市将会减轻濒危的生态系统所承受的压力。这样的消息究竟是好是坏？

许多在我们不经意间进行的事情可能正在减缓当下令人头痛的环境问题。当繁殖力下降，大面积的农业用地可能不再被用于生产，允许动植物的恢复。同样，如果更多工业国家如它们现在缓慢进行的那样，转向后碳能源基础，二氧化碳可能会变得没有那么危险。如果现在的人口萎缩与非碳化能源趋势持续下去，人新世是否会在其开始之前便已终止？

无论我们防治污染或者拯救物种与否，地球无疑仍将在其轴线上摇摆晃动。其结果将是另一场冰川时代。我们无法确切知道这样的气候转型何时可能发生，因为我们仍然在向行星大气增加亿万吨级别的二氧化碳，而数量可能会改变时机。我们的温室气体排放可能会延缓冷环境的发生数千年。某一天，我们也可能希望我们早已停止燃烧化石能源，如此它们可以在未来气候复归漫长而干燥的全球寒冬时，继续温暖我们。冰川很有可能会再次席卷大陆，而地球将会在数百万年间不复宜居。[11]

到那时，智人是否仍将主宰地球还是我们会消失？都不会，因为无论环境极度温暖抑或极度炎热，我们都可以生存。毕竟，智人曾经在覆盖着厚冰的北部大陆扩散，仅有动物的皮毛与死去的树木为他们取暖。未来的人类应当也能应对。当类似的环境回归，在北美与亚欧大陆可能不再有可耕地，但是如同其他物种，人类可能将被迫向更温暖的气候带迁移，高纬度地区将无人居住。

人类一直在迁徙，他们也将继续迁徙。

如果更新世纪元当真回归——科学观点认为它的确会返回——那么现在的国家阵列可能如脆弱的蛋一样纷纷破碎，我们业已建立的商业、制造业、金融网络也难幸免于难。墨西哥、南非、土耳其与印度是否会变成地球上最具吸引力的终点，甚至变成新的权力中心？抑或地球上，将会演化出一种后民族国家的政治结构帮助我们重新适应？如果是那样，其总部可能既不会在华盛顿也不会在北京，因为这两处都将处于厚厚的冰层之下，而更可能是在更温暖而安全的地方，如巴拿马或者印度尼西亚。

向更新世的回归会带来海平面的急剧下降，为动植物创造新的栖息地。海平面可能会下降多达 100 米，甚至更多，回到自末次冰期后便从所未见的水平。这样的海洋萎缩可能会摧毁所有地球上的港口城市与海港，但是它同样会开辟新的领土供人类开发、居住。当两极的冰盖不断增加，向大陆扩张，大陆架可能会变得如同更新世时那样广阔。今天，那些大陆架上都覆盖着浅海；但是在过去的漫长岁月中，它们令全球海岸线平均推后了 65 公里。抬高海平面的力量是大气变暖，在此过程中，淹没了 2 700 万平方公里的土地。大陆架的恢复可能为地球增加 7% 的土地，其中大部分将集中于印度西海岸、中国海与印度尼西亚群岛之间，以及南北美洲。假若如此陆地的增加的确发生，人类可能将发现第三地球，自然资源一如第一和第二地球那般丰裕。而那时，当他们将新土地转变为栖息地时，他们可能将再次生育很多婴儿。人类的繁殖力是否会回到更高的水平，刺激新的革新，带来新的权力结构，形成新的非正义、不公平与剥削？

行星地球无疑仍将在宏大规模上发生改变，这些变化也将影响未来的人类生活。我们可以肯定地球永远都不会完全处于人类的控制之下。除非最糟糕的情形发生，例如，地球再次变成一个巨型的雪球，从南极到北极如同大约 6.5 亿年前那样彻底冰封，否则人类与其他物种的单纯生存应当可能性极大。但是，生存才是当时的主题，而非统御。

前路有许多无法估量的事物，但是演化的视角允许我们看到，地球行星拥有着一部具有非凡重要性的历史。我们的后代将面对并非由他们制造的挑战，他们也将在生物与文化上进行适应，正如我们作为自身的类别变得不同于尼安德特人那样，他们也将变得不同于我们。当人口向热带回归时，人类的肤色可能会变深。地球上从来都没有一种唯一的、均质的人类种类，也永远不会有。人类仍将继续变化、多样化、繁殖，一如其他物种。从人类的骄傲中，我们可以辨识某些“本质的”特征，将我们与其他物种分离，令我们显得更加优越，但是任何一种类别都无疑将被打乱，何谓人类的根本性观念也将经历变化。

原始人作为一个群体最早大约出现于 400 万年前，而双重智人不过可以追溯 20 万到 30 万年前。在我们灭绝并被其他生物取代之前，我们这个种类是否还能存在另一个 20 万年？唯一可以确定彻底消灭整个生命谱系的方式是杀死太阳，这将终结光合作用，进而终结人类的、非人类的、后人类的生命。如此终结迟早会发生，但是它不会通过任何地球生命之手，也可能不会出现在未来数十亿年中。彼时，再一次的，我们的后代可能不仅与我们彻底不同，甚至可能有能力离开地球，在宇宙的他处寻找适宜的栖息地。某一天，我们的后代或许会在银河系之外建立一串定居点——或者他们可能会消亡，正如所有的物种都会消亡。[12]

在未来的新阶段中，人类很有可能在其内在自然中演化，包括他们对生殖、获取与消费的欲望。同所有的事物一样，欲望会变化、竞争、转移、扩大，或者萎缩。我们的内在自然，如同围绕我们的外在自然，都并非在某些神祇的意志下固定不变。但是，终有一日，所有的内在与外在自然都将消失，不仅从这个行星的物质演化中，也从整个宇宙中消失。而后，那些曾经是"我们"的物质将安息于某片残缺的土地或者某颗死亡的行星之上，直至另一场大爆炸发生。

注释：

1 将演化与伦理相结合的经典论述是奥尔多·利奥波德（Aldo Leopold）的文章："The Land Ethic," *Sand County Almanac*（New York: Oxford Univ. Press, 1949）, 201–226。

2 关于中段未来的杰出概述，参见：Curt Stager, *Deep Future: The Next 100,000 Years of Life on Earth*（New York: St. Martin's Press, 2011）。

3 各个国家在不同程度上保护了大约 15% 的土地以及其领土内 10% 的水源，但是，根据国际自然保护联盟的研究，生物多样性的关键地点以及世界上的海洋尚未得到保护。

4 参见：J. Michael McCloskey and Heather Spalding, "A Reconnaissance–Level Inventory of the Amount of Wilderness Remaining in the World," *Ambio* 18:4（1989）: 221–227。这篇调查仅集中于大型荒野区域，它们合计 4800 万平方公里，大部分位于高纬度地区。作者总结说："除欧洲以外的大部分定居的大陆都有 1/4 到 1/3 的荒野。这些荒野仅仅有小部分处于被保护的状态。"

5 Paul Crutzen and Eugene Stoermer, "The 'Anthropocene,'" *Global Change Newsletter* 41（May 2000）: 17–18. 亦可参见：J. R. McNeill and Peter Engelke, *The Great Acceleration: An Environmental History of the Anthropocene since 1945*（Cambridge MA: Harvard Univ. Press, 2014）; 更

具批判性的观点，参见：Timothy LeCain, “Against the Anthropocene,” *International Journal for History, Culture and Modernity* 3（2015）: 1–28。当下，相关研究汗牛充栋。

6 莱尔是最早认识到物种可能会灭绝的科学家之一。他还创造了“上新世”与“更新世”两词，同时在《地质学原理》（*Principles of Geology*）一书中，他首次定义了地质纪元。该书出版于19世纪30年代，比达尔文的《物种起源》早二十余年。

7 比尔·麦吉本（Bill McKibben）是当今最雄辩的环境先知者之一，他属于最早一批分析全球变暖文化后果的学者。在其《地球的终结》（*The End of Earth*, 1989）与《异体地球》（*Eaarth*, 2010）中，他指出气候变化将威胁文明的状态。

8 我们的新纪元已经拥有了一系列彼此竞争的新名字，它们都暗含相互竞争的因果性与标志，例如：资新世（Capitalocene）、碳新世（Carboncene）、废新世（Wasteocene）、种植园新世（Plantationocene）、克苏鲁新世（Chthulucene），以及若干其他名字。关于人新世的时间划分，参见：Warren F. Ruddiman, *Plows, Plagues, and Petroleum: How Humans Took Control of Climate*（Princeton NJ: Princeton Univ. Press, 2005），该书认为人为的气候变化开始于5 000年前的灌溉农业，它增加了大气的甲烷浓度。

9 World Wildlife Fund, “Living Planet Report 2020,” https://livingplanet.panda.org/en-us. 根据估算者的不同与是否包含微生物，地球上现有物种种类的估算结果差异很大，从200万种到800万甚至1 000万种不等。绝大部分种类都没有被描述过，甚至没有被见过。灭绝率的估算也差异极大，从每年0.01%可到每年0.1%。不过，最近的灭绝率超过了历史常态是一项共识。参见：Elizabeth Kolbert, *The Sixth Extinction*（New York: Henry Holt, 2014）。

10 Mark Elvin, *The Retreat of the Elephants: An Environmental History of China*（New Haven CT: Yale Univ. Press, 2004）, chap. 2，特别是第十章，该章提供了面对农耕的物种撤退地图。

11 当下人为的变暖可能将下一个冰期的开始延后到距今13万年，参见：Curt Stager, *Deep Future,* 11。日期取决于我们持续排放进入大气的二氧化碳与甲烷数量，以及这些气体将留存在大气中吸收太阳辐射的时间长短。

12 J. Richard Gott, III, “Implications of the Copernican Principle for Our Future Prospects,” *Nature* 363（27 May 1993）: 315–319. 戈特计算认为人类物种的潜在延续时间在 20.5 万年到 800 万年之间，这将我们放入大部分物种存在的区间。不过如此广阔的时间尺度让我这样的历史学者会说：变化无常、世事难料。

译后记

拒绝“愚蠢的智识一贯性”

“愚蠢的智识一贯性是肤浅思想的小怪”，这是美国新英格兰超验主义者拉尔夫·沃尔多·爱默生的一句名言，也是沃斯特先生经常引用的一句格言。我可以想见他在近60年前读到这句话时的震撼，彼时，他身处同样冰天雪地的新英格兰森林，困扰于自己离经叛道的博士论文选题为师长同侪的误解。不过，即使那时，尚未及而立之年的沃斯特或许也未能逆料，他在未来的智识之路上，将始终处于同那些小怪的战斗当中，我们眼前的这部书——《欲望行星》——正是他再次挑战自身智识一贯性的结果。

对爱默生而言，“愚蠢的智识一贯性”所指是对主流智识思潮的盲目追随。“自立”是爱默生思想的核心，它所要求的远不仅是个人与国家在政治与经济上的自主，更是发源于自身直觉、仰赖自身的智识探索与分析而形成的独立思考。在其智识生涯的早期，沃斯特对抗的精怪更多是他身处的社会群体所遵循的主流。其中有他成长的大平原小镇，其社会文化沉浸于政治与生活意义上的爱默生式自立，但是在思想上循规蹈矩、信仰虔诚；也有他所求学的耶鲁大学，广厦林立，名师云集，但是刻板的传统与严格的规训鲜少留给学子思想野蛮生长的空间。当然还有他所生活的更为广阔的美国社会，在 20 世纪 60 和 70 年代各色风起云涌的社会运动中，年轻人经历着精神上的愤怒苦闷和行为上的离经叛道，但在他们身着奇装异服，吸食大麻鸦片，尾随人潮走上街头、涌入公社时，究竟在多大程度上是对新奇、叛逆、破坏的渴望，又在多大程度上真正挑战了他们自身一代的主流思潮？

显然，沃斯特属于那一小部分真正反思任何一层意义上的主流的思考者。他从未讳言那些以各种形式渗入其大脑皮层的习俗与思想对他的塑造，但是，他也从未让任何一种主义、信仰、训喻，或者惯性成为左右其思想的权威。当他的同学们或者循着导师的道路成为美国政治思想的诠释者，或者走出精英思想史的藩篱，关注普通人的生命历程时，沃斯特决定走得更远，更深，走出一条新的道路，让历史学不再仅仅关乎人类事物，而令其融入远为浩瀚的自然演化当中，探讨人类与不为他们所创造的他者世界之间的关系。环境史因而诞生。

当然，在这条新的智识之路上，沃斯特并非孑然一身。但是，在近半个世纪的时间中，这都不是一条醒目的康庄大道，标识清晰，目的明确，从游者众。反之，那几位最早的开拓者在一片尚未被标记的智识荒野中漫游，虽然不羁，但是孤独。对一个需要在竞争残酷的现代学术丛林中找寻安身立命之所在的青年学人而言，选择如此一条道路无疑是一场冒险。很多年后，当有人问及为何环境史率先出现在美国时，沃斯特回答道："那时的我们很自由。"在这个层面上，他们无疑是幸运的，外部没有威权的高压，没有层层严苛、细碎的考核；内部没有大佬政治，没有等级体制。虽然大部分人仍然会选择一条宽广而明晰的道路行走，更早地找到更多的认同感；但是，彼时彼地的学术生态同样给了冒险者以生存的空间。

可能一个自由的灵魂永远是一个不愿安顿的灵魂。当环境史已不再是一个徘徊于历史学科版图之外的寂寞拓荒者，而在学术生态中找到自身恰如其分的生态位；当昔日的反叛者已成今日的权威时，那个反抗的幽灵再次浮现，而这一次被挑战的对象是其自身的智识一贯性。对绝大部分人，包括青年时雄心勃勃、誓不妥协的反主流者而言，古稀之年或在养鱼种花，颐养天年，或在收拾功业，志得意满，然而沃斯特开始了一场新的学术冒险，前往中国。

在 2012 年，中国人民大学建立生态史研究中心，沃斯特成为中心的名誉主任，同时受聘人大海外高层次文教专家，开启了每年五个月的中国教学之旅。最初，同所有未曾真正认识这个国度，但是有着旺盛的智识好奇心的学者一样，沃斯特是以他者进入异域文化的身份执鞭中国。在他此前所有对中国的阅读中，贯穿始终的是中国文化的独特性与异质性。正如在他所致力的美国史、西部史中，虽然美国例外论作为一种政治话语已然千疮百孔，但是对文化差异性的强调近乎成为人文学者的集体意识。所以，在他踏入中国时，他所寻找的是迥异于他所熟识的美国乃至西方文化的另一种文化；当他在新冠病毒爆发之前离开中国时，他发现的却是驱动人类时代的行星演化的同一种巨大力量，所有生命共享的欲望。地球正是“欲望的家园行星”。

这并不意味着沃斯特试图抹杀文化之间、个体之间、物种之间、地区之间的差异，也不意味着生命的核心欲望——食与色——亘古不变、寰宇皆同。事实上，地球本身的演化正是数以亿计的多样性之所以涌现、变化的原动力，从海洋到沙漠，从高山到平原，从雨林到极地，外在自然的存在如此千变万化，不同的自然系统孕育的生命形式如此五光十色，生命所蕴含的欲望，以及实现欲望的方式如何能够始终如一？欲望在演化，欲望在竞争，有些欲望被放大，有些欲望被压抑，在种种欲望的缠绕、竞驰中演绎着千差万别的人类故事。

但是，人文学者，包括曾经的沃斯特本人在内，太过关注差异，也太过关注思想的、道德的、文化的力量，而忽视或者回避人类共有的欲望对其自身历史以及行星历史的深层影响，罔顾智人物种在共同欲望的驱使下在这个欲望行星中不断扩张的生命之旅。当历史学者意识到每一个历史中的个体都应在历史学中享有平等的存在权利时，我们也不应无视所有人以及非人类物种共享着这个欲望行星中的过往。如沃斯特所言，这 20 万年的共有经历无法为一个简单的线性故事所捕捉，但是同样，它也不应成为一个个分裂的、碎片的国家、族群、个体故事的简单叠加。此前的沃斯特在时空的片段中，叩问改变人与外在自然关系的力量，如资本主义、国家权力、现代性；而《欲望行星》中的沃斯特试图在作为巨大单一整体的行星地球中，找到人类之所以走入今天之境遇的本源驱动力。

对一位功成名就的学者而言，离开智识生涯的旧径甚至可能比挑战主流思潮还要艰难，它需要更大的勇气。但是如果一位学者仅仅沿着同样的道路踯躅流连，则他终将陷入肤浅思想的小怪的围攻之中，而终结自身的智识生涯。作为《欲望行星》的第一位读者和它的中文译者，我几乎可以预见在这个多元文化主义笼罩人文学界的时代中，此书将引起怎样的争议与批评，但是，同样如爱默生所言："欲成就伟大，必先遭误解"（to be great is to be misunderstood）。作为终生拒绝"愚蠢的智识一贯性"的叛逆者，沃斯特想必早已对所有的误解做好了准备。

侯　深

于亚欧大陆上方 1.2 万米空中